系統架構學

--SBC 架構學說--

趙善中、孫述平
合著

目錄

序文

有關系統架構學，其中最重要的發明就是結構行為合一架構 (Structure-Behavior Coalescence Architecture，簡稱為 SBC Architecture，或稱為 SBC 架構)。SBC 架構包括下列三項： (A) SBC 觀點模型 (SBC View Model，簡稱為 SBC-VM)、(B) SBC 架構開發方法 (SBC Architecture Development Method，簡稱為 SBC-ADM)、以及 (C1) SBC 進程代數 (SBC Process Algebra，簡稱為 SBC-PA) 和(C2) SBC 架構描述語言(SBC Architecture Description Language，簡稱為 SBC-ADL)。

作者之所以會發明 SBC Architecture，主要原因是當今世界的系統架構模型，諸如 UML (Unified Modeling Language), DoDAF (Department of Defense Architecture Framework) or TOGAF (The Open Group Architecture Framework) 等等，都是使用 Model Multiplicity (Multiple Models) 的方法，如下圖所示。

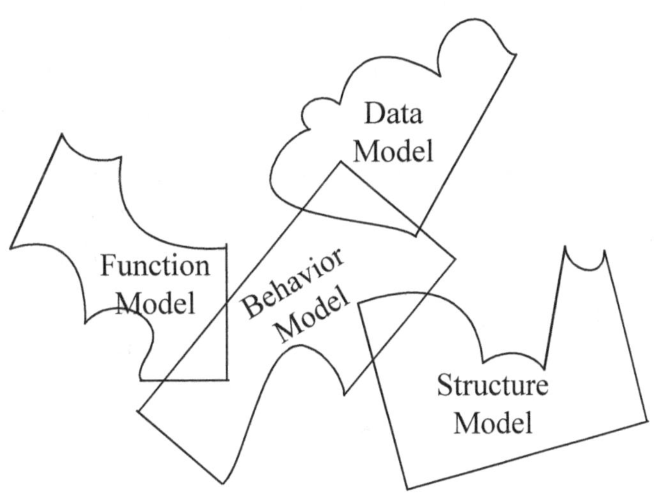

Model Multiplicity 的方法會產生多個 Models 之間不一致 (Inconsistency) 的問題，解決之道在於改成 Model Singularity (Single Model) 方法。Object-Process Methodology (OPM) 和 SBC Architecture 兩者都是採用 An Single Integrated Model 的方法，如下圖所示。

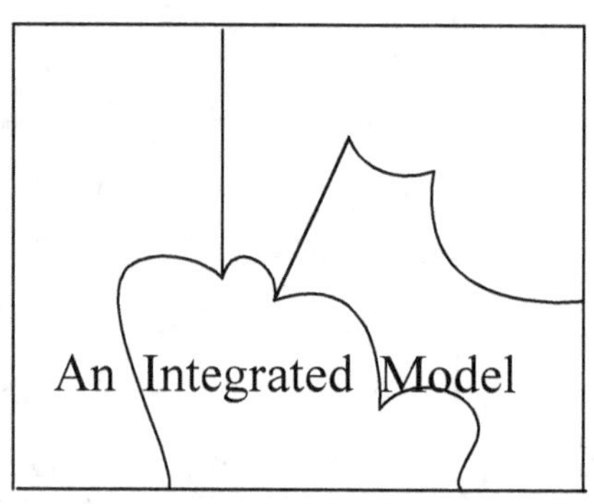

至於 UML, DoDAF, TOGAF 等這些已經是 Model Multiplicity 的，是否還有救藥？答案是 Yes。 以 UML 為例， 如下圖所示，UML 用了大約 13 個 Models 來表示 13 個不同的 Diagrams。這 13 個 Models 彼此之間會產生不一致 (Inconsistency) 的現象，這是非常令人頭痛的事。

Structure Model: Class Diagram

Behavior Model: Use Case Diagram

Structure Model: Object Diagram

Behavior Model: Activity Diagram

Behavior Model: State Diagram

Structure Model: Deployment Diagram

Behavior Model: Sequence Diagram

Structure Model: Package Diagram

Behavior Model: Communication Diagram

Structure Model: Composite Structure Diagram

Behavior Model: Interaction Overview Diagram

Structure Model: Component Diagram

Behavior Model: Timing Diagram

解決 UML 的 Model Multiplicity 困境的方法， 如下圖所示。廢棄 13 個 Models 的作法，改使用 SBC Process Algebra 來當作 UML 的 a single model 核心。UML 原先 13 個不同的 Diagrams，不需要使用 13 個 Models 來表示，因為它們都可以從 SBC Process Algebra 這個核心 model 推導出來。改造後的 UML 就變成是 Model Singularity (Single Model) 方法了！

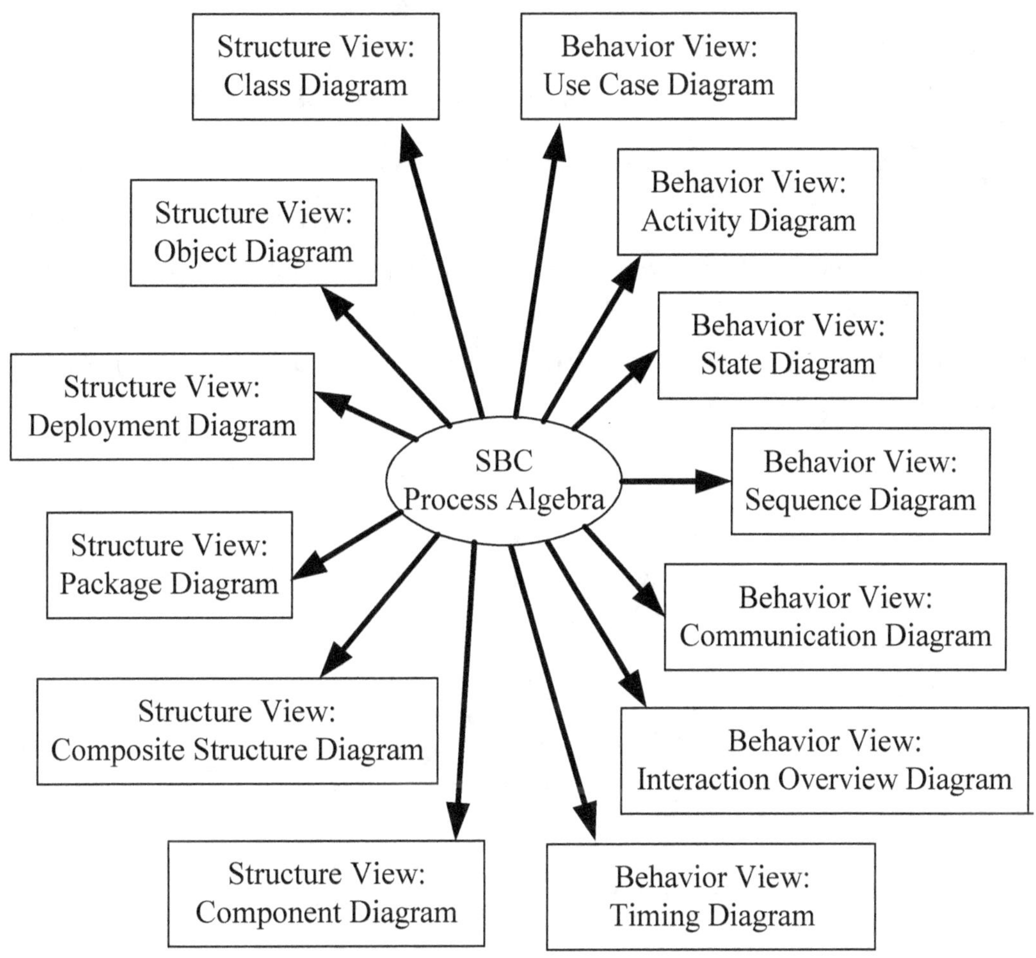

在當今各種科學研究上，人類已經廣泛採用了系統的觀念和方法。「系統定義」是一種人工藝品(Artifact)，它的目的是用來描述一個系統是什麼。近百年來，人們都是採用類似系統學的方式來定義系統。系統學定義系統為一群彼此之間還有與外界環境會產生互動的構件所組合而成的整合性全體。系統學對系統的定義，隱含著一個非常大的缺陷，那就是系統學並不要求系統結構和系統行為兩者的整合。

系統結構和系統行為，是一個系統最重要的兩個觀點。為了滿足一個整合性全體的系統，我們必須要先整合系統結構和系統行為。換句話說，要先能夠整合系統結構和系統行為，才有可能得到一個整合性全體的系統。由於系統學並沒有整合系統結構和系統行為，因此它可能永遠無法得到一個整合性全體的系統。在這種情況下，我們發現到系統學其實是一個不及格的系統定義方法。

結構行為合一(Structure-Behavior Coalescence，簡稱為 SBC)講求系統結構和系統行為的整合，我們借用它來改善系統學的系統定義內涵，如此可以將系統學進步到系統架構學(簡稱為架構學)。系統架構學定義系統為一群彼此之間還有與外界環境會產生互動的構件，並且遵行「結構行為合一」要求，所組合而成的整合性全體。系統架構學使用 SBC 架構描述語言(SBC Architecture Description Language，簡稱為 SBC-ADL)來完成系統的定義。

SBC 進程代數包含：(A1)Channel-Based Single-Queue SBC Process Algebra、(A2)Channel-Based Multi-Queue SBC Process Algebra、(A3)Channel-Based Infinite-Queue SBC Process Algebra、(A4)Operation-Based Single-Queue SBC Process Algebra、(A5)Operation-Based Multi-Queue SBC Process Algebra、(A6)Operation-Based Infinite-Queue SBC Process Algebra。SBC 進程代數的 Model Singularity 表示如下圖。

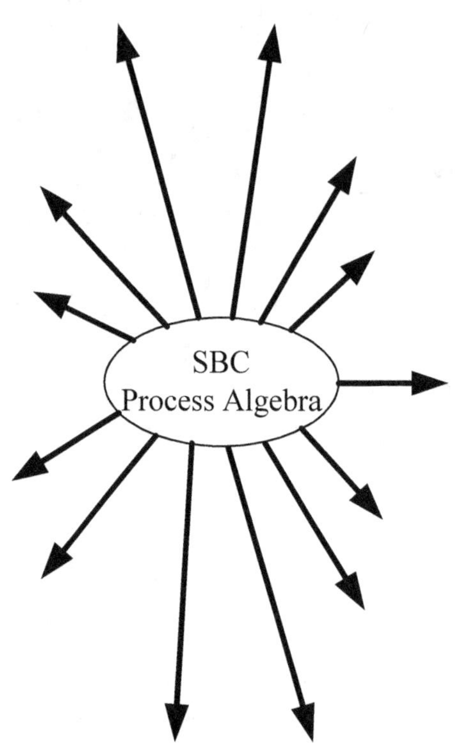

SBC 架構描述語言包含六大金律：(B1)架構階層圖、(B2)框架圖、(B3)構件操作圖、(B4)構件連結圖、(B5)結構行為合一圖、(B6)互動流程圖。SBC 架構描述語言的 Model Singularity 表示如下圖。

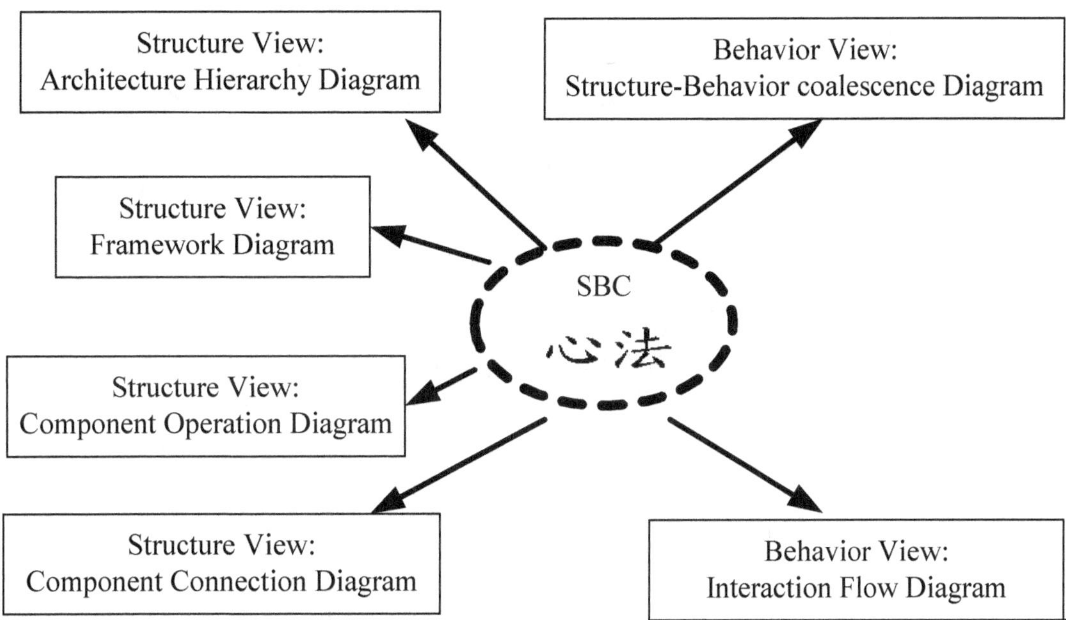

SBC 進程代數和 SBC 架構描述語言兩者結合成的 Model Singularity 表示如下圖。

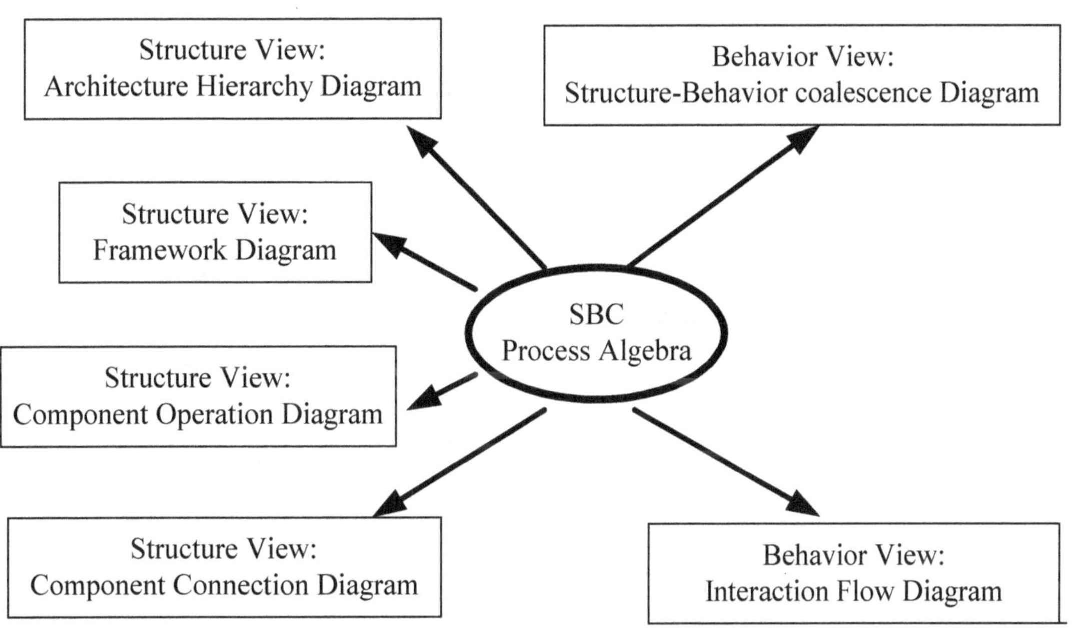

由於系統架構學強烈要求整合系統結構和系統行為，因此我們的結論為系統架構學方才是一個高度合格的系統定義方法。

在這本書中，我們將介紹系統架構學以及 SBC 架構描述語言。通過這本書詳細闡述的 SBC 架構描述語言，所有的讀者將可以很清楚地了解，系統架構學確實能夠有效地幫助我們定義了一個整合性全體的系統。

作者群介紹

趙善中，1988 年創始 SBC (Structure-Behavior Coalescence)架構學說，至今二十餘年。美國電腦與資訊科學博士。經歷中華電信公司，美國 G.E.實驗室，中山大學資管系，企業架構師協會台灣分會(a|EA Taiwan Chapter)理事長，高雄市行銷架構學會理事長，中華企業架構師學會(a|CEA)理事長。

孫述平，美國奧本大學(Auburn University)機械工程博士，目前任職於高雄義守大學數位多媒體設計學系教授及系統架構研訓中心主持人。近年專研於創意媒體設計方法，並以 SBC 架構描述相關媒體設計及智慧型系統設計方法。在數位內容產業蓬勃發展的趨勢下，以 SBC 架構描述及執行高複雜度系統的設計藍圖，相信會是這一世代數位內容產業提升競爭力的必然作法，也將會是引領相關產業進入下一世代的利器。

第一部份 基本概念

第 1 章 系統簡介

英文中系統(System)一詞來源於古代希臘文(Systēma)，意為部分組合而成的整體。系統是大家常用到或者聽到的字眼，系統化(Systematic)是它的形容詞。系統方法代表了做事有方法、有計劃、有制度。反之，做事急就章沒有規劃就亂做一通的，都可以歸屬為非系統方法。

依據上述的論調，諸多和系統相關的學科，例如系統分析與設計(Systems Analysis and Design)[Hoff10，Shel11]、系統架構方法(Systems Architecting)[Maie09，Mull11]、系統架構學(Systems Architecture)[Lank09，Roza11]、系統聖經(Systems Bible)[Gall03，Kill09]、系統生物學(Systems Biology)[Klip09，Voit12]、系統動力學(System Dynamics)[Ogat03，Palm09]、系統生態學(Systems Ecology)[Jorg12，Odum94]、系統工程(Systems Engineering)[Beam90，Kass07，Koss11]、系統醫學(Systems Medicine)[Pork78，Weil04，Weil00]、系統模型(Systems Modeling)[Frie11]、系統生理學(Systems Physiology)[Raff11，Sher09]、系統需求(Systems Requirement)[Bere09，Grad06]、系統科學(Systems Science)[Bere09，Grad06]、系統論(Systems Theory)[Bert69，Luhm12]、系統思考(Systems Thinking)[Chec99，Ghar11，Mead08]、系統觀點(Systems View)[Bert81，Lasz96]等等，都像雨後春筍般的出現。這些眾多系統學科所闡揚的觀念，莫不是系統化以及系統方法的法則。

在本章系統簡介裡，我們將廣泛地討論系統學、實物系統與虛擬系統、系統邊界與外界環境、高維系統、系統的演進等等。

1-1系統學

系統這個詞彙，是我們在日常生活中每天都會用到或者聽到的，它多少代表了混亂的相反一邊。例如說，我們若提到系統方法，則表示做事有方法、有計劃、有制度。反之，做事急就章沒有規劃就亂做一通的，都可以歸屬為非系統方法。

系統學主要是要對一些系統事物尋求整體性解釋， Bertalanffy 在 1920 年代就提出一般系統論(General System Theory，簡稱為 GST)的說法[Bert69]。一般系統論的創立，就是本書所說的系統學，為系統思想由哲學概括發展成科學理論奠定了基礎。

針對同一個系統，一萬個人可能會有一萬種不同的看法，所以我們必須要給它一個人工(Artificial)的定義，如此一萬個人對此一個系統，就只能有一種統一的看法。由於是人工定義出來的，因此系統的定義也可以被解釋成是一個人工的藝品(Artifact)[Kapo94]。

系統學對系統有如下的定義：所謂系統，指的就是一群彼此之間(Each Other)還有與外界環境(Environment)會產生互動的構件(Components)所組合而成的整合性全體(Integrated Whole)，如圖 1-1 所示。

所謂系統，指的就是一群彼此之間(Each Other)還有與外界環境(Environment)會產生互動的構件(Components)所組合而成的整合性全體(Integrated Whole)。

圖 1-1. 系統學對系統的定義

構件也稱為非聚合系統(Non-aggregated System)、零件(Part)、個體(Entity)、物件(Object)、結構元素(Structure Element)和構建塊(Building Block)等等[Chao09，Chao11，Chao12]。

綜觀系統學的系統定義，我們可以發現到其強調任何系統是一個整合性全體。除此，系統學有另外一大特色，那就是系統學採用結構分解(Structural Decomposition)[Chao12，Ghar11]的方法，拋棄功能分解(Functional Decomposition)[Scho10]的方法。

結構分解的方法是將一個系統分解成許多構件，如圖 1-2 所示。將一個大問題分解成許多構件來解決，是一個比較優異的方法。

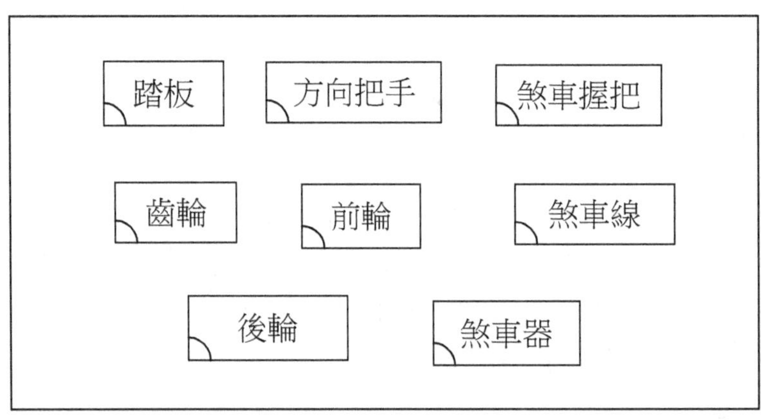

圖 1-2. 結構分解的方法

功能分解的方法是將一個系統分解成許多功能，如圖 1-3 所示。將一個大問題分解成許多功能來解決，是一個比較拙劣的方法。

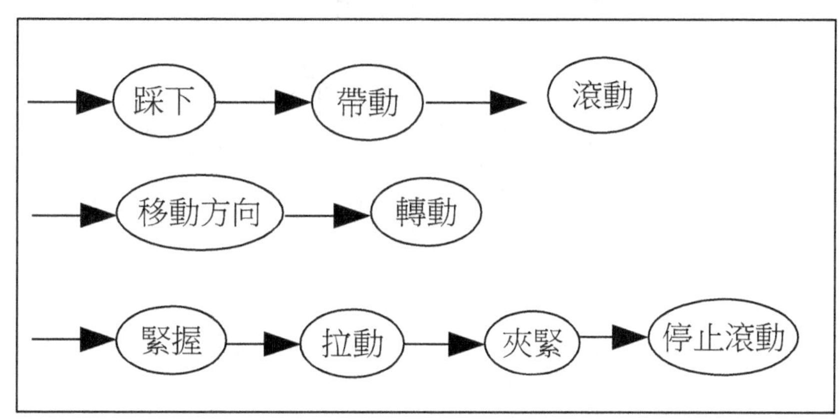

圖 1-3. 功能分解的方法

我們將透過系統學來定義一個系統是什麼。例如，在朱湯姆的腦海裡，交通大學 4069 教室是由一張書桌和一張椅子等二個構件所組合而成的；在趙一偉的腦海裡，交通大學 4069 教室是由一張書桌和二張椅子等三個構件所組合而成的；在李約翰的腦海裡，交通大學 4069 教室是由一張書桌和三張椅子等四個構件所組合而成的。每個人的腦海想的都不一樣，因此這些都不是共識，只有經由系統學來定義交通大學 4069 教室是什麼，才會得到大家對交通大學 4069 教室的共識。例如，經由圖 1-4 的系統之定義，所有的人都會有共識地認同交通大學 4069 教室是由一張書桌和二張椅子等三個構件所組合而成的。

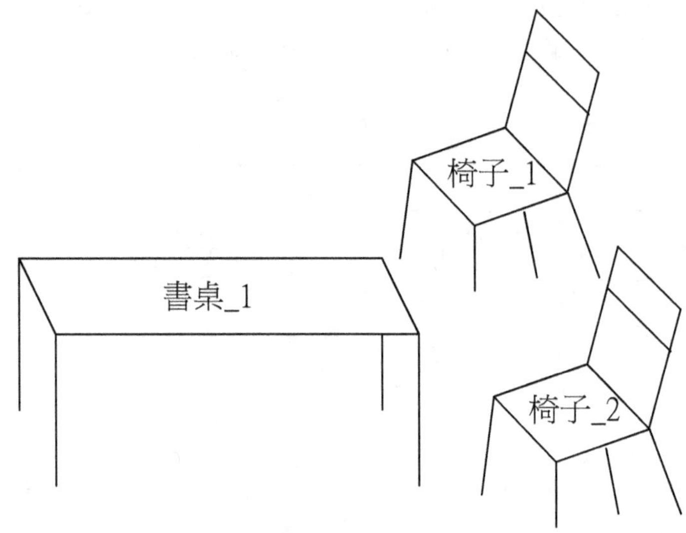

圖 1-4. 系統學對交通大學 4069 教室的系統定義

又如，經由圖 1-5 的系統學對地球的系統定義，所有的人都會有共識地認同地球是由海洋和陸地等二個構件所組合而成的。

圖 1-5. 系統學對地球的系統定義

再如，透過圖 1-6 的系統學對刀子的系統定義，所有的人都會有共識地認同一把刀子是由刀鋒和刀柄等二個構件所組合而成的。

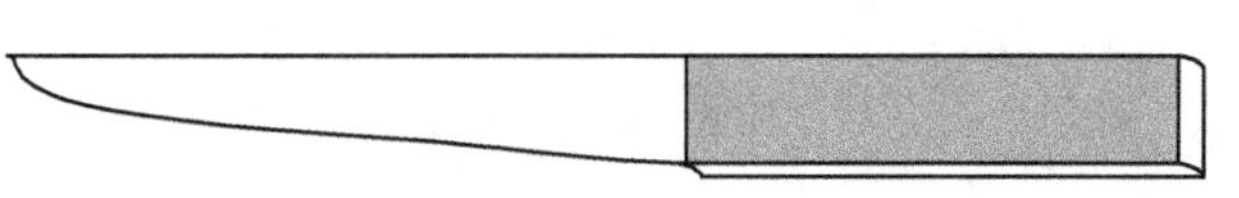

圖 1-6.　系統學對刀子的系統定義

1-2實物系統與虛擬系統

實物系統(Physical System)又稱作具體系統(Concrete System)或真實系統(Real System)。實物系統指的是宇宙內真實世界(Real World)的事物，這些真實世界的事物是存在於自然時空裡頭的[Acko68]。例如，一輛由輪胎和車身等二個構件所組合而成的汽車是一個實物系統，如圖 1-7 所示。

圖 1-7.　一輛汽車是一個實物系統

又如，一副由兩個鏡片和一個鏡框等三個構件所組合而成的眼鏡也是一個實物系統，如圖 1-8 所示。

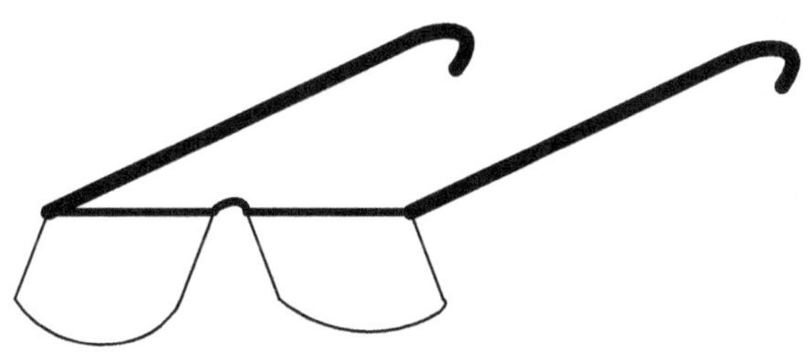

圖 1-8.　一副眼鏡也是一個實物系統

虛擬系統(Virtual System)和實物系統則完全相反。虛擬系統代表著一些抽象理念所組成的虛擬事物，這些虛擬事物只是存在於抽象(Abstract)空間裡，它們不屬於真實世界的事物[Acko68]。例如一，由傑克與巨人等二個構件所組合而成的童話故事是一個虛擬系統，如圖 1-9 所示。

圖 1-9. 傑克與巨人童話故事是一個虛擬系統

例如二，由「MTPDS_GUI」、「Age_Logic」、「Overweight_Logic」、「Personal_Database」等四個構件所組合而成的「多層次個人資料系統」軟體是一個虛擬系統，如圖 1-10 所示。

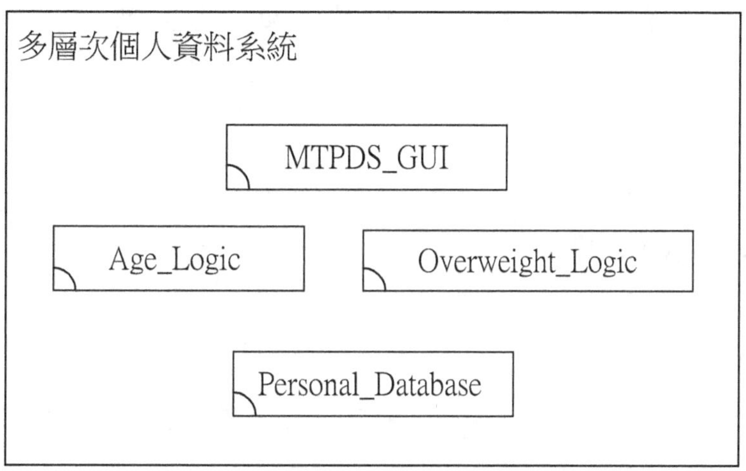

圖 1-10. 「多層次個人資料系統」軟體是一個虛擬系統

1-3系統邊界與外界環境

系統邊界(System Boundary)可以讓我們界定一個系統的範圍(Scope)。如圖 1-11 所示，系統的組成構件是在系統邊界之內，而外界環境(Outside Environment)卻是在系統邊界之外。

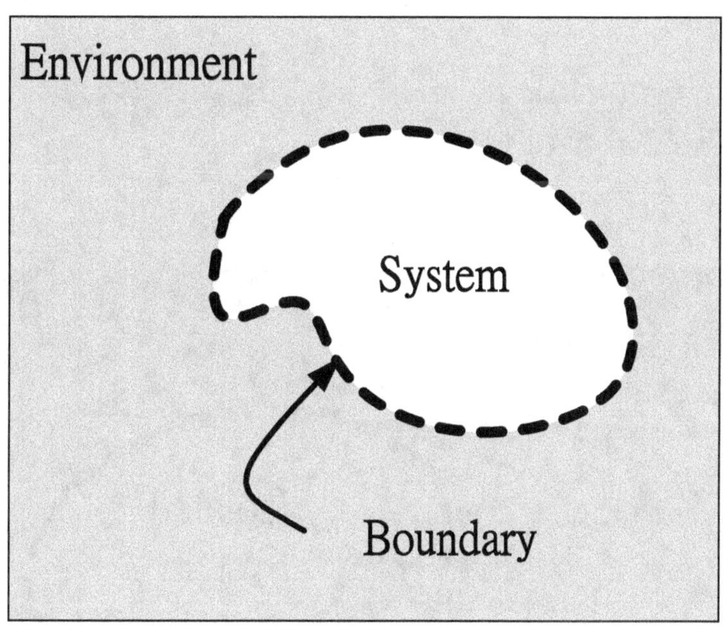

圖 1-11. 系統邊界與外界環境

一個系統可能會和外界環境有所互動(Interaction)，也可能會和外界環境沒有任何互動。所謂一個開放式系統(Open System)，指的是此系統和其外界環境會有物質(Matter)、能量(Energy)、資料(Data)、資訊(Information)、訊息(Message)的交換、交流、傳送、輸出入(Input/Output)等等互動，如圖 1-12 所示。

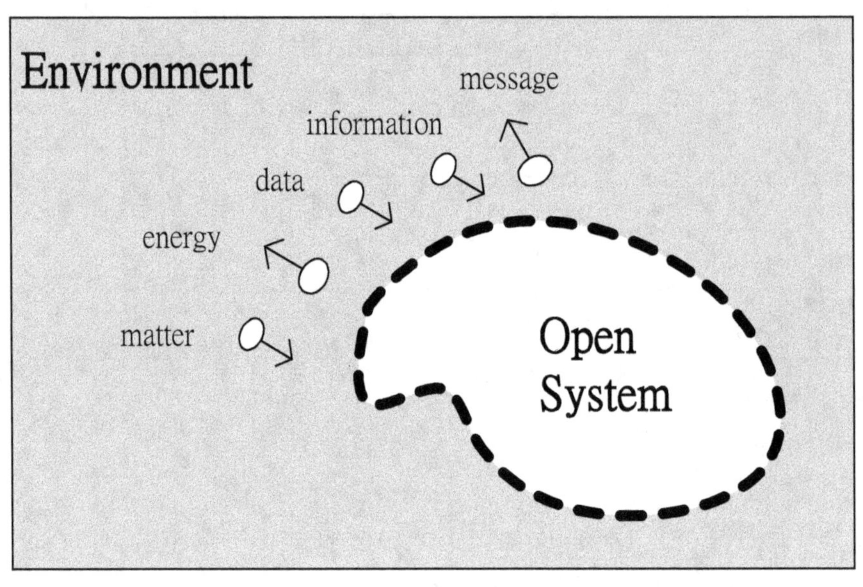

圖 1-12.　開放式系統和外界環境有互動

一個孤立系統(Isolated　System)和外界環境沒有任何物質、能量、資料、資訊、訊息等等的互動，如圖 1-13 所示。

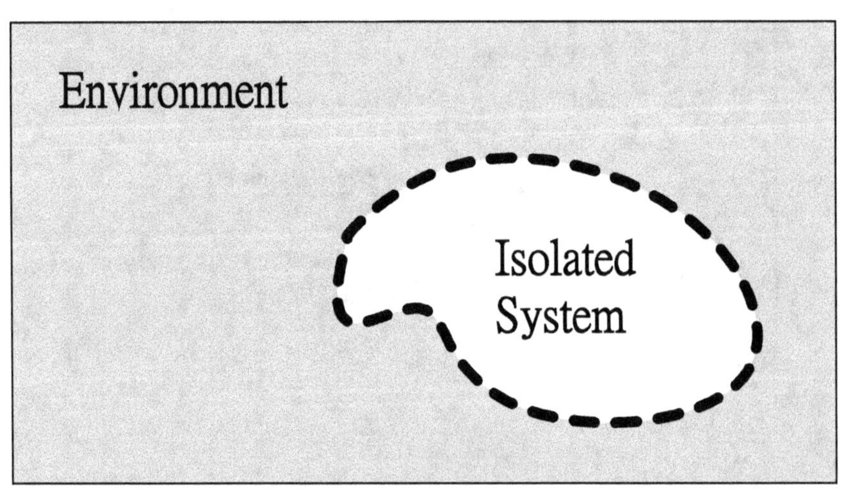

圖 1-13.　孤立系統和外界環境沒有任何互動

1-4 高維系統

假設一個系統和其外界環境只會有「物質」、「能量」、「資料」、「資訊」、「訊息」的交換、交流、傳送等等互動，不會有「系統」的交換、交流、傳送、輸出入(Input/Output)等等互動，則此系統稱之為一維系統 (First Order System)。

高維系統 (High Order System)又稱為二維系統 (Second Order System)，指的是這個高維系統和其外界環境不但可以有「物質」、「能量」、「資料」、「資訊」、「訊息」的交換、交流、傳送等等互動，也可以有「系統」的交換、交流、傳送、輸出入等等互動[Bare84，Hend80，Mann74，Sang03，Shap00]，如圖 1-14 所示。

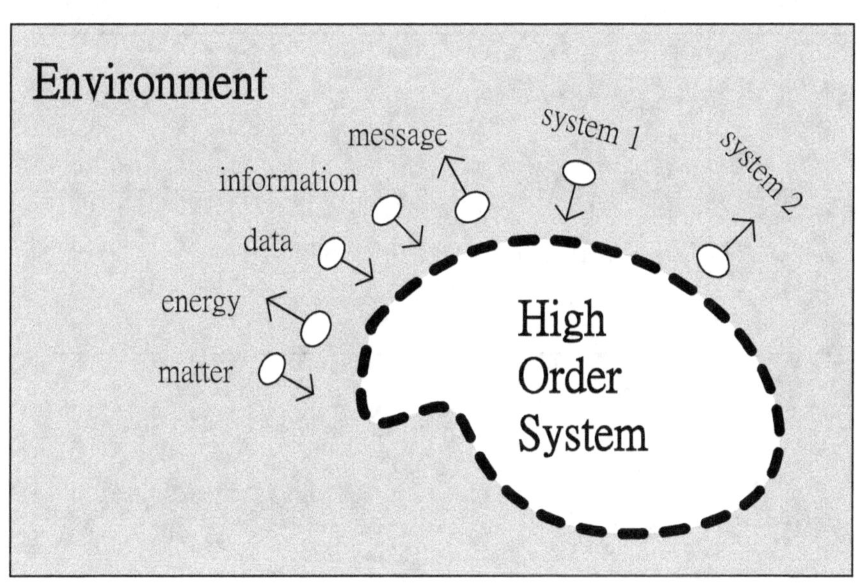

圖 1-14. 高維系統

人腦(Human Brain)、策略管理(Strategic Management)、創意思考(Creative Thinking)等等都算是一種高維系統。人腦是一個高維系統，因為人腦會建構出非常多的「系統」來，如圖 1-15 所示。

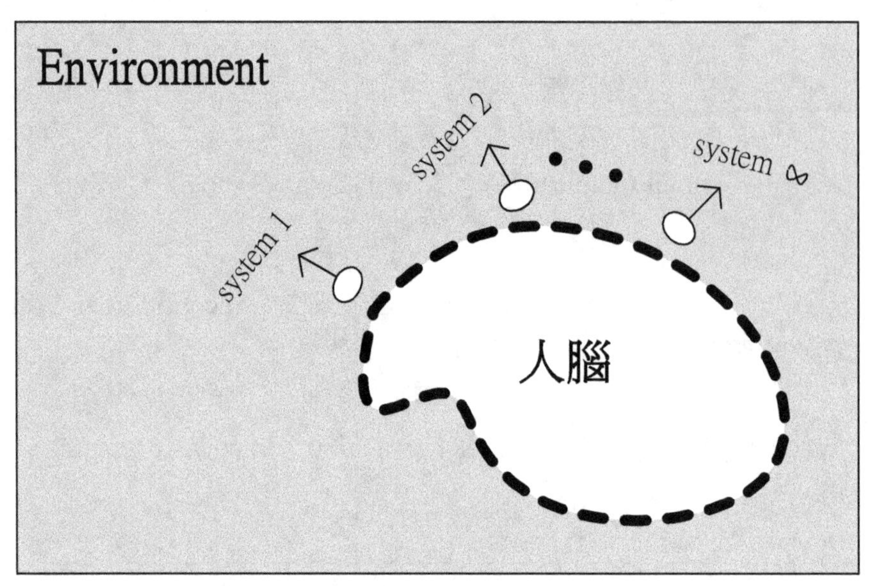

圖 1-15.　人腦是一種高維系統

策略管理是一種高維系統，因為策略管理會考量各種不同的「系統」，然後從中選擇出最合適的「系統」來，如圖 1-16 所示。

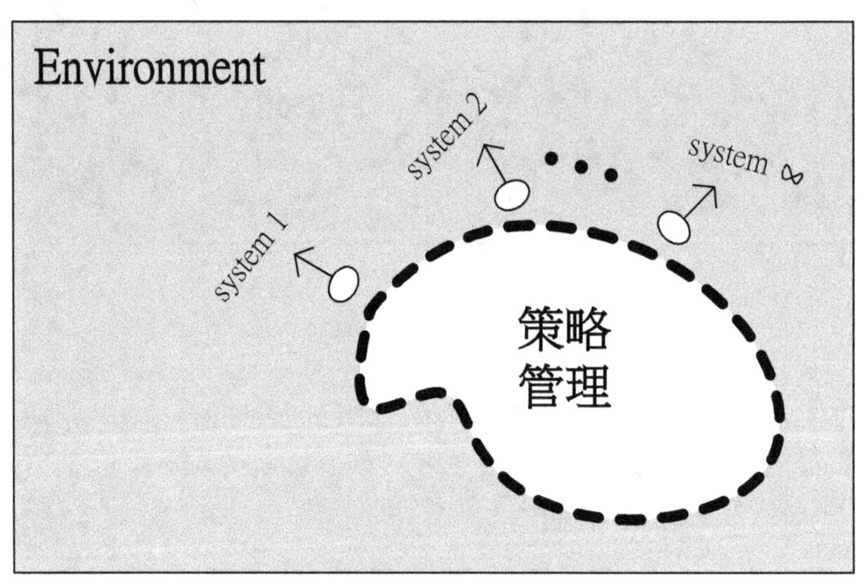

圖 1-16.　策略管理是一種高維系統

再來，創意思考也是一種高維系統，因為創意思考會考慮各種不同的「系統」，然後從中創造出最優異的「系統」來，如圖 1-17 所示。

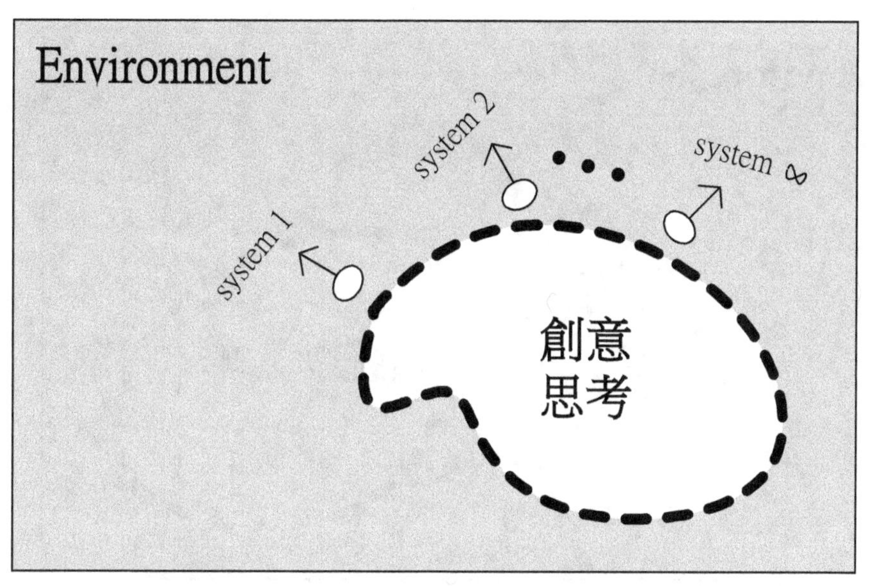

圖 1-17.　創意思考是一種高維系統

系統動力學(Systems　Dynamics，簡稱為 SD)，為美國麻省理工學院的 Forrester 教授創始於 1950 年前後。系統動力學利用正回饋環路(Positive Feedback Loops)和負回饋環路(Negative Feedback Loops)來建立各種系統的動態模擬，如圖 1-18 所示。

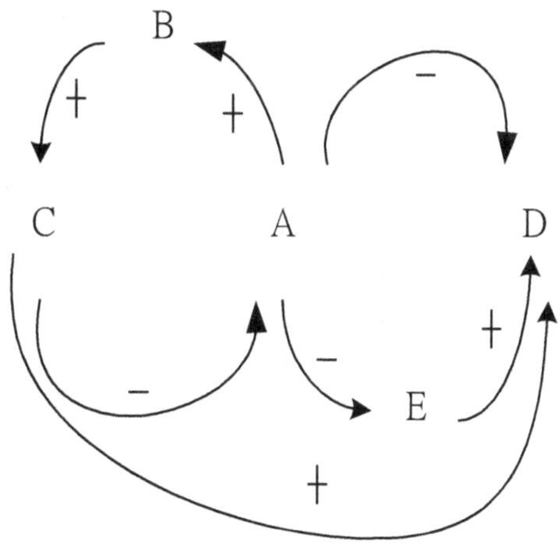

圖 1-18.　系統的動態模擬

最後，系統動力學是一種高維系統，因為系統動力學是用來動態模擬各種「系統」的狀況，如圖 1-19 所示。如此，決策者能夠透過系統動力學，因而策略地(Strategically)從眾多「系統」中選擇出最合適的「系統」來。

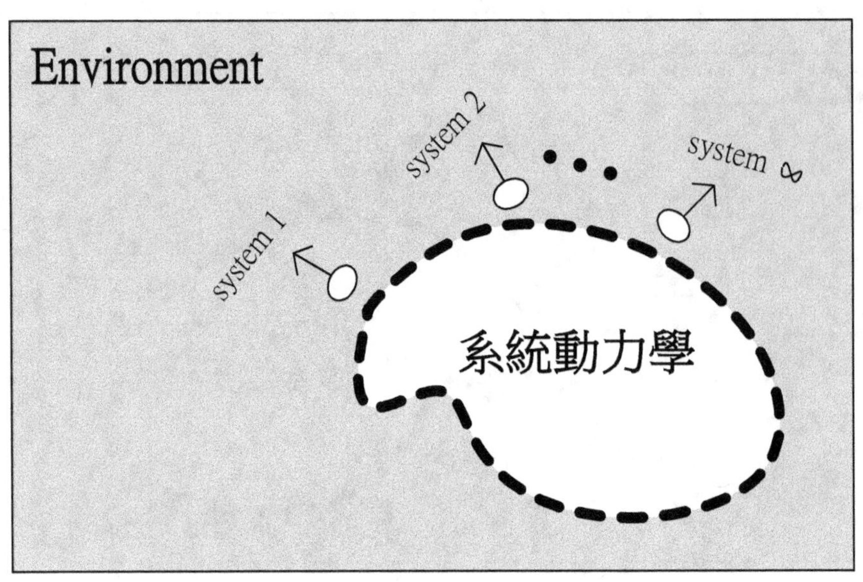

圖 1-19.　系統動力學是一種高維系統

1-5 系統的演進

任何一個系統，無論它是實物系統或者虛擬系統，總是會不時地改變 (Change)。造成它改變的原因，可能是來自系統內部的力量，也可能是來自系統外部的力量。例如，一個生物體細胞不斷地自我複製，如圖 1-20 所示，系統改變的原因來自系統內部的力量。

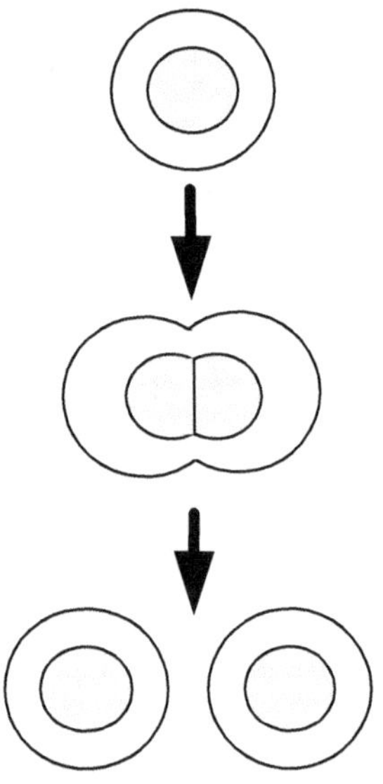

圖 1-20.　生物體細胞不斷地自我複製

工人透過重建、施工或建造來改變一個系統，如圖 1-21 所示，此類系統改變的原因來自系統外部的力量。

圖 1-21. 工人重建、施工或建造一個系統

每當一個系統有所改變時，它就向前演進(Evolve)了一次，如圖 1-22 所示。

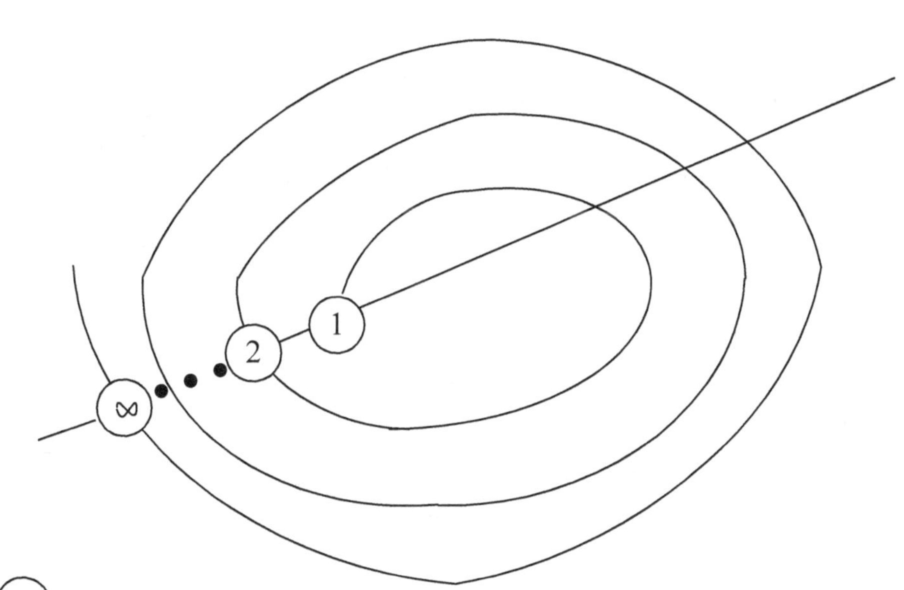

圖 1-22. 系統的演進

每當系統進行一次改變或演進，我們就得到一個新的系統定義版本。如圖中所示，第 1 版代表原有的系統定義，然後一步一步地演進到第 2 版、第 3 版、直到第無限(∞)版。

舉例來說，圖 1-23 顯示了 House_A 的系統定義之第 1 版說明 House_A 是由 roof_1、window_1 和 door_1 等三個構件所組合而成的。

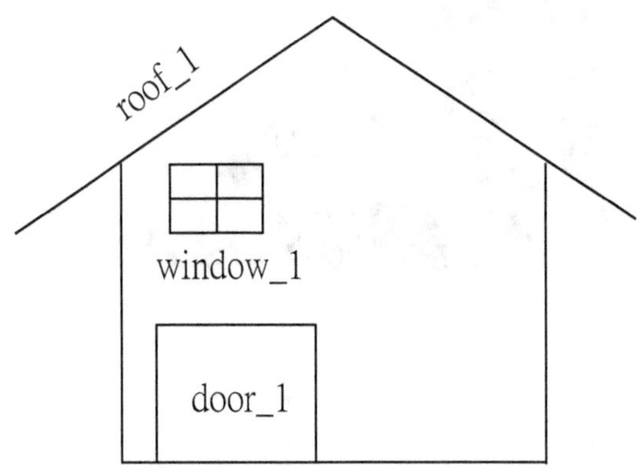

圖 1-23.　House_A 的系統定義之第 1 版

當 House_A 藉著改變和演進來增加了 window_2 和 door_2 時，如圖 1-24 所示，House_A 的系統定義之第 2 版說明 House_A 是由 roof_1、window_1、window_2、door_1 和 door_2 等五個構件所組合而成的。

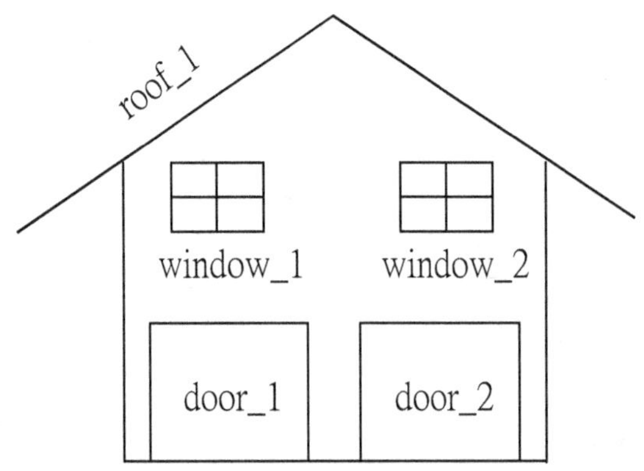

圖 1-24.　House_A 的系統定義之第 2 版

第 2 章 系統結構與系統行為

系統結構(System Structure)和系統行為(System Behavior)，是一個系統最重要的兩個觀點。系統結構乃是由一些構件、構件操作以及這些構件的組合等等所定義出來。系統行為則是由構件和構件或者外界環境之間的互動所定義出來。

2-1系統結構

任何一個系統都形成一個全體。在一般情況下，系統結構是由一個系統的構件之間的連接所組成的。更具體地，我們定義一個系統的結構包含以下三者：1)構件、2)構件的操作、和 3)構件的組合。

在一個系統裡，構件是不可再被分解的零件[Hoff10，Shel11]。例如，「頭」、「手」和「腳」是機器人系統的三個構件，如圖 2-1 所示。

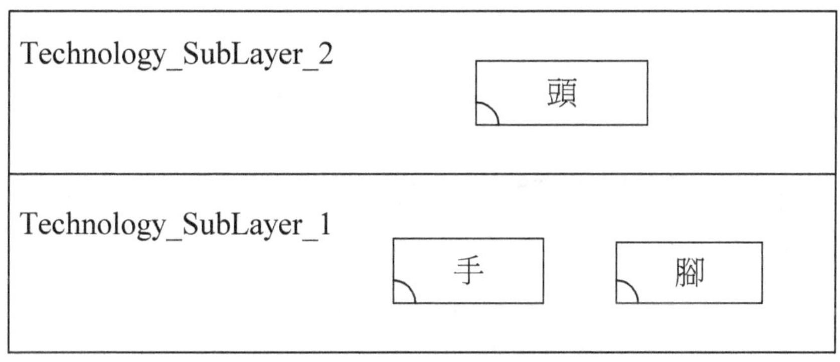

圖 2-1. 機器人系統的構件

操作(Operation)是附屬在各個構件上的，代表著此構件的程序(Procedure)、擷法(Method)或者功能(Function)。在一個系統中的每個構件必須至少擁有一個操作。圖 2-2 顯示一個機器人系統所有構件的操作，「頭」構件有「接受寫字指示」和「接受走路指示」二個操作，「手」構件有一個「動手」的操作，「腳」構件有一個「動腳」的操作。

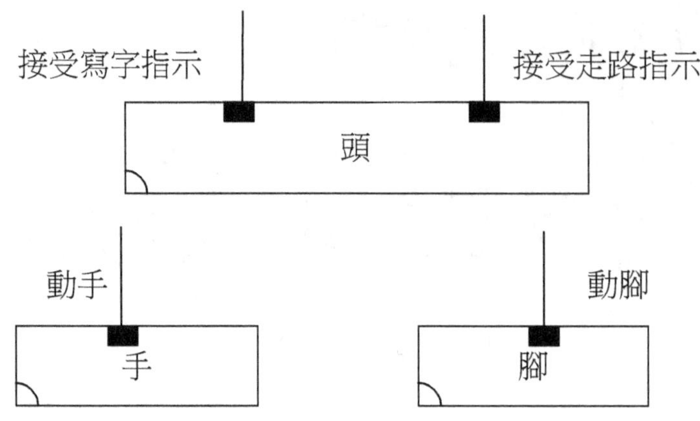

圖 2-2. 機器人系統所有構件的操作

我們利用構件的組合來定義出一個系統在結構上的分解和組合。如圖 2-3 所示，在機器人系統裡，首先「機器人」分解出「頭」和「四肢」，然後「四肢」再分解出「手」和「腳」；反之，「手」和「腳」先組成「四肢」，然後「頭」和「四肢」再組成「機器人」。

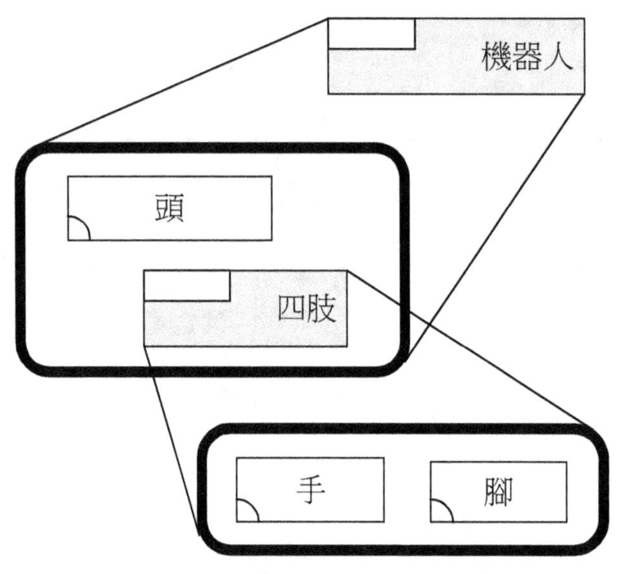

圖 2-3. 機器人系統的分解和組合

2-2系統行為

系統行為是指一個系統和它的外界環境之間所產生的互動，這些互動可以說是該系統對各種外界環境刺激的反應。外界環境刺激可能來自有意識或潛意識的，公開或隱蔽的，自願或不自願的。

例如，圖 2-4 說明了「寫字」和「走路」兩個行為是源起於「機器人」系統和它的外界環境之間所產生的互動。

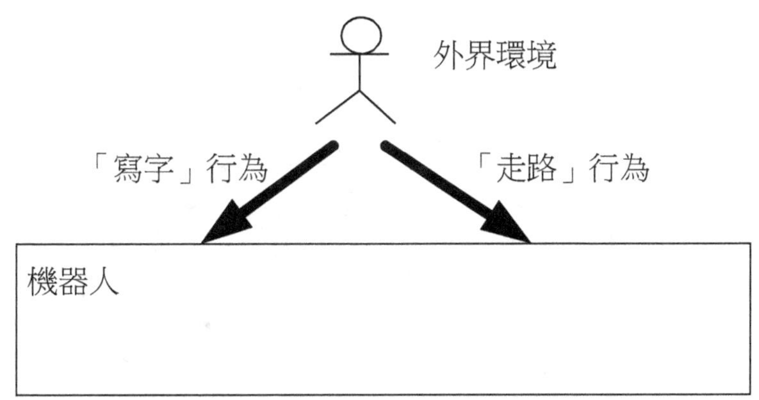

圖 2-4. 「機器人」系統的行為

對於每一個行為，外界環境會先引發它本身和構件第一個互動，然後再導致後續更多構件之間的互動。如圖 2-5 所示，外界環境、構件「頭」和構件「手」之間的互動產生了「寫字」行為。

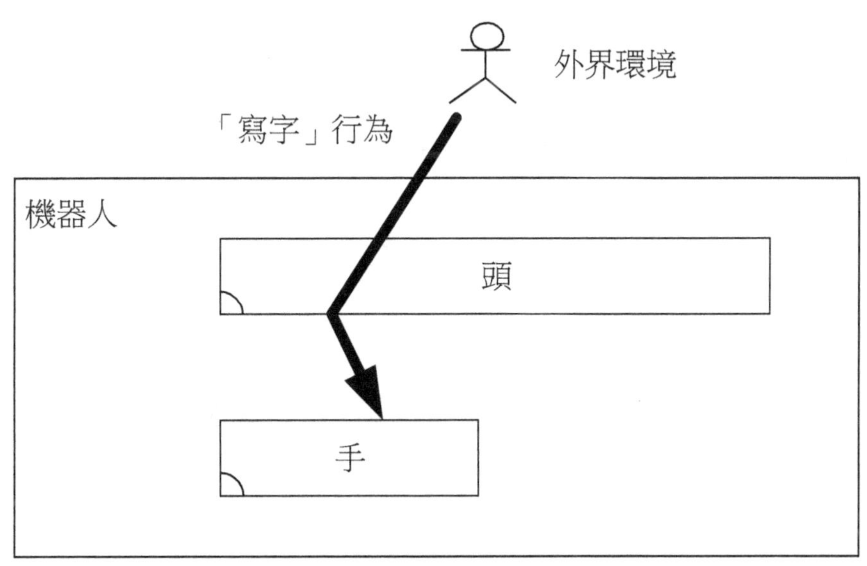

圖 2-5. 互動產生了「寫字」行為

例如二，圖 2-6 顯示了外界環境、構件「頭」和構件「腳」之間的互動產生了「走路」行為。

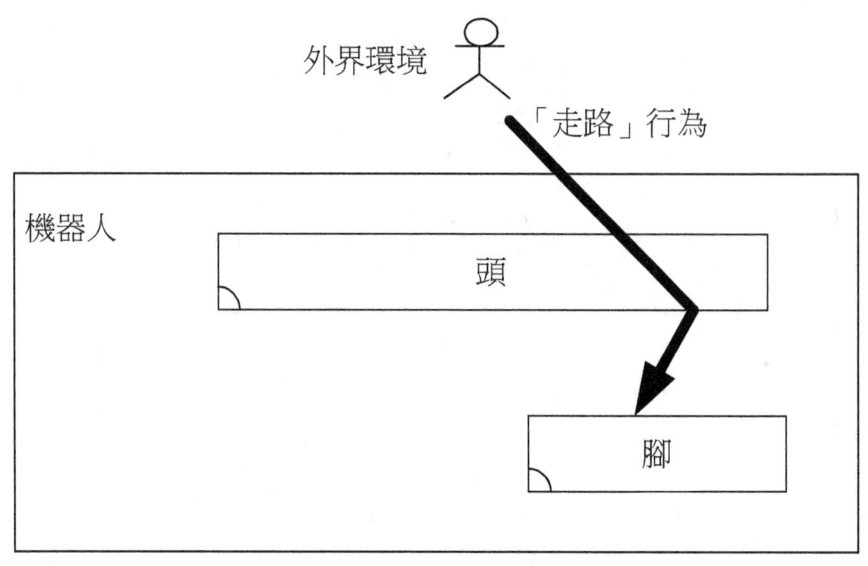

圖 2-6.　互動產生了「走路」行為

第 3 章 結構行為合一

一個系統被描述成一群彼此互動的構件所組合而成的整合性全體(Integrated Whole)。由於系統結構(Systems Structure)和系統行為(Systems Behavior)是一個系統最重要的兩個觀點，因此為了滿足系統的一個整合性全體的目標，我們必須要先整合系統結構和系統行為。

一個整合性全體的系統是達成系統描述的關鍵路徑；而「結構行為合一」(Structure-Behavior Coalescence，簡稱為 SBC)則是達成一個整合性全體的系統的關鍵路徑。因此，我們得出結論，「結構行為合一」乃是達成系統描述的關鍵路徑。

3-1 整合性全體達成系統定義

一個系統被定義為某一群彼此互動的構件所組合而成的整合性全體。換句話說，一個整合性全體的系統是達成系統定義的關鍵路徑，如圖 3-1 所示。

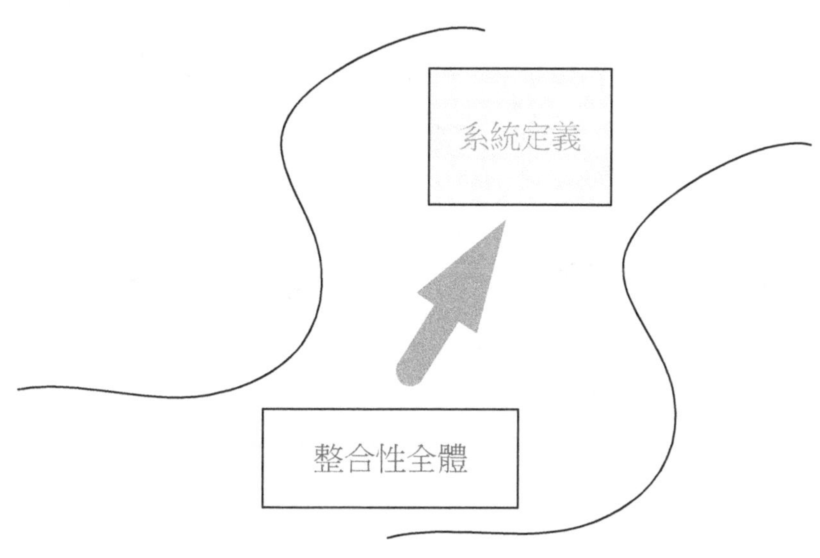

圖 3-1.　整合性全體達成系統定義

從系統定義中我們得知，一個整合性全體必須依附於(Attached To)或者建立在(Built On)系統結構上。換句話說，一個整合性全體，不得單獨存在，它必須被系統結構承載著，就像一個貨物必須被船舶承載著一樣，如圖 3-2 所示。如果沒有系統結構，則不會有整合性全體；一個單獨存在的整合性全體，是沒有意義的。

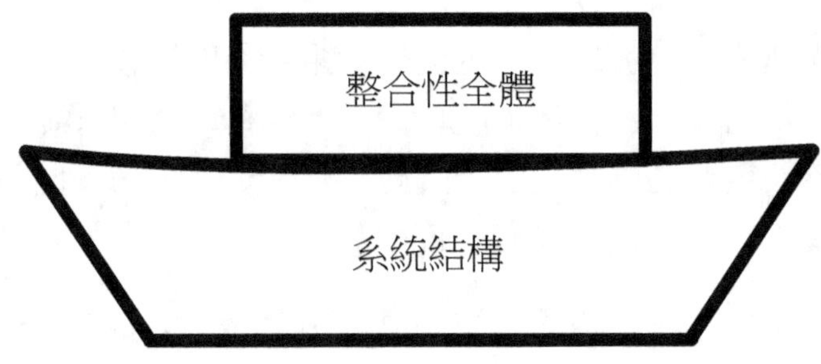

圖 3-2. 「系統結構」承載著「整合性全體」

3-2 整合系統結構和系統行為

透過系統結構和系統行為的整合，我們得到系統的「結構行為合一」。由於系統結構和系統行為是如此緊密的整合在一起，我們有時會聲稱「結構行為合一」的核心理念是：系統 ＝ 結構 ＋ 行為，如圖 3-3 所示。

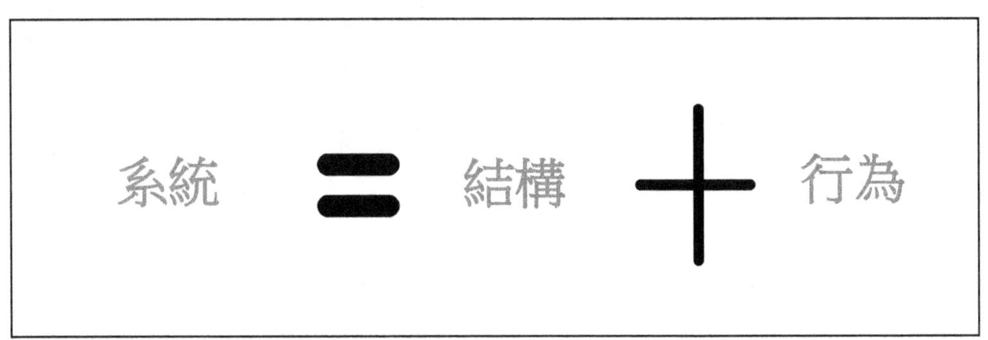

圖 3-3. 「結構行為合一」的核心理念

截至目前為止，除了「結構行為合一」方法之外，吾人尚未聽過或者看過有其他方法會做到系統結構和系統行為的整合。在大多數情況下，人們都是使用結構行為分離的方式下來定義一個系統[Hoff10，Pres09，Shel11，Somm06]。

3-3結構行為合一達成整合性全體

由於系統結構和系統行為是一個系統最重要的兩個觀點，因此為了滿足系統的一個整合性全體的目標，我們必須要先整合系統結構和系統行為。換句話說，「結構行為合一」有利於達成整合性全體，如圖 3-4 所示。

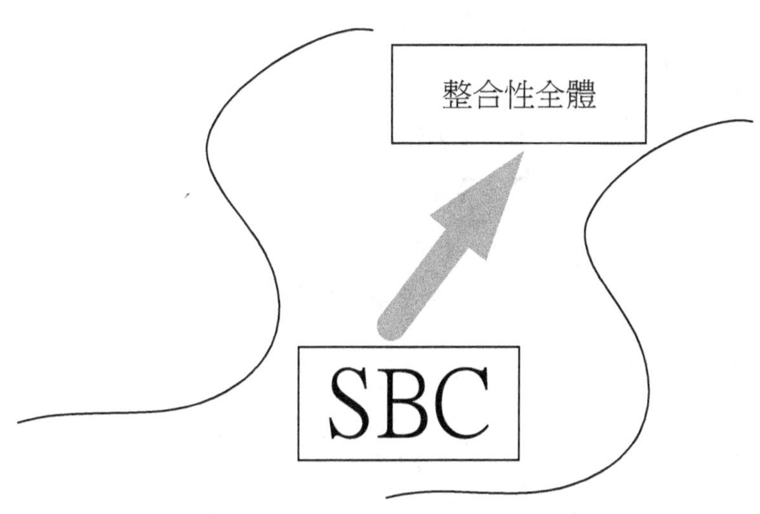

圖 3-4.　SBC 達成整合性全體

3-4 結構行為合一達成系統定義

圖 3-1 告知我們整合性全體是達成系統定義的關鍵路徑。圖 3-4 告知我們「結構行為合一」是達成整合性全體的關鍵路徑。

結合上述兩個告知，我們得以結論出「結構行為合一」是達成系統定義的關鍵路徑，如圖 3-5 所示。也因此，我們確切需要採用使用 SBC 架構定義語言(SBC Architecture Description Language，簡稱為 SBC-ADL)來完成系統的定義。

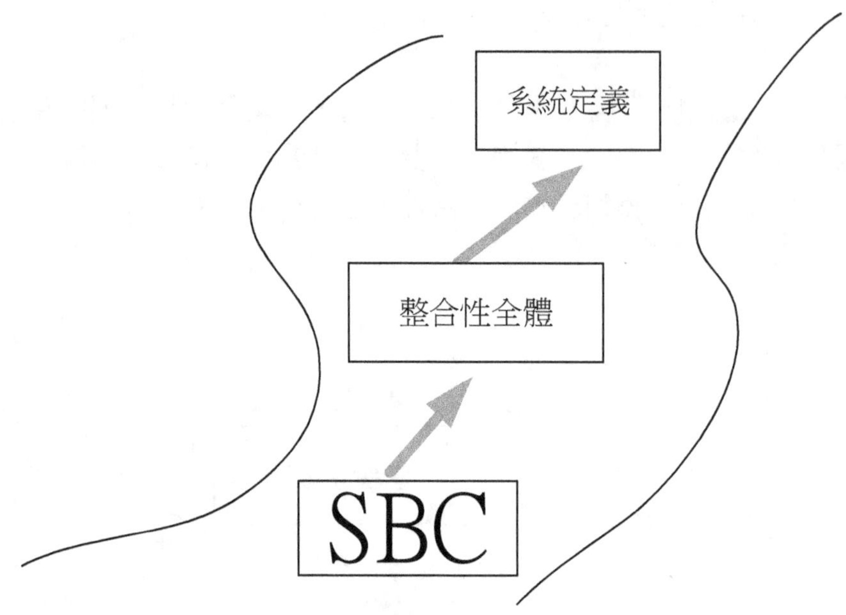

圖 3-5.　SBC 達成系統定義

在 SBC 架構描述語言裡，系統行為必須依附於(Attached To)或者建立在(Built On)系統結構上。換句話說，系統行為，不得單獨存在，它必須被系統結構承載著，就像一個貨物必須被船舶承載著一樣，如圖 3-6 所示。如果沒有系統結構，則不會有系統行為；一個單獨存在的系統行為，是沒有意義的。

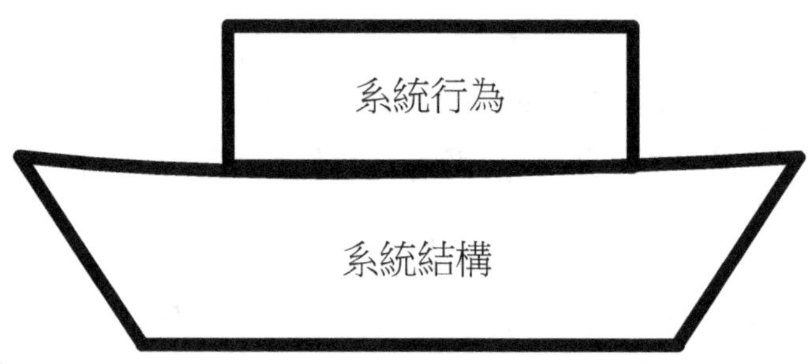

圖 3-6.　「系統結構」承載著「系統行為」

3-5 系統架構學

由於「結構行為合一」是達成系統定義的關鍵路徑，我們借用它來來改善系統學的系統描述，順便將系統學進步到系統架構學。如圖 3-7 所示，系統架構學定義系統為一群彼此之間(Each Other)還有與外界環境(Environment)會產生互動的構件(Components)，並且遵行「結構行為合一」 (Structure-Behavior Coalescence) 要求，所組合而成的整合性全體 (Integrated Whole)。

> 所謂系統，指的就是一群彼此之間(Each Other)還有與外界環境(Environment)會產生互動的構件(Components)，
> 並且遵行「結構行為合一」 (Structure-Behavior Coalescence) 要求，
> 所組合而成的整合性全體 (Integrated Whole)。

圖 3-7. 系統架構學對系統的定義

到目前為止，我們已經介紹了可以借用「結構行為合一」來改善系統學對系統的定義，如此可將系統學進步到系統架構學的境界。

總而論之，系統架構學有兩個特色：第一個特色是維持系統學專門的強項，採用結構分解(Structural Decomposition)[Chao12，Ghar11]的方法，拋棄功能分解(Functional Decomposition)[Scho10]的方法；第二個特色是將「結構行為合一」的能耐加持上去。

系統架構學使用 SBC 架構描述語言(SBC Architecture Description Language，簡稱為 SBC-ADL)來完成系統的定義，SBC 架構描述語言包含六大金圖：(A)架構階層圖、(B)框架圖、(C)構件操作圖、(D)構件連結圖、(E)結構行為合一圖、(F)互動流程圖。在本書後面的章節中，我們將針對 SBC 架構描述語言進行更詳細的探討和眾多案例研究。

第二部份 SBC 架構描述語言

第 4 章 架構階層圖

架構階層圖(Architecture Hierarchy Diagram，簡稱為 AHD)可以讓我們看出一個系統之多階層(Multi-Level)的分解與組合[chao09，chao11，chao12，chao14]。透過多階層的分解與組合，一個原本複雜的系統變得簡單多多。架構階層圖是達到「結構行為合一」的第一個金圖。前面章節說過，只有做到「結構行為合一」的水準，方才能夠滿足系統架構學的要求，然後我們才可以得到架構階層圖。

在本章架構階層圖的介紹裡，我們將分別討論分解與組合、多階層的分解與組合和聚合與非聚合系統等等課題。

4-1分解與組合

在日常生活中，我們可以看到很多系統分解(Decomposition)與組合(Composition)的例子。譬如，一台「電腦」系統可以分解出「顯示器」、「鍵盤」、「滑鼠」和「主機系統」，如圖 4-1 所示。在其中，「顯示器」、「鍵盤」、「滑鼠」和「主機系統」分別是四個子系統(Subsystem)，而「電腦」是一個母系統(Supra-system)。

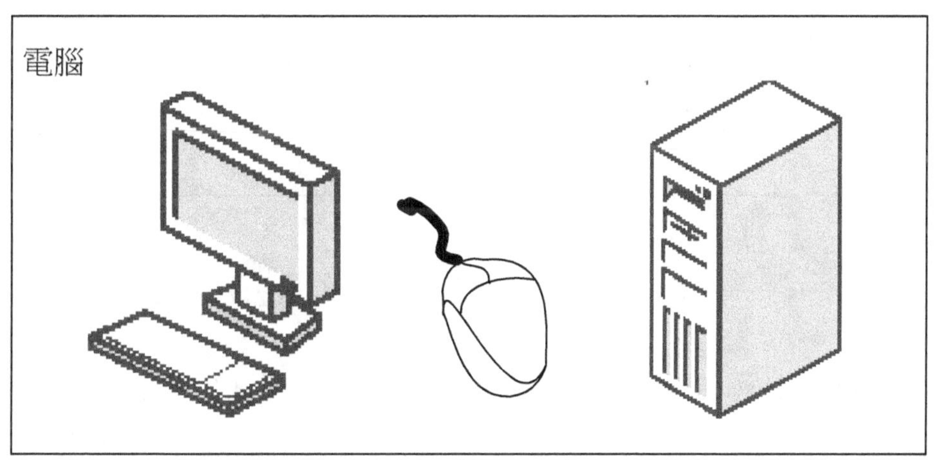

圖 4-1. 「電腦」系統的分解與組合

類似的例子比比皆是，讓我們看「機器人」系統的分解與組合。如圖 4-2 所示，「頭」和「四肢」各自是一個子系統，但它們可以組合成一個「機器人」的母系統。

圖 4-2. 「機器人」系統的分解與組合

最後一個例子說明「SBC_Book」系統的分解與組合。如圖 4-3 所示，「Chapter_1」、「Part_1」和「Part_2」各自是一個子系統，但它們可以組合成「SBC_Book」母系統。

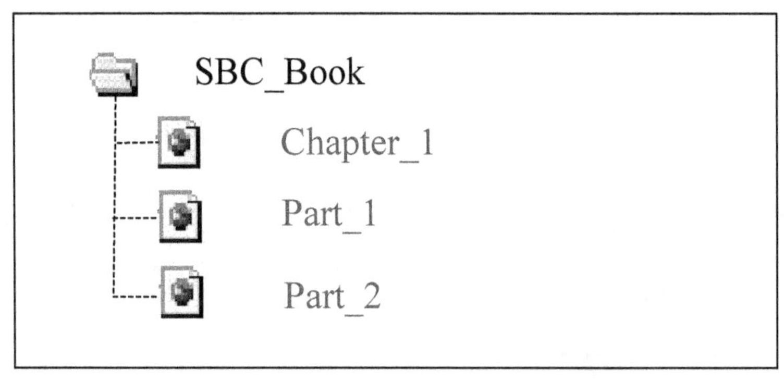

圖 4-3. 「SBC_Book」系統的分解與組合

若說母系統分解出子系統是一個由上至下(Top-Town)的方向，那麼另一個由下至上(Bottom-Up)的方向就是由子系統組合成母系統。為了表示由上至下和由下至上兩個方向，我們可以繪製架構階層圖來表示之。

回顧前面所述「電腦」系統的例子，圖 4-4 顯示其架構階層圖。「電腦」母系統可以由上至下分解出「顯示器」、「鍵盤」、「滑鼠」和「主機系統」等子系統；或者可以說「顯示器」、「鍵盤」、「滑鼠」和「主機系統」等子系統由下至上組合成「電腦」母系統。

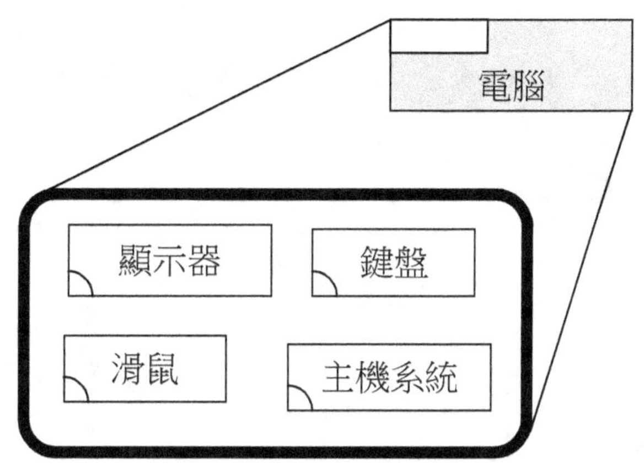

圖 4-4.　「電腦」系統的架構階層圖

回顧前面所述「機器人」的例子，圖 4-5 顯示其架構階層圖。「機器人」系統可以由上至下分解成「頭」和「四肢」等子系統，或者可以說「頭」和「四肢」等子系統由下至上組合成一個「機器人」母系統。

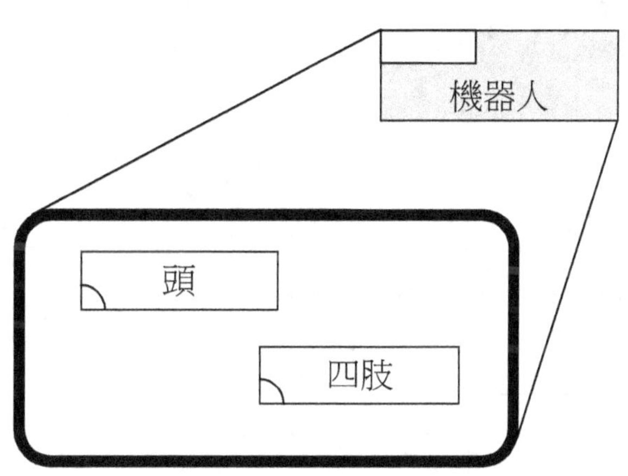

圖 4-5.　「機器人」系統的架構階層圖

回顧前面所述「SBC_Book」系統的例子，圖 4-6 顯示其架構階層圖。「SBC_Book」可以由上至下分解成「Chapter_1」、「Part_1」和「Part_2」等子系統，或者可以說「Chapter_1」、「Part_1」和「Part_2」等子系統由下至上組合成「SBC_Book」母系統。

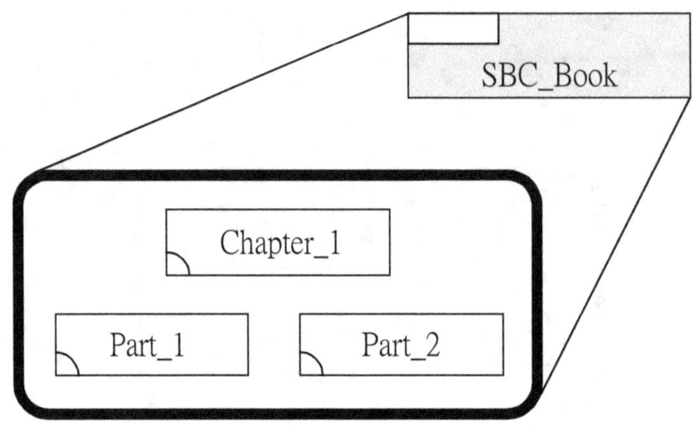

圖 4-6. 「SBC_Book」系統的架構階層圖

4-2多階層的分解與組合

一個由母系統分解出來的子系統可以繼續往下分解。如圖 4-7 所示，「主機系統」是整個「電腦」的一部份子系統，但它可以再分解成「主機版」、「硬碟」、「軟碟」和「網路卡」等等子子系統來。

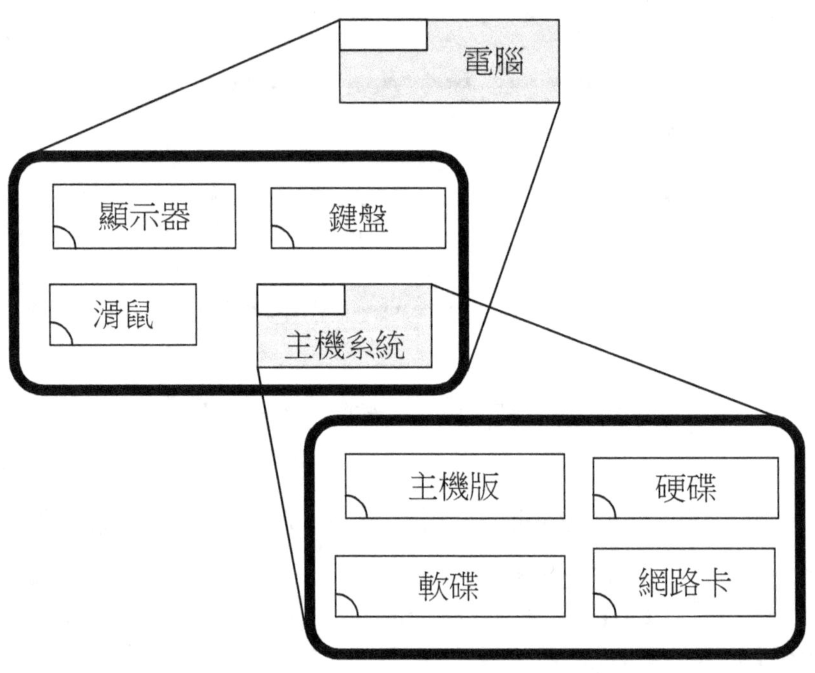

圖 4-7. 多階層「電腦」系統的分解與組合

例如二，圖 4-8 顯示「四肢」是「機器人」的一部份子系統，但它可以再分解成「手」和「腳」等等子子系統來。

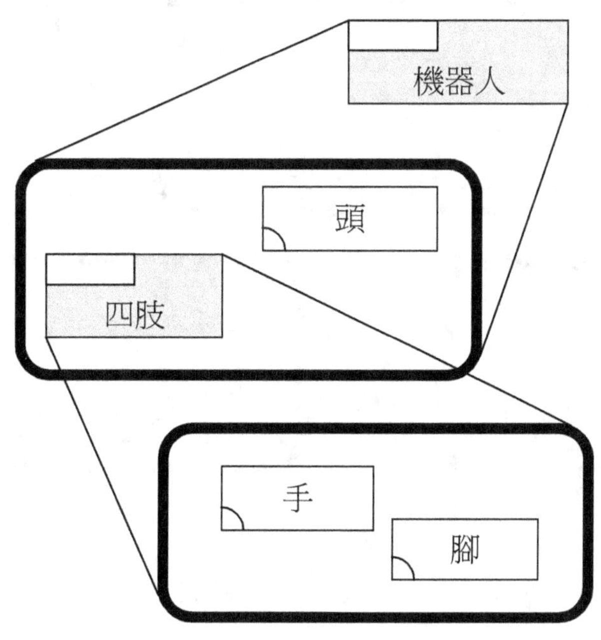

圖 4-8. 多階層「機器人」系統的分解與組合

例如三，圖 4-9 顯示「Part_1」是「SBC_Book」的一部份子系統，但它可以再分解成「Chapter_2」和「Chapter_3」等等子子系統；「Part_2」也是「SBC_Book」的一部份子系統，但它可以再分解成「Chapter_4」和「Chapter_5」等等子子系統。

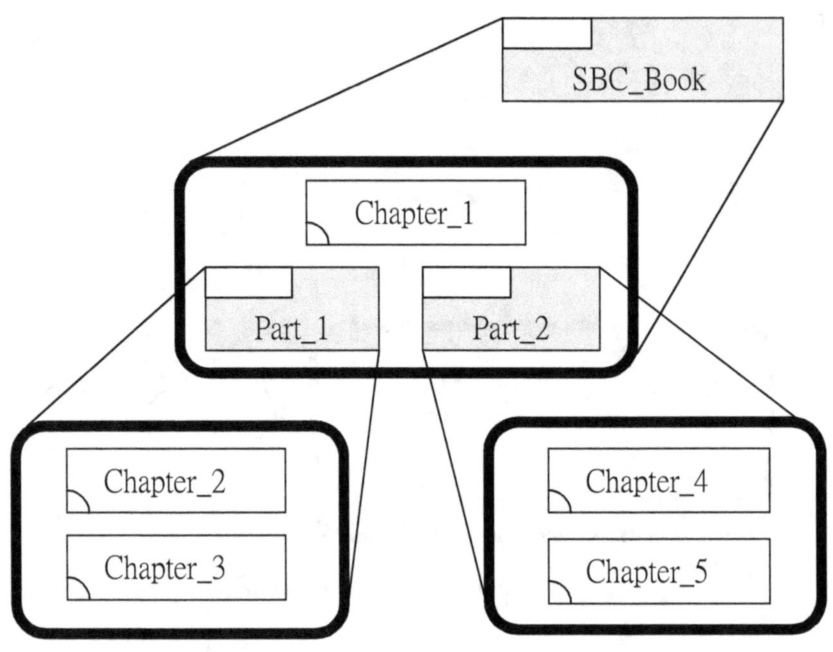

圖 4-9.　多階層「SBC_Book」系統的分解與組合

一般來說，一個系統的分解與組合通常是多階層的。值是故，任何系統要化繁為簡，都需要透過多階層的分解與組合來達成目標。

4-3 聚合與非聚合系統

聚合系統(Aggregated System)與非聚合系統(Non-Aggregated System)可以用來分門別類出現在一個架構階層圖裡的各個系統。首先，讓我們分別給聚合系統和非聚合系統各自一個定義，如圖 4-10 所示。

聚合系統的定義：

一個系統是由其子系統組合而成的，稱之為聚合系統。

非聚合系統的定義：

一個系統不再分解出任何子系統的，稱之為非聚合系統。

圖 4-10. 聚合系統和非聚合系統的定義

非聚合系統也稱為構件(Component)、零件(Part)、個體(Entity)、物件(Object)、結構元素(Structure Element)和構建塊(Building Block)等等[Chao09，Chao11，Chao12]。

在一個架構階層圖裡，一個系統只能屬於聚合或非聚合類。同時屬於聚合或非聚合類的系統是不可能的。例如一，用圖 4-4 和圖 4-7 來說明。圖 4-4 中的「主機系統」是一個非聚合系統，因為它不再分解出任何子系統。相對的，圖 4-7 中的「主機系統」是一個聚合系統，因為它又再分解出「主機版」、「硬碟」、「軟碟」和「網路卡」等等子系統來。

例如二，用圖 4-5 和圖 4-8 來說明。圖 4-5 中的「四肢」是一個非聚合系統，因為它不再分解出任何子系統。相對的，圖 4-8 中的「四肢」是一個聚合系統，因為它又再分解出「手」和「腳」等等子系統來。

例如三，用圖 4-6 和圖 4-9 來說明。圖 4-6 中的「Part_1」和「Part_2」都是非聚合系統，因為它們不再分解出任何子系統。相對的，圖 4-9 中的「Part_1」和「Part_2」都是聚合系統，因為「Part_1」又分解出「Chapter_2」和「Chapter_3」等等子系統來，而「Part_2」也又分解出「Chapter_4」和「Chapter_5」等等子系統來。

第 5 章 框架圖

框架圖(Framework Diagram，簡稱為 FD)可以讓我們看出一個系統之多層級(Multi-Layer)或者多層次(Multi-Tier)的分解與組合[chao09，chao11，chao12，chao14]。框架圖是達到「結構行為合一」的第二個金圖。前面章節說過，只有做到「結構行為合一」的水準，方才能夠滿足系統架構學的要求，然後我們才可以得到框架圖。

在本章框架圖的介紹裡，我們將分別討論多層級或者多層次的分解與組合和框架圖裡只能出現非聚合系統等等課題。

5-1 多層級的分解與組合

我們也可以使用多層級(Multi-Layer)或者多層次(Multi-Tier)的方式來分解和組合一個系統，框架圖就是多層級或者多層次分解和組合一個系統的工具。

回顧前面所述「電腦」系統的例子，圖 5-1 顯示其框架圖。其中，「Technology_SubLayer_2」層包含「顯示器」、「鍵盤」和「滑鼠」，「Technology_SubLayer_1」層包含「主機版」、「硬碟」、「軟碟」和「網路卡」。

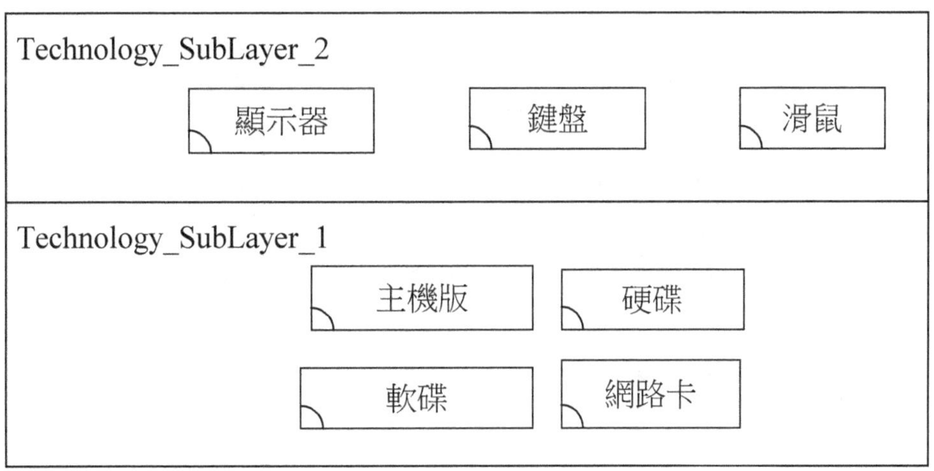

圖 5-1. 「電腦」系統的框架圖

回顧前面所述「機器人」系統的例子，圖 5-2 顯示其框架圖。其中，「Technology_SubLayer_2」層包含「頭」一個構件，「Technology_SubLayer_1」層包含「手」和「腳」二個構件。

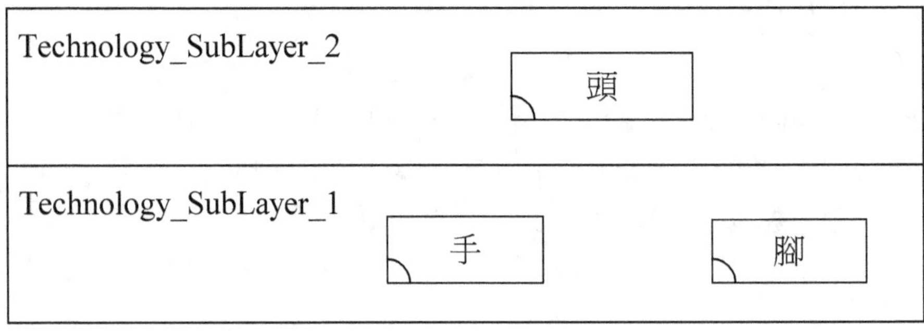

圖 5-2. 「機器人」系統的框架圖

回顧前面所述「SBC_Book」系統的例子，圖 5-3 顯示其框架圖。其中，「Technology_SubLayer_2」層包含「Chapter_1」一個構件，「Technology_SubLayer_1」層包含「Chapter_2」、「Chapter_3」、「Chapter_4」和「Chapter_5」四個構件。

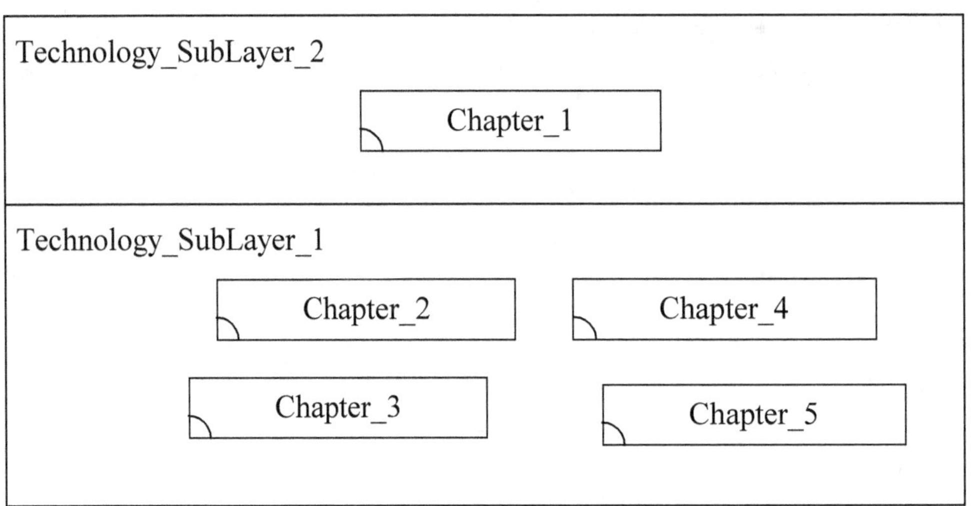

圖 5-3. 「SBC_Book」系統的框架圖

5-2 框架圖裡只能出現非聚合系統

在多階層(Multi-Level)的架構階層圖裡，聚合系統與非聚合系統都可能會出現。但是在多層級(Multi-Layer)或者多層次(Multi-Tier)的框架圖裡卻只能出現非聚合系統，這是一個非常有趣的對比。

舉第一個例來說，在前面章節圖 4-7 的架構階層圖裡，我們看到了「電腦」、「主機系統」等兩個聚合系統以及「顯示器」、「鍵盤」、「滑鼠」、「主機版」、「硬碟」、「軟碟」、「網路卡」等七個非聚合系統。在與之相對應的本章圖 5-1 的框架圖裡，我們卻只有看到「顯示器」、「鍵盤」、「滑鼠」、「主機版」、「硬碟」、「軟碟」、「網路卡」等七個非聚合系統。

舉第二個例來說，在前面章節圖 4-8 的架構階層圖裡，我們看到了「機器人」、「四肢」等兩個聚合系統以及「頭」、「手」、「腳」等三個非聚合系統。在與之相對應的本章圖 5-2 的框架圖裡，我們卻只有看到「頭」、「手」、「腳」等三個非聚合系統。

舉第三個例來說，在前面章節圖 4-9 的架構階層圖裡，我們看到了「SBC_Book」、「Part_1」、「Part_2」等三個聚合系統以及「Chapter_1」、「Chapter_2」、「Chapter_3」、「Chapter_4」、「Chapter_5」等五個非聚合系統。在與之相對應的本章圖 5-3 的框架圖裡，我們卻只有看到「Chapter_1」、「Chapter_2」、「Chapter_3」、「Chapter_4」、「Chapter_5」等五個非聚合系統。

第 6 章 構件操作圖

構件操作圖(Component Operation Diagram，簡稱為 COD)可以讓我們看出一個系統內所有構件的操作。構件操作圖是達到「結構行為合一」的第三個金圖。前面章節說過，只有做到「結構行為合一」的水準，方才能夠滿足系統架構學的要求，然後我們才可以得到構件操作圖。

在本章構件操作圖的介紹裡，我們將分別討論各個構件的操作以及構件操作圖的繪製等等課題。

6-1 各個構件的操作

操作(Operation)是附屬在各個構件上的，代表著此構件的程序(Procedure)、擷法(Method)和功能(Function)。其他事物若要使用此構件的功能，則須要呼叫其操作來完成。

在一個系統中的每個構件必須具有至少一個操作。如果它不具備任何操作，則此構件不應該存在於一個系統中。圖 6-1 顯示「SalePurchaseMenuForm」構件有「SaleInputClick」、「SalePrintClick」、「PurchaseInputClick」、「PurchasePrintClick」等四個操作。

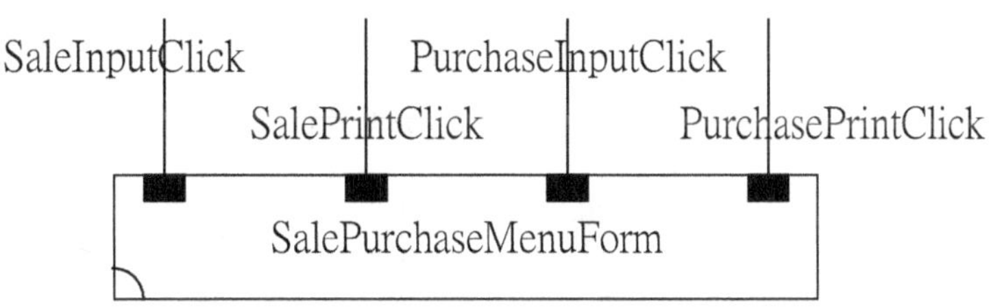

圖 6-1. 「SalePurchaseMenuForm」構件的四個操作

要完整的表達操作，只顯示操作名稱是不夠的，必須用操作式子(Operation Formula)來表達才會完整。一個操作式子，如圖 6-2 所示包括三部份：(A)操作名稱、(B)輸入參數的名稱與資料型態和(C)輸出參數的名稱與資料型態。

操作名稱 (In a_1, a_2, ..., a_M ; Out a_{M+1} , a_{M+2}, ..., a_{M+N})

圖 6-2. 操作式子

操作名稱就是這個操作的名字。在一個系統裡，我們會給每一個操作一個它自己的名稱，而且不准和其它操作名稱重複。

一個操作可以擁有多個輸入和輸出參數。一個系統所有操作所收集到的輸入和輸出參數，代表了此系統的輸入和輸出資料觀點(Input/Output Data View)或者資訊觀點(Information View)[Chao12，Date03，Elma10]。如圖 6-3 所示，「SalePrintForm」構件有「ShowModal」、「SalePrintButtonClick」二個操作。其中，「ShowModal」操作沒有輸入/輸出參數；「SalePrintButtonClick」操作則有「sDate」、「sNo」二個輸入參數(箭頭符號方向是指向「SalePrintForm」構件的)和「s_report」一個輸出參數(箭頭符號方向是離開「SalePrintForm」構件的)。

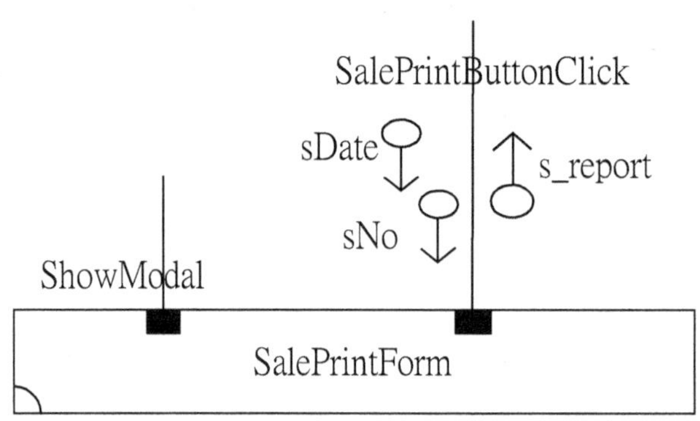

圖 6-3. 「SalePrintForm」構件的輸入/輸出參數

我們會使用資料型態(Data Type)來表達輸入/輸出參數的資料格式。資料型態有基本資料型態(Primitive Data Type)和複合資料型態(Composite Data Type)兩種，現在讓我們來討論它們。資料型態又稱作資料集合(Data Set)。最簡單的資料型態就是一些基本資料型態(Primitive Data Type)，它包括的範圍很廣。例如，「Nat」資料型態代表自然數的集合；「Integer」資料型態代表整數的集合；「Real」資料型態代表實數的集合；「Boolean」資料型態代表布林值的集合。另外，也可以用一些列舉(Enumeration)的方法造出基本資料型態。例如，type Season=(春，夏，秋，冬) 表示「Season」資料型態有四個值，它們分別是春、夏、秋、冬。圖 6-4 顯示一些基本資料型態的範例，並列出它們的可能值。

資料型態	可能值
Nat	1, 2, 3, 4, 5,...
Integer	-123, -35, 0, 1, 24,...
Real	-4.8, 12, 35.37,...
Boolean	True, Flase
Season	春, 夏, 秋, 冬

圖 6-4. 基本資料型態範例

有了基本資料型態後，就可以開始利用它們來建立新的複合資料型態(Composite Data Type)。建立的方式有聯集(Union)、笛卡爾乘積(Cartesian Product)、陣列(Array)，等等。聯集的方法就是將兩個以上的資料型態聯集而成一種新的資料型態。例如，type BooleanSeason=Boolean＋Season，表示「BooleanSeason」資料型態是「Boolean」資料型態、「Season」資料型態二者聯集而成的。笛卡爾乘積方法是一種資料聚合(Data Aggregation)的形式。例如，type 生日=年╳月╳日，表示「生日」資料型態是由「年」資料型態、「月」資料型態、「日」資料型態三者集成而來的。陣列是將資料型態的數目從一個變到無限多個。例如，type IntegerArray=array of integer，表示「整數陣列」資料型態有一到無限多個整數值；type 生日陣列=array of 生日，表示「生日陣列」資料型態有一到無限多個生日值。圖 6-5 顯示一些複合資料型態的範例，並列出它們的可能值。

資料型態	可能值
BooleanSeason	True, Flase, 春, 夏, 秋, 冬
生日	[1932, 2, 18] , [1955, 12, 20] ,...
IntegerArray	[-3, -1, 22, 77, ...] , [-23, -7, 12, 356, ...] , [-52, -44, 0, 24, ...] ,...
生日陣列	[1980 2 2; 1946 12 1; 1987 12 28; 1922 1 1; ....] , [1958 11 11; 1992 10 23; 2001 2 8; 2003 8 18; ....] ,...

圖 6-5.　　複合資料型態範例

複合資料型態可以繼續被複合，最後，我們可以得到相當複雜的資料型態，譬如一個資料庫(Database)都可以被定義成一個複合資料型態[Chao12，Date03，Elma10]。

例如，圖 6-6 顯示在操作式子 SalePrintButtonClick(In sDate, sNo; Out s_report)裡的輸入參數「sDate」、「sNo」的基本資料型態(Primitive Data Type)的規格。

參數	資料型態	範例
sDate	Text	20100517, 20100612
sNo	Text	001, 002

圖 6-6. 「sDate」、「sNo」的基本資料型態的規格

圖 6-7 顯示在操作式子 SalePrintButtonClick(In sDate, sNo; Out s_report)裡的輸出參數「s_report」的複合資料型態(Composite Data Type)的規格。

<table>
<tr><td>參數</td><td>s_report</td></tr>
<tr><td>資料型態</td><td>TABLE of
Sale Date : Text
Sale No : Text
Customer : Text
ProductNo : Text
Quantity : Integer
UnitPrice : Real
Total : Real
End TABLE ;</td></tr>
<tr><td>範例</td><td>銷售日期 : 20100517 單日編號 : 001
顧客 : Barrett Bryant
<table><tr><td>ProductNo</td><td>Quantity</td><td>UnitPrice</td></tr><tr><td>A12345</td><td>400</td><td>100.00</td></tr><tr><td>A00001</td><td>300</td><td>200.00</td></tr></table>總金額: 100,000.00</td></tr>
</table>

圖 6-7. 「s_report」 複合資料型態的規格

6-2構件操作圖的繪製

針對一個系統，我們使用構件操作圖來顯示此系統所有構件的操作。例如圖 6-8 顯示「多層次個人資料系統」四個構件的操作。其中，「MTPDS_GUI」構件有「Calculate_AgeClick」和「Calculate_OverweightClick」二個操作，「Age_Logic」構件有「Calculate_Age」一個操作，「Overweight_Logic」構件有「Calculate_Overweight」一個操作，「Personal_Database」構件有「Sql_DateOfBirth_Select」和「Sql_SexHeightWeight_Select」二個操作。

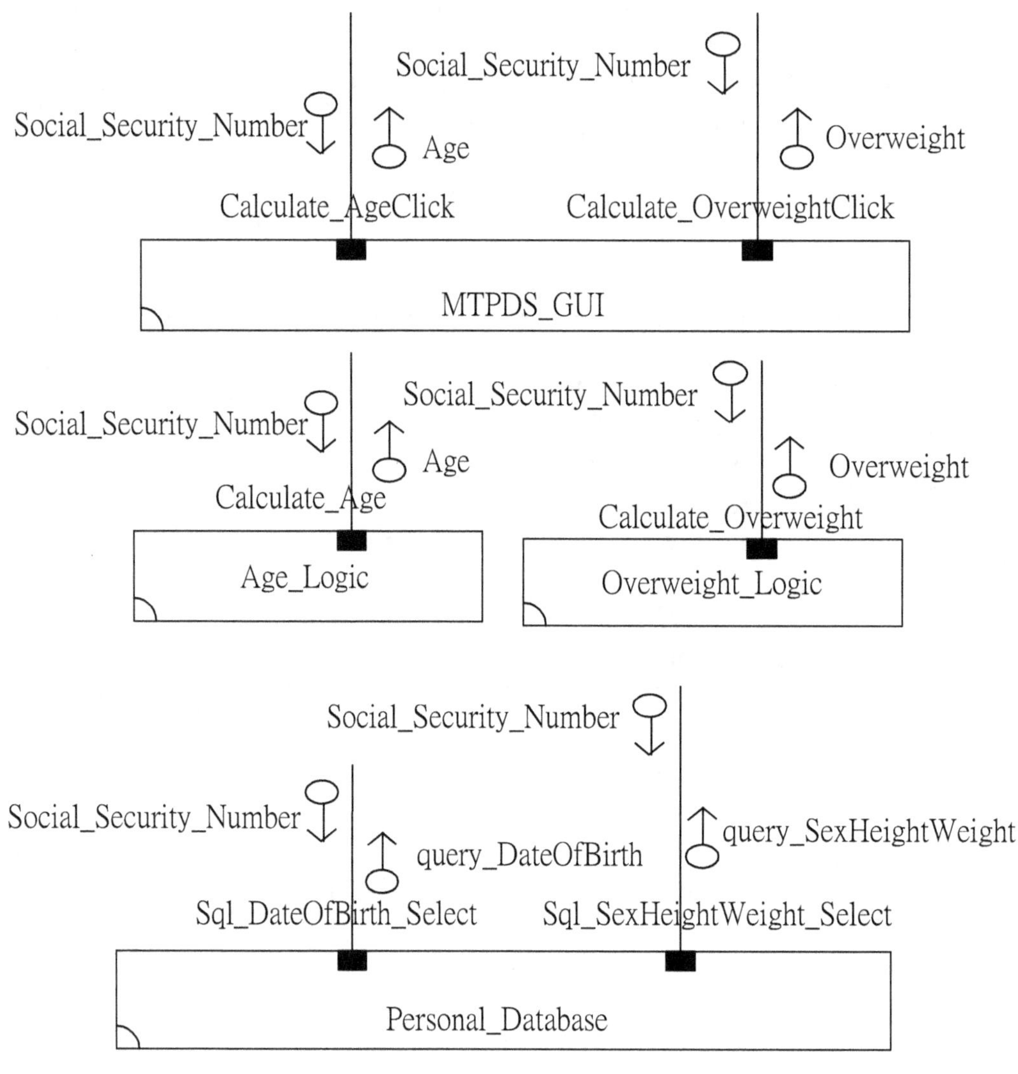

圖 6-8. 「多層次個人資料系統」的構件操作圖

「Calculate_AgeClick」的操作式子為 Calculate_AgeClick(In Social_Security_Number; Out Age)，「Calculate_OverweightClick」的操作式子為 Calculate_OverweightClick(In Social_Security_Number; Out Overweight)，「Calculate_Age」的操作式子為 Calculate_Age(In Social_Security_Number; Out Age)，「Calculate_Overweight」的操作式子為 Calculate_Overweight(In Social_Security_Number; Out Overweight)，「Sql_DateOfBirth_Select」的操作式子為 Sql_DateOfBirth_Select(In Social_Security_Number; Out query_DateOfBirth)，「Sql_SexHeightWeight_Select」的操作式子為 Sql_SexHeightWeight_Select(In Social_Security_Number; Out query_SexHeightWeight)。

圖 6-9 顯示參數「Social_Security_Number」、「Age」、「Overweight」等等的基本資料型態(Primitive Data Type)的規格。

參數	資料型態	範例
Social_Security_Number	Text	424-87-3651, 512-24-3722
Age	Integer	28, 56
Overweight	Boolean	Yes, No

圖 6-9. 基本資料型態的規格

圖 6-10 顯示在操作式子 Sql_DateOfBirth_Select(In Social_Security_Number; Out query_DateOfBirth)裡的輸出參數「query_DateOfBirth」的複合資料型態(Composite Data Type)的規格。

參數	query_DateOfBirth

資料型態	TABLE of
	  Social_Security_Number : Text
	  Age : Integer
	End TABLE;

範例	424-87-3651 | 28 512-24-3722 | 56

圖 6-10. 「query_DateOfBirth」複合資料型態的規格

圖 6-11 顯示在操作式子 Sql_SexHeightWeight_Select(In Social_Security_Number; Out query_SexHeightWeight)裡的輸出參數「query_SexHeightWeight」的複合資料型態(Composite Data Type)的規格。

參數	query_SexHeightWeight

資料型態	TABLE of
	  Social_Security_Number : Text
	  Sex : Text
	  Height : Number
	  Weight : Number
	End TABLE;

範例	424-87-3651 | Female | 162 | 76 512-24-3722 | Male | 180 | 80

圖 6-11. 「query_SexHeightWeight」複合資料型態的規格

第 7 章 構件連結圖

從系統架構學的精神來看，構件的連結屬於系統結構之一。構件連結圖(Component Connection Diagram，簡稱為 CCD)是達到「結構行為合一」的第四個金圖。有了構件連結圖以後，一個系統的樣式(Pattern)會呈現出來，因而一個系統的結構觀點會變得更清晰。前面章節說過，只有做到「結構行為合一」的水準，方才能夠滿足系統架構學的要求，然後我們才可以得到構件連結圖。

在本章構件連結圖的介紹裡，我們將分別討論連結的實質意義、特殊的連結、以及構件連結圖的繪製等等課題。

7-1 連結的實質意義

一個連結(Connection)和一個構件有關係。一個連結會有兩端，這兩端都會以構件的型式存在[Chao09，Chao11，Chao12，Chao14]。如圖 7-1 所示，「Component_1」 和「Component_2」都是構件。透過連結，兩端構件之間的溝通渠道(Communication Channel)得以被建立起來。

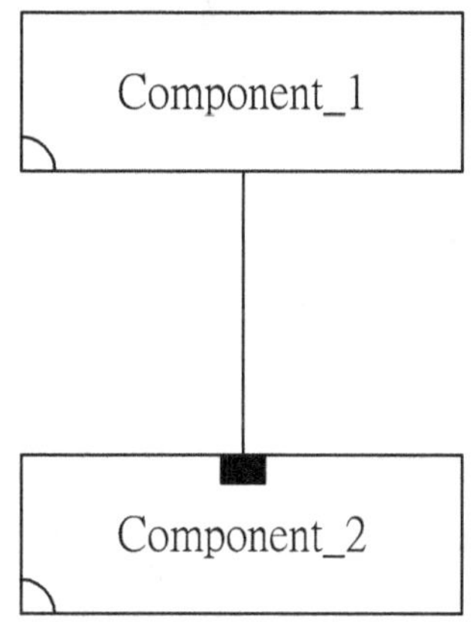

圖 7-1. 一個連結的兩端

連結的兩端構件中遠離線段黑頭端點的一個為客戶端(Client)，另外一個靠近線段黑頭端點的則為伺服端(Server)，如圖 7-2 所示。通常，伺服端的構件是操作提供者(Operation Provider)，即是說，連結的操作是附屬於伺服端構件的。反之，客戶端的構件是操作使用者(Operation User)，即是說，連結的操作是被客戶端構件所使用的。

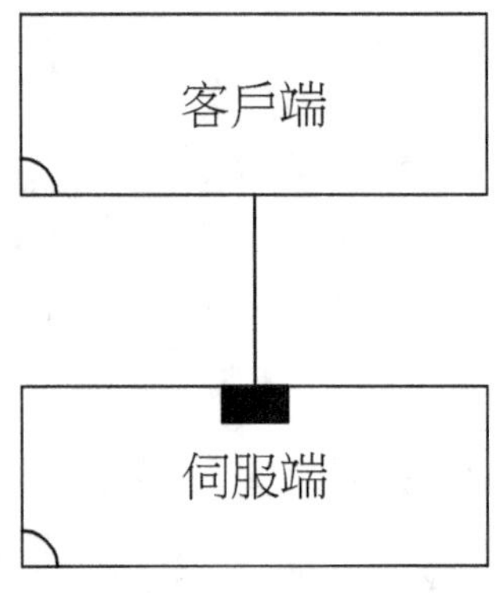

圖 7-2.　一個連結的客戶端和伺服端

依據以上的說明，一個連結兩端的構件不能都是客戶端，也不能都是伺服端，必須是客戶端和伺服端各有一個。

7-2 特殊的連結

有一些連結顯得比較特殊，但它們都是合理的，我們在這裡討論之。第一種特殊連結為兩個構件之間有兩個連結，在此兩個連結裡，兩個構件的角色各自當一次客戶端(Client)和伺服端(Server)。如圖 7-3 所示，「構件_A」和「構件_B」之間有兩個連結，「構件_A」在第一個連結的角色為客戶端，「構件_B」在第二個連結的角色為客戶端。

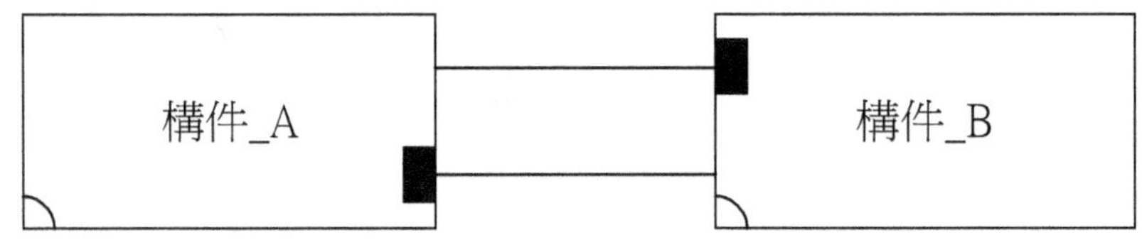

圖 7-3.　第一種特殊連結

第二種特殊連結為同一個操作(Operation)有兩個以上的操作使用者(Operation　User)。如圖 7-4 所示，「構件_F」只提供一個操作，結果卻有「構件_C」、「構件_D」、「構件_E」三者來連結。

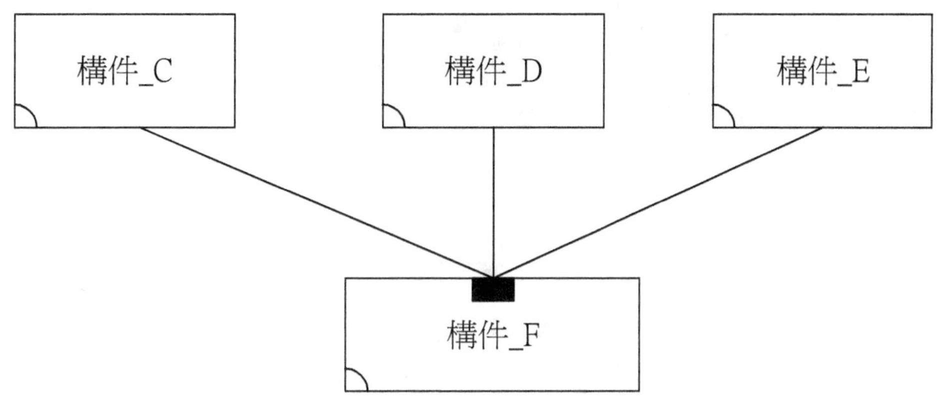

圖 7-4. 第二種特殊連結

第三種特殊連結為兩個構件之間有兩個連結，在此兩個連結裡，兩個構件當客戶端(Client)和伺服端(Server)的角色維持一致。如圖 7-5 所示，「構件_G」和「構件_H」之間有兩個連結，「構件_G」在第一和第二個連結的角色都是客戶端。

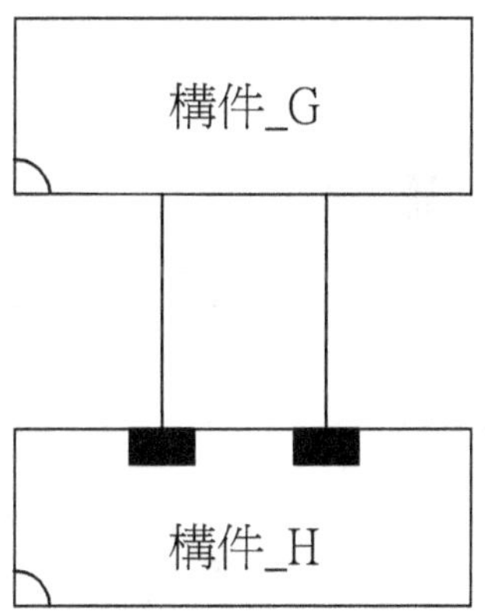

圖 7-5. 第三種特殊連結的標準圖示

一般而言，圖 7-5 是第三種特殊連結的標準圖示。但為了簡單起見，我們常簡化之，如圖 7-6 所示。

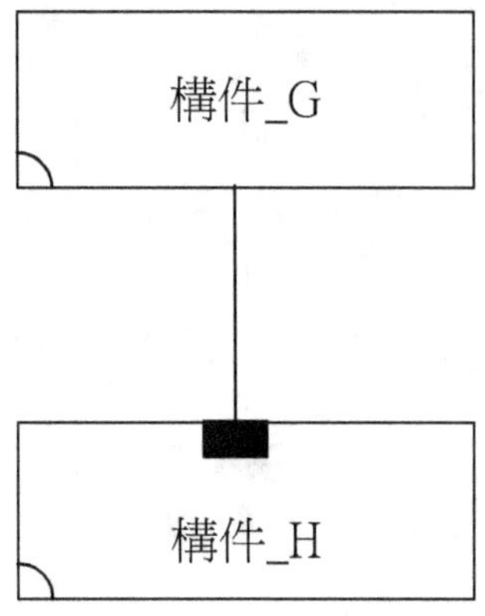

圖 7-6.　第三種特殊連結的簡化圖示

7-3 構件連結圖的繪製

對於結構觀點而言，各個構件如何連結(Connect)在一起，是一項重要的課題，如圖 7-7 所示。

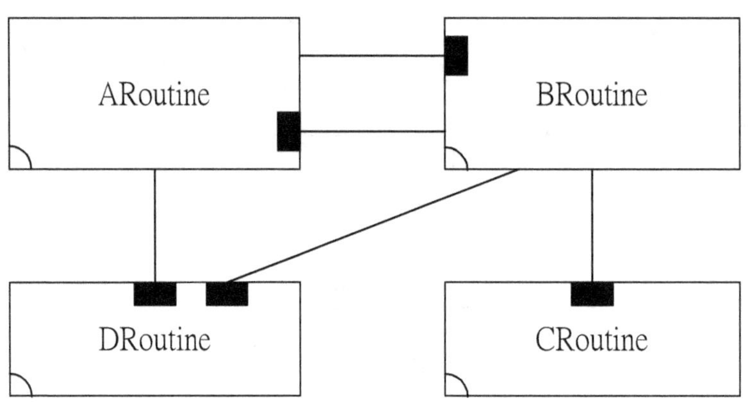

圖 7-7.　各個構件之間的連結

除去了解各個構件如何互相連結之外，結構觀點也會想要了解構件如何和外界環境連結，如圖 7-8 所示。

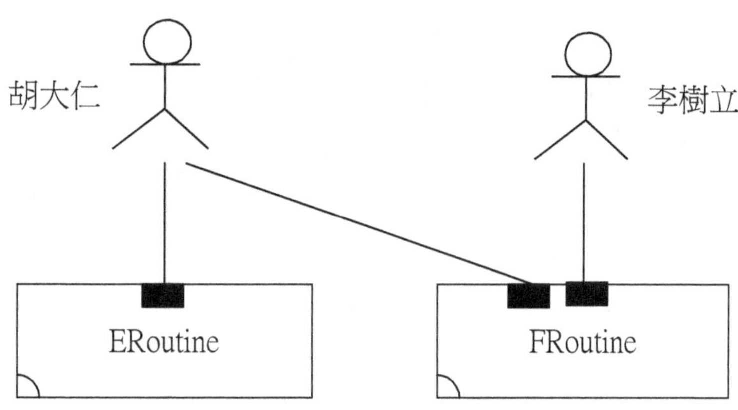

圖 7-8.　構件和外界環境之間的連結

綜合以上的說明，構件連結圖的作用乃是將一個系統內的構件以及外在環境都連結起來，如圖 7-9 所示。

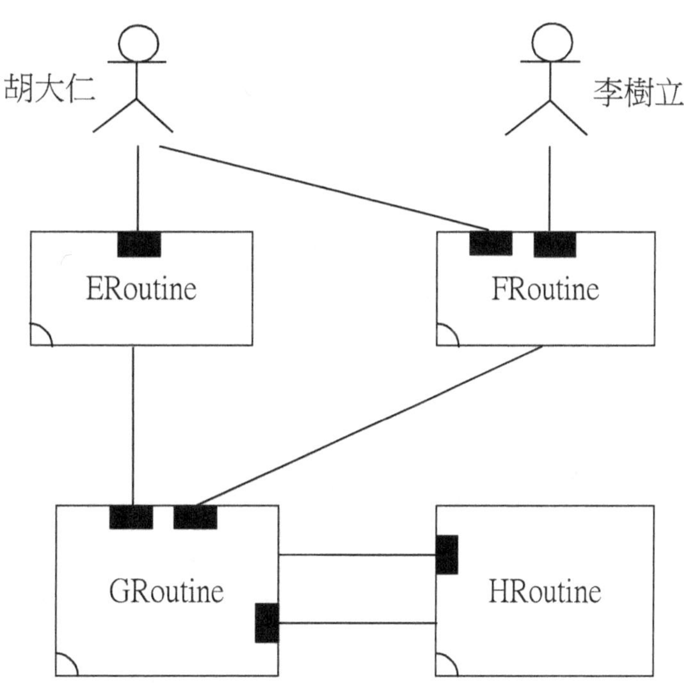

圖 7-9.　構件連結圖的作用乃是將構件以及外在環境都連結起來

有了構件連結圖以後，一個系統的樣式(Pattern)會呈現出來，因而一個系統的結構觀點會變得更清晰。

第 8 章 結構行為合一圖

結構行為合一圖(Structure-behavior Coalescence Diagram，簡稱為SBCD)是達到「結構行為合一」的第五個金圖。前面章節說過，只有做到「結構行為合一」的水準，方才能夠滿足系統架構學的要求，然後我們才可以得到結構行為合一圖。

在本章結構行為合一圖的介紹裡，我們將分別討論結構行為合一圖的目標以及如何繪製結構行為合一圖等等課題。

8-1結構行為合一圖的目標

採用系統架構學方法，最主要的特色就是只會有一個整合性全體(Integrated Whole)的系統，而不會有各自分離的系統結構和系統行為[Chao09，Chao11，Chao12]。

西洋人說：Seeing Is Believing。換成中文就是：眼見為實。若能有一個圖示讓我們同時看到系統結構與系統行為，則系統架構學的「結構行為合一」學說會具備更強烈的說服力，這也是結構行為合一圖的目標。

圖 8-1 顯示「多層次個人資料系統」的結構行為合一，外界環境「小學生」和「MTPDS_GUI」、「Age_Logic」、「Personal_Database」等構件互動產生「AgeCalculation」行為，外界環境「小學生」和「MTPDS_GUI」、「Overweight_Logic」、「Personal_Database」等構件互動產生「OverweightCalculation」行為。

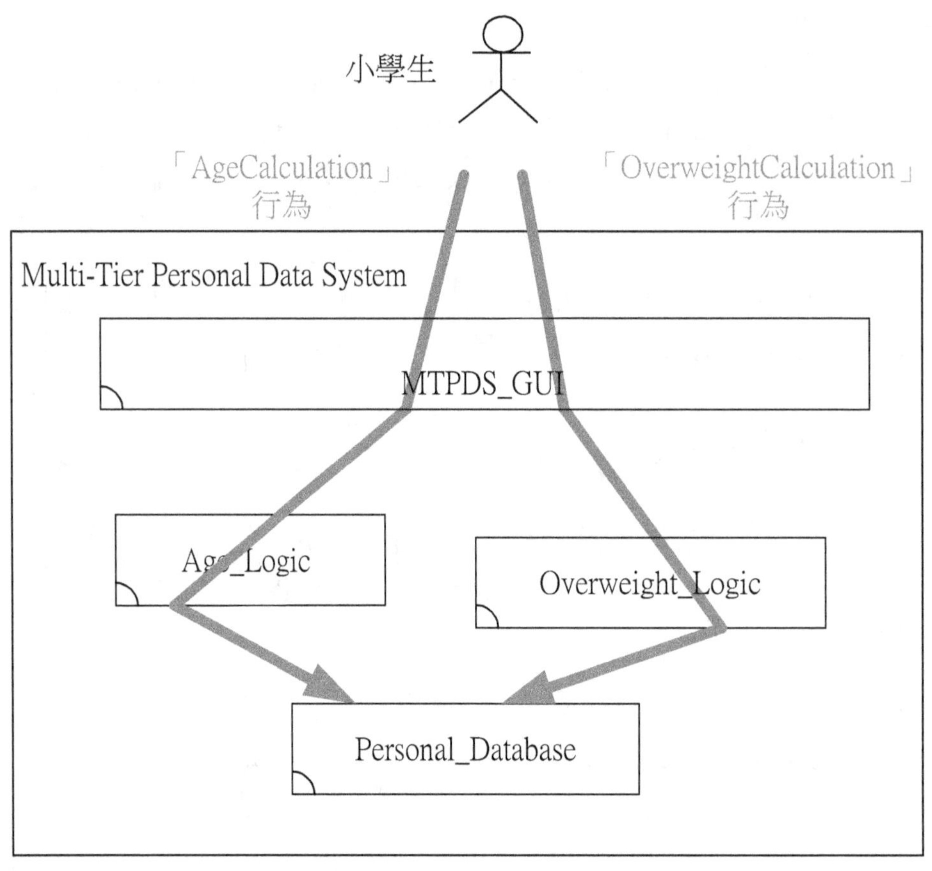

圖 8-1. 「多層次個人資料系統」的結構行為合一

一個系統的行為乃是其個別的行為總合起來。例如，「多層次個人資料系統」的整體系統行為包括「AgeCalculation」和「OverweightCalculation」等二個個別的行為。換句話說，「AgeCalculation」和「OverweightCalculation」等二個個別的行為總合起來就等於「多層次個人資料系統」的整體系統行為。「AgeCalculation」和「OverweightCalculation」二者行為彼此之間是相互獨立，沒有任何牽連的。由於它們彼此之間沒有任何瓜葛，因而這二個行為可以同時交錯進行(Concurrently Execute)，互不干擾[Hoar85，Miln89，Miln99]。

採用系統架構學，最主要的目標就是只會有一個整合性全體的系統，而不會有各自分離的系統結構和系統行為。在圖 8-1 中，我們可以看到，「多層次個人資料系統」的系統結構和系統行為都一起存在其整合性全體的系統裡面。換句話說，在「多層次個人資料系統」整合性全體的系統裡，我們不但看到它的系統結構，也同時看到它的系統行為。

8-2結構行為合一圖的繪製

現在讓我們藉著繪製結構行為合一圖來說明結構行為合一圖的用法。結構行為合一圖的目標，主要是讓我們可以同時看到系統結構與系統行為。為了達到如此的效果，結構行為合一圖會先繪製出系統所有的構件以及外界環境，然後再將這些構件之間、以及它們和外界環境的互動一個一個繪製出來。

例如「多層次個人資料系統」共有「AgeCalculation」和「OverweightCalculation」等二個行為。當繪製出「多層次個人資料系統」所有的構件加上外界環境後，再加上「AgeCalculation」行為，我們可以得到圖示 8-2。「AgeCalculation」行為顯示外界環境「小學生」先和「MTPDS_GUI」構件發生互動，再來「MTPDS_GUI」構件和「Age_Logic」構件發生互動。最後「Age_Logic」構件和「Personal_Database」構件發生互動。

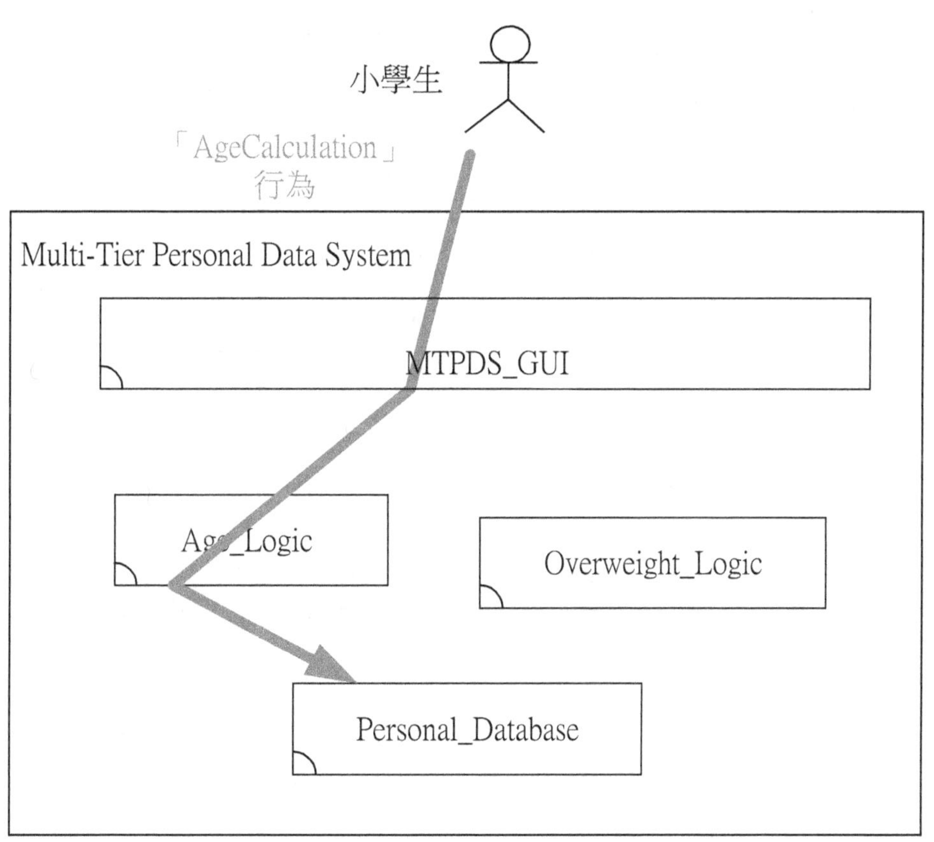

圖 8-2. 「多層次個人資料系統」的「AgeCalculation」行為

有了圖 8-2 後，再加上「OverweightCalculation」行為，我們可以得到圖示 8-3。「OverweightCalculation」行為顯示外界環境「小學生」先和

「MTPDS_GUI」構件發生互動，再來「MTPDS_GUI」構件和「Overweight_Logic」構件發生互動。最後「Overweight_Logic」構件和「Personal_Database」構件發生互動。

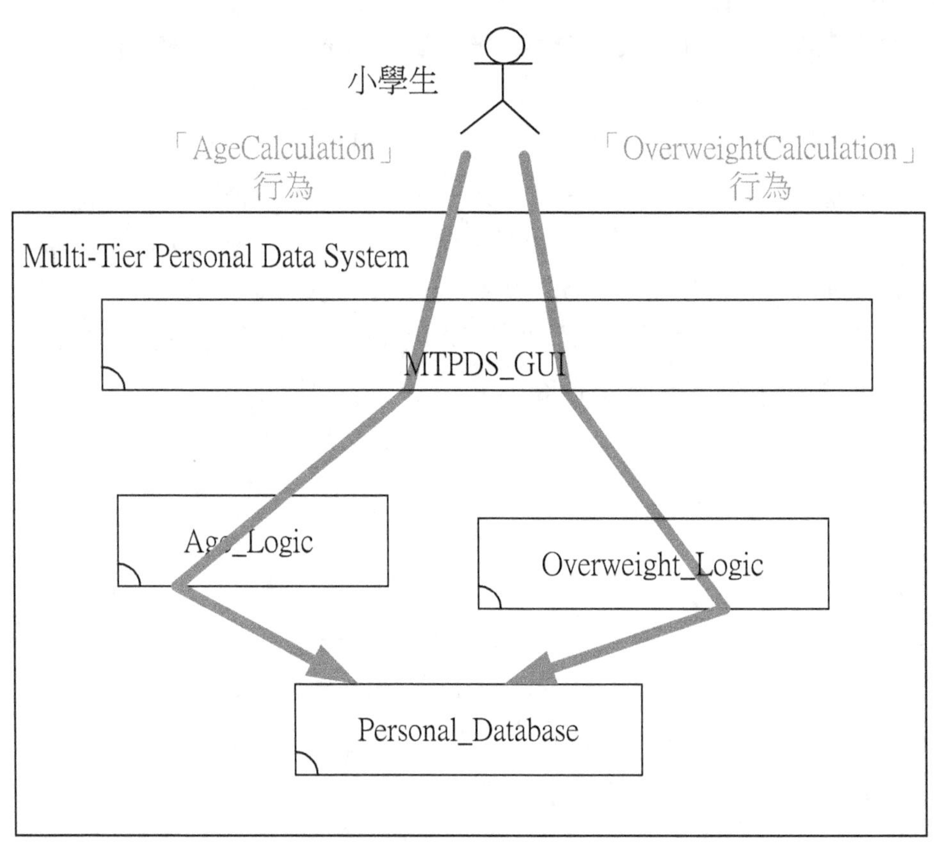

圖 8-3. 將圖8-2加上「OverweightCalculation」行為

得到圖 8-3 之後，我們確實是完成了「多層次個人資料系統」結構行為合一圖的繪製。事實上，圖 8-3 就是一個「多層次個人資料系統」完整的結構行為合一圖。

第 9 章 互動流程圖

從系統架構學的精神來看，構件和構件或者環境之間的互動屬於系統行為之一。互動流程圖(Interaction Flow Diagram，簡稱為 IFD)是達到「結構行為合一」的第六個金圖。前面章節說過，只有做到「結構行為合一」的水準，方才能夠滿足系統架構學的要求，然後我們才可以得到互動流程圖。

在本章互動流程圖的介紹裡，我們將分別討論系統行為與互動流程圖以及互動流程圖的繪製等等課題。

9-1 系統行為與互動流程圖

一個系統的整體行為包括許多個別的行為。每一個個別的行為代表系統一個情境(Scenario)的執行路徑。每個執行路徑可以說就是一個互動流程圖。執行路徑可以說是將系統的內部細節互動串接起來。互動流程圖強調的是這些串接起來的互動之先後次序[Chao09，Chao11，Chao12]。

圖 9-1 顯示「多媒體 KTV」的個別行為共有二個，因而其互動流程圖也共有二個。

系統	互動流程圖
多媒體 KTV	「卡拉OK第1首歌」行為
	「卡拉OK第2首歌」行為

圖 9-1. 「多媒體 KTV」的互動流程圖

圖 9-2 顯示「機器人」系統的個別行為共有二個，因而其互動流程圖也共有二個。

系統	互動流程圖
機器人	「寫字」行為
	「走路」行為

圖 9-2.　「機器人」系統的互動流程圖

圖 9-3 顯示「天災」系統的個別行為共有三個，因而其互動流程圖也共有三個。

系統	互動流程圖
天災	「水災」行為
	「火災」行為
	「震災」行為

圖 9-3.　「天災」系統的互動流程圖

圖 9-4 顯示「汽車」系統的個別行為共有二個，因而其互動流程圖也共有二個。

系統	互動流程圖
汽車	「加速」行為
	「減速」行為

圖 9-4. 「汽車」系統的互動流程圖

圖 9-5 顯示「腳踏車」系統的個別行為共有三個，因而其互動流程圖也共有三個。

系統	互動流程圖
腳踏車	「前進」行為
	「左右轉」行為
	「煞車」行為

圖 9-5. 「腳踏車」系統的互動流程圖

圖 9-6 顯示「算數軟體」的個別行為共有二個，因而其互動流程圖也共有二個。

<table>
<tr><th>系統</th><th>互動流程圖</th></tr>
<tr><td rowspan="2">算數軟體</td><td>「DIVIDE&MAXIMUM」行為</td></tr>
<tr><td>「GCD&FACTORIAL」行為</td></tr>
</table>

圖 9-6.　「算數軟體」的互動流程圖

圖 **9-7** 顯示「多層次個人資料系統」的個別行為共有二個，因而其互動流程圖也共有二個。

<table>
<tr><th>系統</th><th>互動流程圖</th></tr>
<tr><td rowspan="2">多層次個人資料系統</td><td>「AgeCalculation」行為</td></tr>
<tr><td>「OverweightCalculation」行為</td></tr>
</table>

圖 9-7.　「多層次個人資料系統」的互動流程圖

圖 **9-8** 示「銷售進貨軟體」的個別行為共有四個，因而其互動流程圖也共有四個。

<table>
<tr><th>系統</th><th>互動流程圖</th></tr>
<tr><td rowspan="4">銷售進貨軟體</td><td>「銷售輸入」行為</td></tr>
<tr><td>「銷售列印」行為</td></tr>
<tr><td>「進貨輸入」行為</td></tr>
<tr><td>「進貨列印」行為</td></tr>
</table>

圖 9-8.　「銷售進貨軟體」的互動流程圖

圖 9-9 顯示「接龍遊戲」的個別行為共有七個，因而其互動流程圖也共有七個。

<table>
<tr><th>系統</th><th>互動流程圖</th></tr>
<tr><td rowspan="7">接龍遊戲</td><td>「發牌」行為</td></tr>
<tr><td>「復原」行為</td></tr>
<tr><td>「紙牌花色」行為</td></tr>
<tr><td>「選項」行為</td></tr>
<tr><td>「結束」行為</td></tr>
<tr><td>「接龍說明」行為</td></tr>
<tr><td>「關於接龍」行為</td></tr>
</table>

圖 9-9.　「接龍遊戲」的互動流程圖

圖 9-10 顯示「智慧食安物聯網」系統的個別行為共有三個，因而其互動流程圖也共有三個。

系統	互動流程圖
智慧食安物聯網	「食材登錄與認證」行為
	「消費者查詢食安」行為
	「食安狀態列印」行為

圖 9-10. 「智慧食安物聯網」系統的互動流程圖

圖 9-11 顯示「居家照護物聯網」系統的個別行為共有五個，因而其互動流程圖也共有五個。

系統	互動流程圖
居家照護物聯網	「Registering_Home_Account」行為
	「Sensing_Resident_Position」行為
	「Alerts_Notifying」行為
	「Recording_Emergency_Responses」行為
	「Printing_Monthly_Statistics」行為

圖 9-11 「居家照護物聯網」的互動流程圖

圖 9-12 顯示「智慧旅遊城市物聯網」系統的個別行為共有五個，因而其互動流程圖也共有五個。

系統	互動流程圖
智慧旅遊城市物聯網	「Creating_New_Account」行為
	「Showing_Scenic_Spots_CityMap」行為
	「Extracting_Attraction_Details」行為
	「Planning_Personalized_Itinerary」行為
	「Scenic_Spot_Checking_In_And_Recommending」行為

圖 9-12　「智慧旅遊城市物聯網」的互動流程圖

9-2互動流程圖的繪製

現在讓我們藉著繪製互動流程圖來說明互動流程圖的用法。如圖 9-13 顯示「算數軟體」一個名稱為「DIVIDE&MAXIMUM」的個別行為的互動流程圖。互動流程圖的 X 軸方向是從左邊到右邊，Y 軸方向則是從上方到下方。在圖中，參與互動的外界環境(Outside Environment)和各個構件(Component)被沿著 X 軸方向放置在互動流程圖的頂端。一般而言，啟動此一串互動的構件(或外界環境)要放在 X 軸最左邊，然後依序將其它構件(或外界環境)沿著 X 軸向右放置。接著，在沿著 Y 軸方向將每一個構件(或外界環境)所發生的互動(Interaction)依照其執行時間的先後順序擺設上去。最先執行的互動放在 Y 軸最上方，最後執行的互動放在 Y 軸最下方。圖中互動線段實線表示操作呼叫(Operation Call)，互動線段虛線表示操作傳回(Operation Return)。操作呼叫和操作傳回屬於同一個操作，操作呼叫是操作開始時的互動，操作傳回是操作結束時的互動。

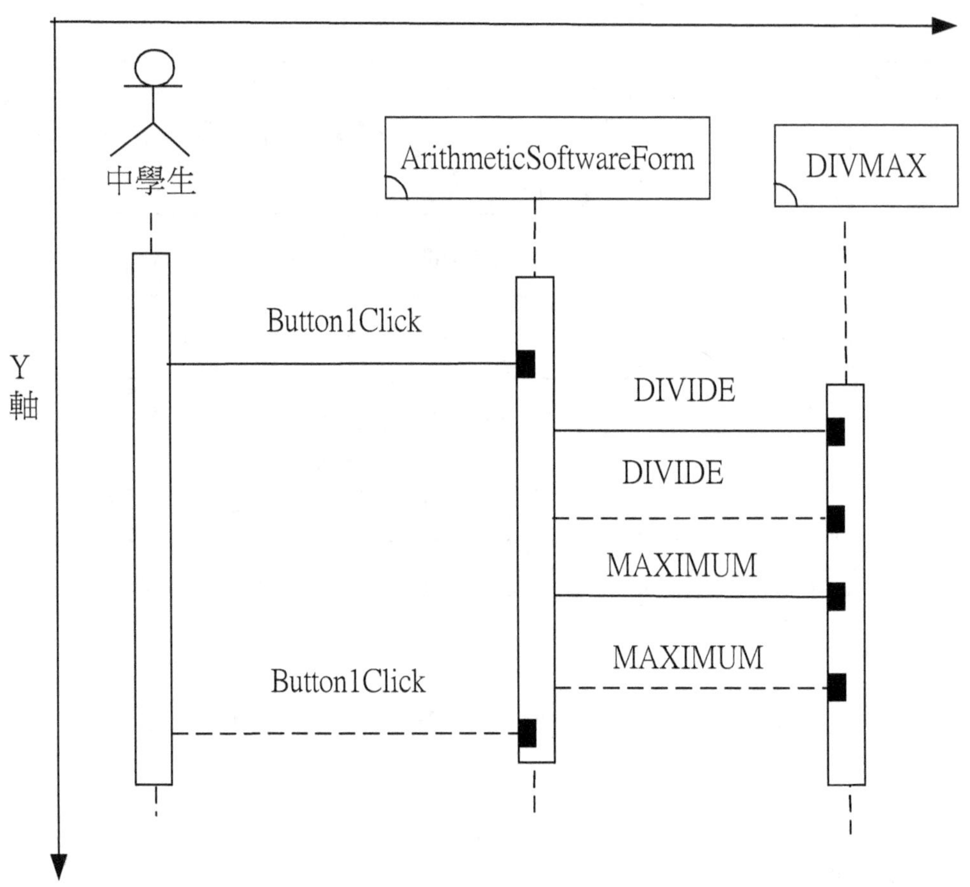

圖 9-13.　「DIVIDE&MAXIMUM」行為的互動流程圖

在圖 9-13 中，「中學生」是外界環境，「ArithmeticSoftwareForm」、「DIVMAX」等等都是構件；「Button1Click」是由「ArithmeticSoftwareForm」構件所提供的操作，「DIVIDE」、「MAXIMUM」是由「DIVMAX」構件所提供的操作。

圖 9-13 的執行路徑如下：首先，外界環境「中學生」和「ArithmeticSoftwareForm」構件會發生「Button1Click」操作呼叫的互動。接著，「ArithmeticSoftwareForm」構件和「DIVMAX」構件會發生「DIVIDE」操作呼叫的互動。再來，「ArithmeticSoftwareForm」構件和「DIVMAX」構件會發生「DIVIDE」操作傳回的互動。繼續，「ArithmeticSoftwareForm」構件和「DIVMAX」構件會發生「MAXIMUM」操作呼叫的互動。跟著，「ArithmeticSoftwareForm」構件和「DIVMAX」構件會發生「MAXIMUM」操

作傳回的互動。最後，外界環境「中學生」和「ArithmeticSoftwareForm」構件會發生「Button1Click」操作傳回的互動。

在互動流程圖裡面有四個要素：(A)外界環境、(B)構件、(C)互動(Interaction)、(D)輸出入參數。外界環境和構件都被沿著 X 軸放置在互動流程圖的頂端。互動是外界環境和構件或者構件和構件之間產生行為的來源，圖 9-14 表示兩者以線段、操作名稱、輸出入參數來完成互動。其中，以「Demand」操作呼叫(Operation Call)的互動為例，遠離線段黑頭端點的外界環境「旅人」為操作使用者(Operation User)，而靠近線段黑頭端點的「旅行社」構件為操作提供者(Operation Provider)，「a」為「Demand」操作的輸入參數。再者，以「Demand」操作傳回(Operation Return)的互動為例，遠離線段黑頭端點的外界環境「旅人」為操作使用者(Operation User)，而靠近線段黑頭端點的「旅行社」構件為操作提供者(Operation Provider)，「d」為「Demand」操作的輸出參數。

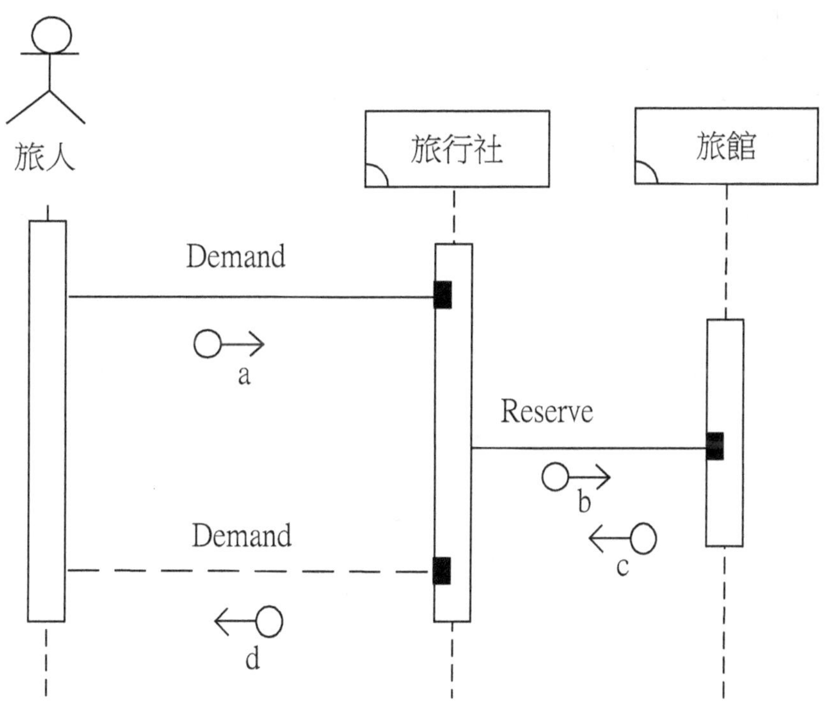

圖 9-14. 操作呼叫和操作傳回使用同一個「Demand」操作

圖 9-14 的執行路徑如下：首先，外界環境「旅人」 和「旅行社」構件會發生「Demand」操作呼叫、並帶著「a」輸入參數的互動。接著，「旅行社」

構件和「旅館」構件會發生「Reserve」操作呼叫、並帶著「b」輸入參數以及「c」輸出參數的互動。最後，外界環境「旅人」和「旅行社」構件會發生「Demand」操作傳回、並帶著「d」輸出參數的互動。

互動的狀況可以是條件型(Conditional)的，如圖 9-15 所示。圖中的執行路徑如下：首先，外界環境「員工」和「電腦」構件會發生「Open」操作呼叫、並帶著「x」輸入參數的互動。再來，if「var_1 < 4 & var_2 > 7」then「電腦」構件和「Skype」構件會發生「Op_1」操作呼叫的互動，然後「Skype」構件和「耳機」構件會發生「Op_4」操作呼叫、並帶著「aaa」輸出參數的互動；elseif「var_3 = 99」then「電腦」構件和「Skype」構件會發生「Op_2」操作呼叫的互動，然後「Skype」構件和「喇叭」構件會發生「Op_5」操作呼叫、並帶著「bbb」輸出參數的互動；else「電腦」構件和「CD_Player」構件會發生「Op_3」操作呼叫的互動，然後「CD_Player」構件和「喇叭」構件會發生「Op_6」操作呼叫、並帶著「ccc」輸出參數的互動。繼續，if「var_1 < 4 & var_2 > 7」then「電腦」構件和「Skype」構件會發生「Op_1」操作傳回、並帶著「aa」輸出參數的互動；elseif「var_3 = 99」then「電腦」構件和「Skype」構件會發生「Op_2」操作傳回、並帶著「bb」輸出參數的互動；else「電腦」構件和「CD_Player」構件會發生「Op_3」操作傳回、並帶著「cc」輸出參數的互動。最後，外界環境「員工」和「電腦」構件會發生「Open」操作傳回、並帶著「y」輸出參數的互動。

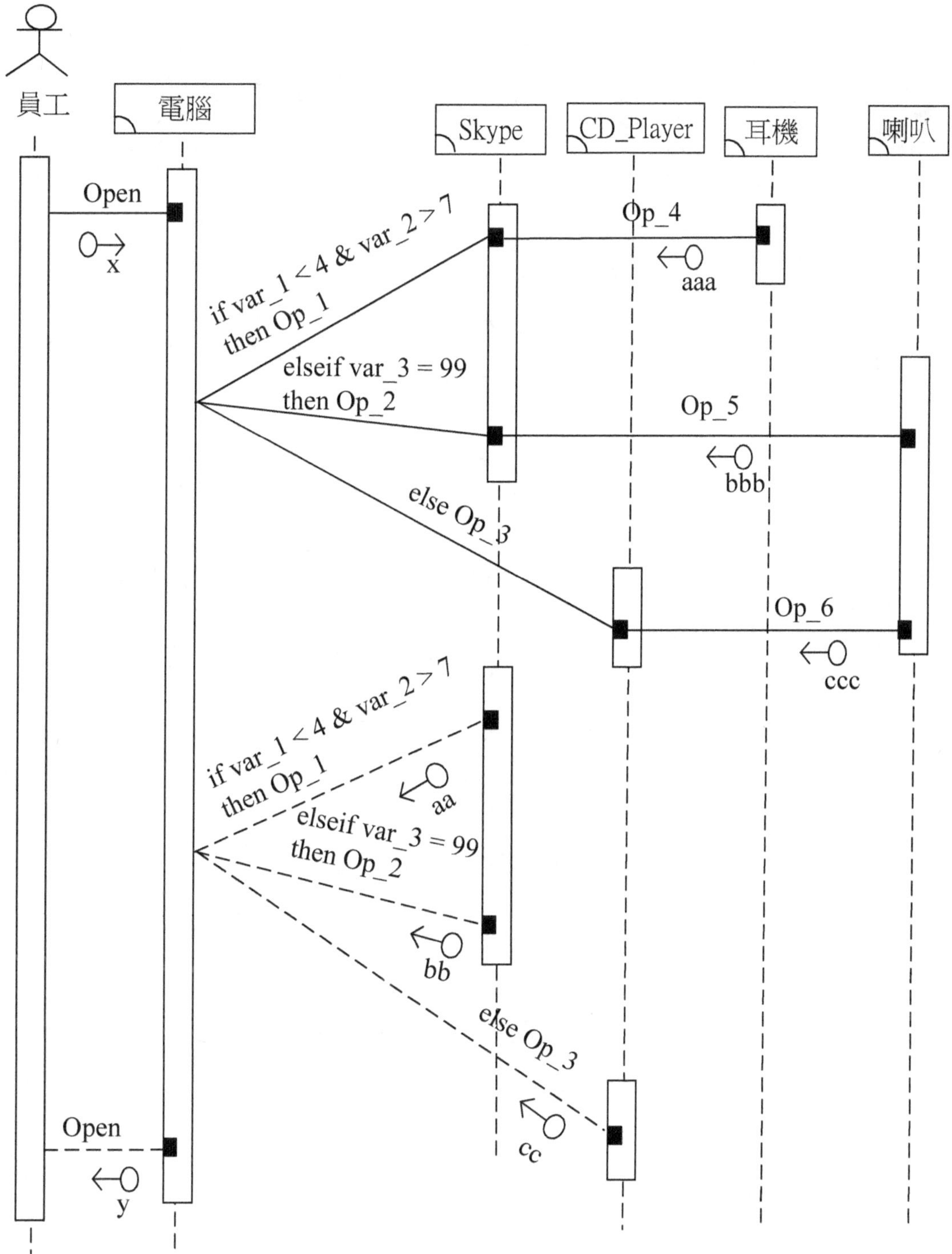

圖 9-15.　　條件式的互動

圖 9-20 中出現了幾個布林條件，它們分別是「var_1 < 4 & var_2 > 7」以及「var_3 = 99」。在布林條件內出現的變數，例如 var_1，var_2 以及 var_3，可以是局部變數(Local Veriables)，也可以是全局變數(Golbal Veriables)[Prat00，Seth96]。

第三部份 系統架構學範例

第 10 章 多媒體 KTV 的系統架構

「多媒體　KTV」主要是提供「卡拉 OK 第 1 首歌」以及「卡拉 OK 第 2 首歌」等二個行為。透過這二個行為，外界環境「歌唱者」會和此「多媒體 KTV」系統產生互動，如圖 10-1 所示。

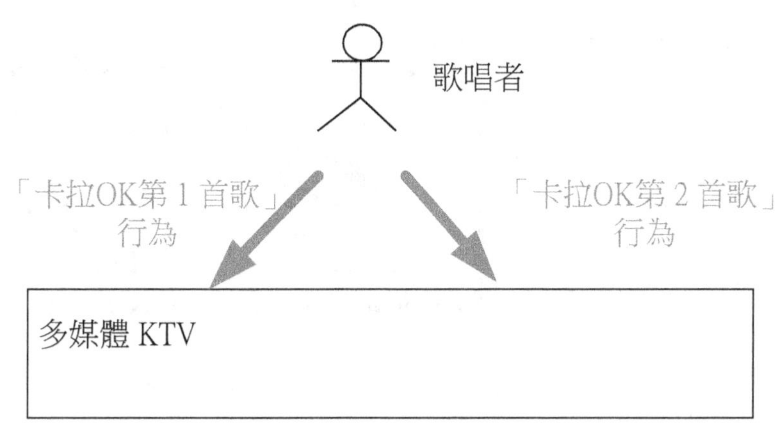

圖 10-1.　「多媒體 KTV」的行為

在本章「多媒體　KTV」的範例裡，我們將依序使用 SBC 架構描述語言(SBC Architecture Description Language，簡稱為 SBC-ADL)的六大金圖：(A)架構階層圖、(B)框架圖、(C)構件操作圖、(D)構件連結圖、(E)結構行為合一圖、(F)互動流程圖，來完成此「多媒體 KTV」的系統架構。

10-1 架構階層圖

首先，我們使用多階層(Multi-Level)分解和組合方式將「多媒體 KTV」的架構階層圖(Architecture Hierarchy Diagram，簡稱為 AHD)繪製出來，如圖 10-2 所示。(架構階層圖是達到系統架構學的「結構行為合一」第一個金圖。)

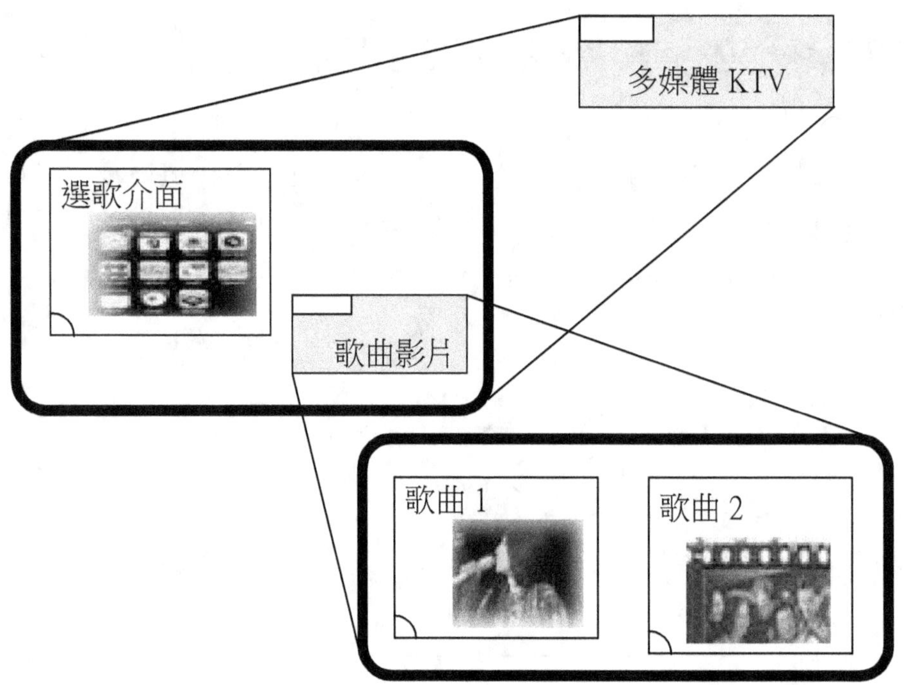

圖 10-2. 「多媒體 KTV」的架構階層圖

在圖 10-2 裡，首先「多媒體 KTV」會分解出「選歌介面」和「歌曲影片」，然後「歌曲影片」再分解出「歌曲 1」和「歌曲 2」；反之，「歌曲 1」和「歌曲 2」先組成「歌曲影片」，然後「選歌介面」和「歌曲影片」再組成「多媒體 KTV」。其中，「多媒體 KTV」和「歌曲影片」為聚合系統(Aggregated System)，「選歌介面」、「歌曲 1」和「歌曲 2」為非聚合系統(Non-Aggregated System)。

10-2 框架圖

我們使用框架圖來多層級(Multi-Layer)或者多層次(Multi-Tier)分解和組合一個系統。圖 10-3 顯示在「多媒體 KTV」系統的框架圖裡，「Application_SubLayer_2」層包含「選歌介面」一個構件，「Application_SubLayer_1」層包含「歌曲 1」和「歌曲 2」二個構件。 (框架圖是達到系統架構學的「結構行為合一」第二個金圖。)

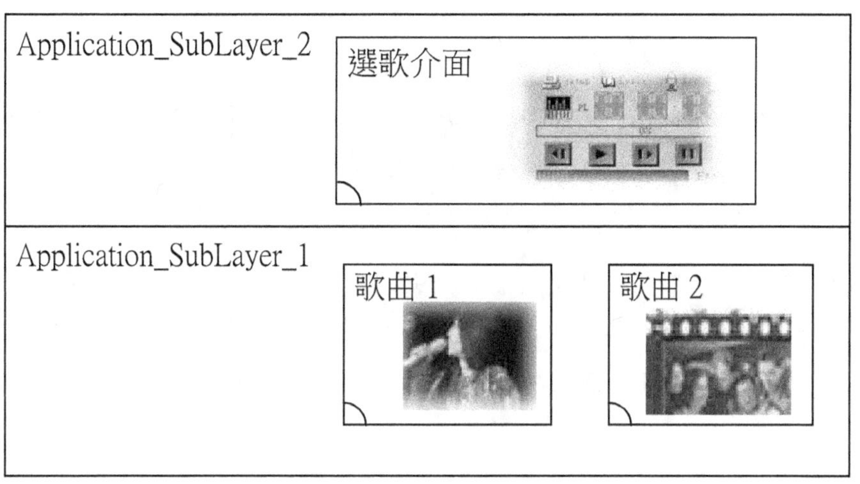

圖 10-3. 「多媒體KTV」的框架圖

10-3 構件操作圖

另外，我們也會建置出「多媒體 KTV」所有構件的操作。圖 10-4 使用構件操作圖來顯示「多媒體 KTV」三個構件的操作。其中，「選歌介面」有「選第 1 首歌」和 「選第 2 首歌」等二個操作，「歌曲 1」有「播放第 1 首歌」和 「跟唱第 1 首歌」等二個操作，「歌曲 2」「播放第 2 首歌」和 「跟唱第 2 首歌」等二個操作。(構件操作圖是達到系統架構學的「結構行為合一」第三個金圖。)

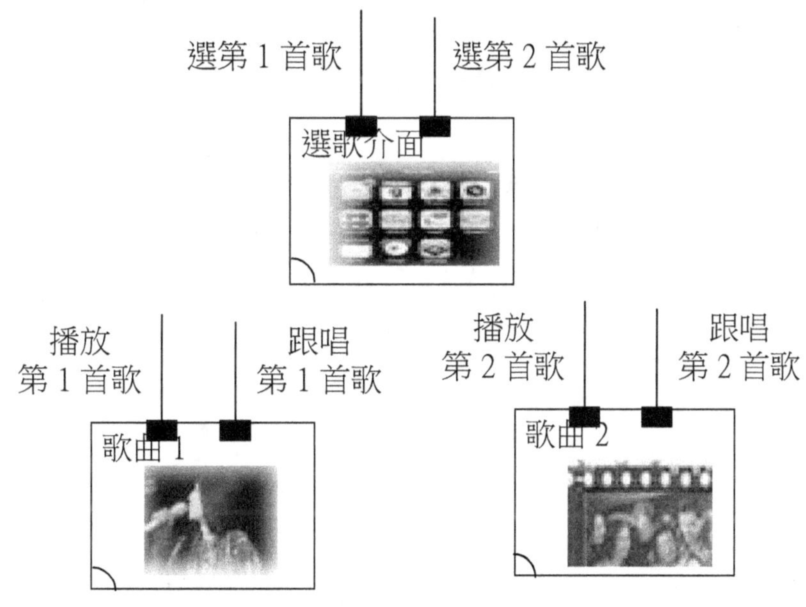

圖 10-4. 「多媒體 KTV」的構件操作圖

10-4 構件連結圖

完成「多媒體　　KTV」的構件與操作後，我們可以開始繪製「多媒體 KTV」內所有構件的連結。「多媒體　　KTV」除了「選歌介面」、「歌曲 1」、「歌曲 2」等構件外，尚有一個名稱為「歌唱者」的外界環境。

圖 10-5 使用構件連結圖來顯示在「多媒體　KTV」裡，外界環境「歌唱者」和「選歌介面」、「歌曲 1」、「歌曲 2」等構件彼此之間的連結。(構件連結圖是達到系統架構學的「結構行為合一」第四個金圖。)

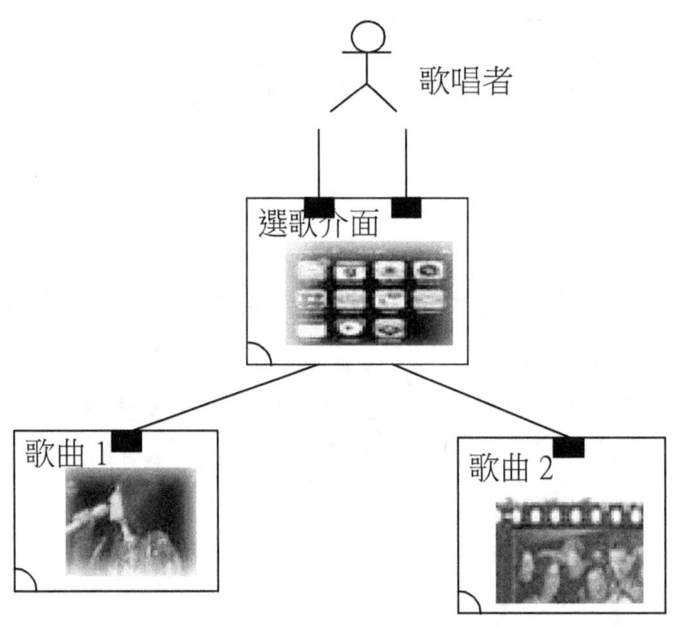

圖 10-5.　「多媒體 KTV」的構件連結圖

在圖 10-5 中，外界環境「歌唱者」和「選歌介面」構件有連結，「選歌介面」構件和「歌曲 1」構件，「選歌介面」構件和「歌曲 2」構件也有連結。

有了構件連結圖以後，「多媒體 KTV」的樣式會呈現出來，因而「多媒體 KTV」的結構觀點會變得更清晰。

10-5 結構行為合一圖

在「多媒體 KTV」裡，外界環境和它三個構件之間的互動，會產生「多媒體 KTV」的系統行為。如圖 10-6 所示，外界環境「歌唱者」和「選歌介面」、「歌曲 1」等構件互動產生「卡拉 OK 第 1 首歌」行為，外界環境「歌唱者」和「選歌介面」、「歌曲　　2」等構件互動產生「卡拉 OK 第 2 首歌」行為。

(結構行為合一圖是達到系統架構學的「結構行為合一」第五個金圖。)

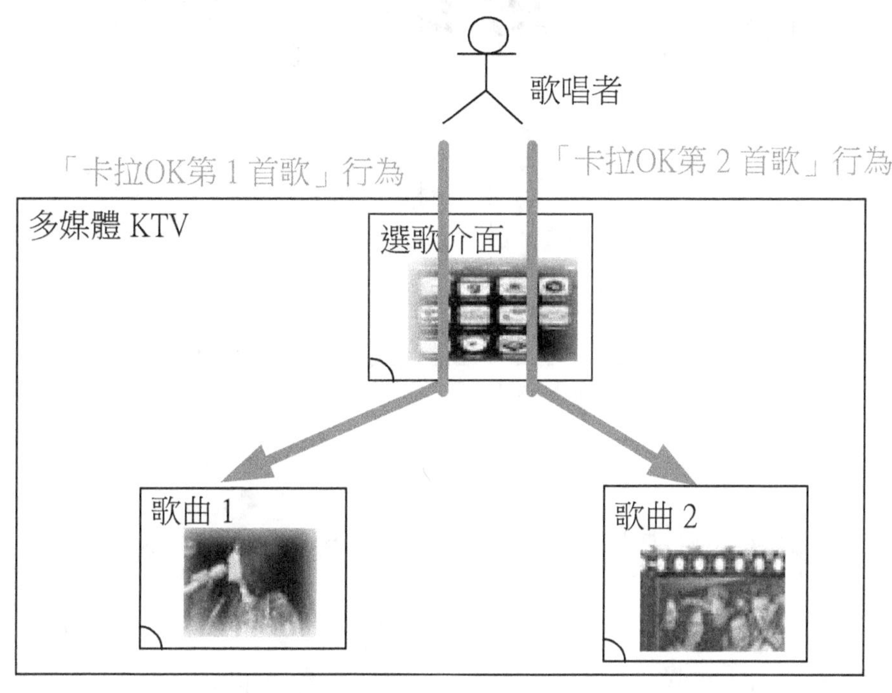

圖 10-6. 「多媒體 KTV」的結構行為合一圖

採用系統架構學，最主要的目標就是只會有一個整合性全體的系統，而不會有各自分離的系統結構和系統行為。在圖 10-6 中，我們可以看到，「多媒體 KTV」的系統結構和系統行為都一起存在其整合性全體的系統裡面。換句話說，在「多媒體 KTV」整合性全體的系統裡，我們不但看到它的系統結構，也同時看到它的系統行為。

10-6 互動流程圖

我們可以繪製互動流程圖來定義系統行為。本節就「多媒體 KTV」的互動流程圖進行討論。(互動流程圖是達到系統架構學的「結構行為合一」第六個金圖。)

「多媒體 KTV」系統的互動流程圖共有二個，我們會將它們分別繪製出來。圖 10-7 說明「卡拉 OK 第 1 首歌」行為的互動流程圖。外界環境「歌唱者」和「選歌介面」會發生「選第 1 首歌」操作呼叫的互動。再來，「選歌介面」和「歌曲 1」會發生「播放第 1 首歌」操作呼叫的互動。最後，外界環境「歌唱者」和「歌曲 1」會發生「跟唱第 1 首歌」操作呼叫的互動。

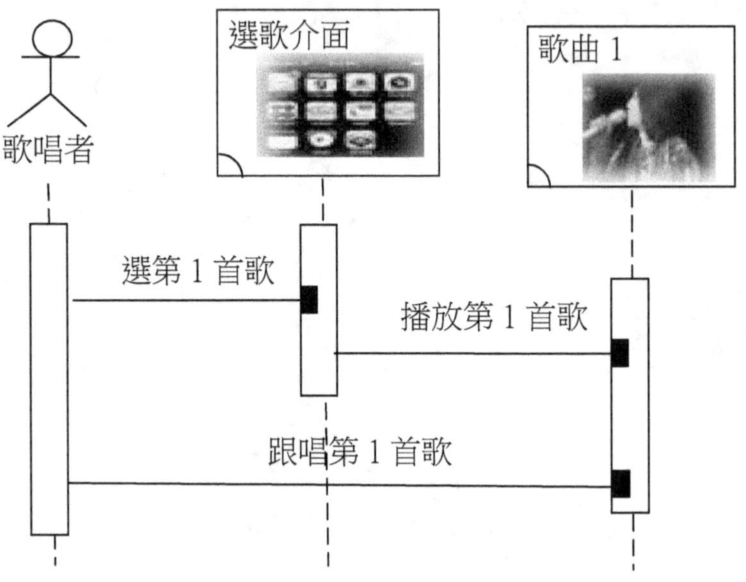

圖 10-7.　「卡拉OK第 1 首歌」行為的互動流程圖

圖 10-8 說明「卡拉 OK 第 2 首歌」行為的互動流程圖。外界環境「歌唱者」和「選歌介面」會發生「選第 2 首歌」操作呼叫的互動。再來，「選歌介面」和「歌曲 2」會發生「播放第 2 首歌」操作呼叫的互動。最後，外界環境「歌唱者」和「歌曲 2」會發生「跟唱第 2 首歌」操作呼叫的互動。

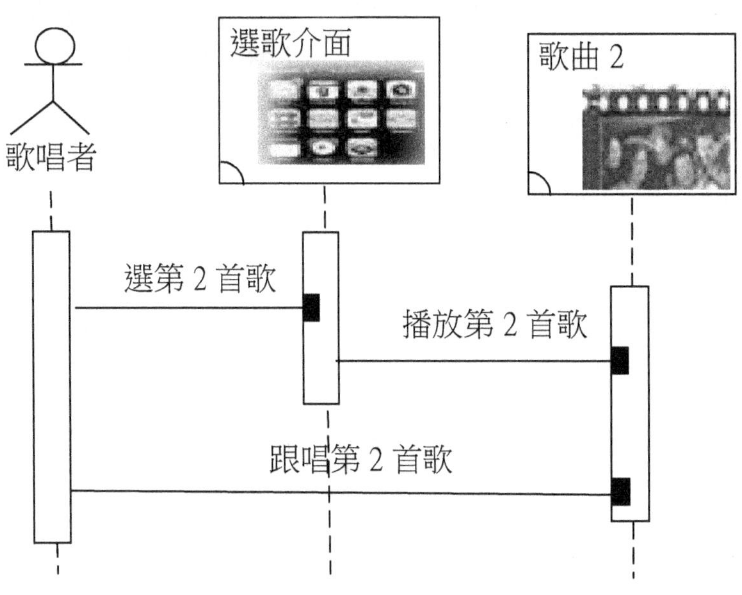

圖 10-8.　「卡拉OK第 2 首歌」行為的互動流程圖

第 11 章 機器人的系統架構

「機器人」主要是提供「寫字」以及「走路」等二個行為。透過這二個行為，外界環境「遙控者」會和此「機器人」產生互動，如圖 11-1 所示。

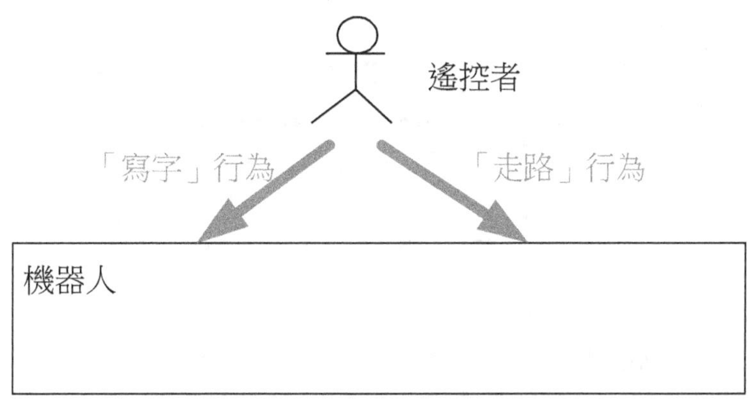

圖 11-1. 「機器人」的行為

在本章「機器人」的範例裡，我們將依序使用 SBC 架構描述語言(SBC Architecture Description Language)的六大金圖：(A)架構階層圖、(B)框架圖、(C)構件操作圖、(D)構件連結圖、(E)結構行為合一圖、(F)互動流程圖，來完成此「機器人」的系統架構。

11-1架構階層圖

首先，我們使用多階層(Multi-Level)分解和組合方式將「機器人」的架構階層圖(Architecture Hierarchy Diagram，簡稱為 AHD)繪製出來，如圖 11-2 所示。(架構階層圖是達到系統架構學的「結構行為合一」第一個金圖。)

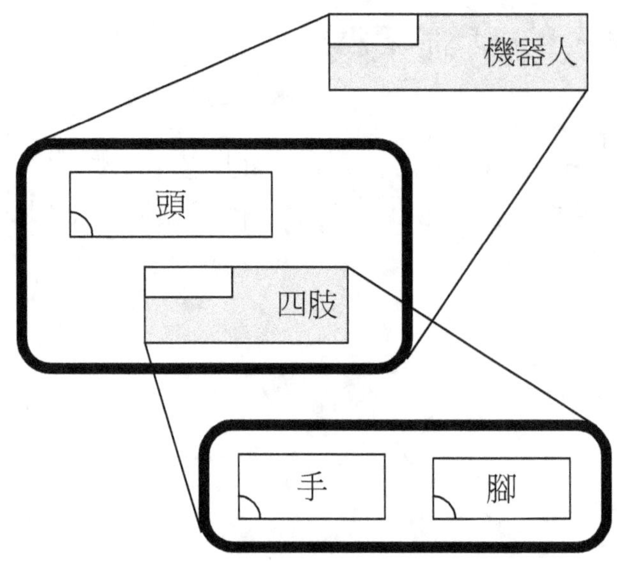

圖 11-2. 「機器人」的架構階層圖

在圖 11-2 裡，首先「機器人」分解出「頭」和「四肢」，然後「四肢」再分解出「手」和「腳」；反之，「手」和「腳」先組成「四肢」，然後「頭」和「四肢」再組成「機器人」。其中，「機器人」和「四肢」為聚合系統(Aggregated System)，「頭」、「手」和「腳」為非聚合系統(Non-Aggregated System)。

11-2 框架圖

我們使用框架圖來多層級(Multi-Layer)或者多層次(Multi-Tier)分解和組合一個系統。圖 11-3 顯示在「機器人」的框架圖裡，「Technology_SubLayer_2」層包含「頭」一個構件，「Technology_SubLayer_1」層包含「手」和「腳」等二個構件。(框架圖是達到系統架構學的「結構行為合一」第二個金圖。)

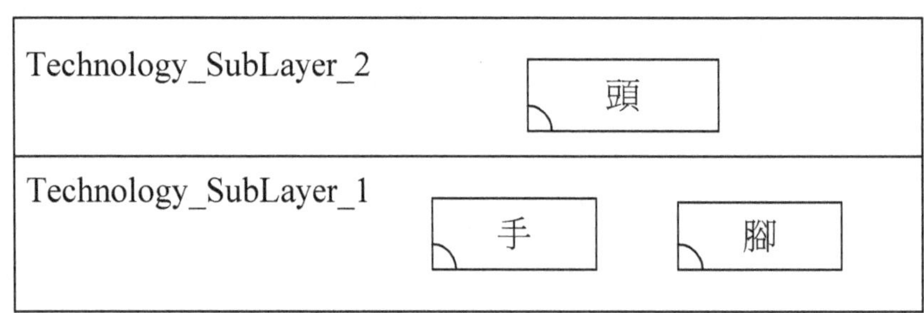

圖 11-3. 「機器人」的框架圖

11-3 構件操作圖

另外，我們也會建置出「機器人」所有構件的操作。圖 11-4 使用構件操作圖來顯示「機器人」三個構件的操作。其中，「頭」構件有「接受寫字指示」和「接受走路指示」二個操作，「手」構件有一個「動手」的操作，「腳」構件有一個「動腳」的操作。(構件操作圖是達到系統架構學的「結構行為合一」第三個金圖。)

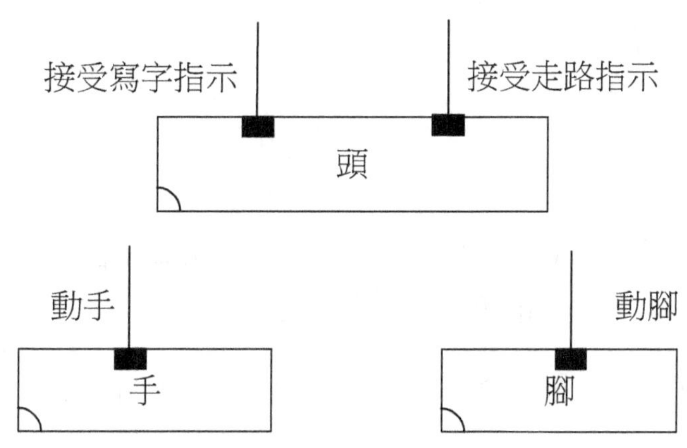

圖 11-4. 「機器人」的構件操作圖

11-4 構件連結圖

完成「機器人」的構件與操作後，我們可以開始繪製「機器人」內所有構件的連結。「機器人」除了「頭」、「手」、「腳」等構件外，尚有一個名稱為「遙控者」的外界環境。

圖 11-5 使用構件連結圖來顯示在「機器人」裡，外界環境「遙控者」和「頭」、「手」、「腳」等構件之間的連結。(構件連結圖是達到系統架構學的「結構行為合一」第四個金圖。)

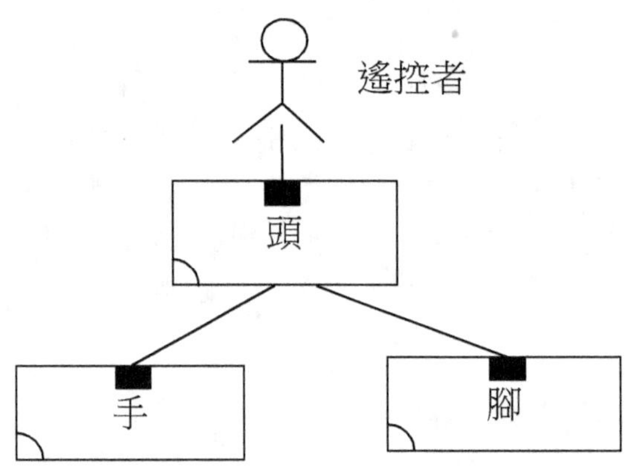

圖 11-5. 「機器人」的構件連結圖

在圖 11-5 中，外界環境「遙控者」和「頭」構件有連結，「頭」構件和「手」構件有連結，「頭」構件和「腳」構件也有連結。

有了構件連結圖以後，「機器人」的樣式會呈現出來，因而「機器人」的結構觀點會變得更清晰。

11-5 結構行為合一圖

在「機器人」裡，外界環境和它三個構件之間的互動，會產生「機器人」的系統行為。如圖 11-6 所示，外界環境「遙控者」和「頭」、「手」等構件互動產生「寫字」行為，外界環境「遙控者」和「頭」、「腳」等構件互動產生「走路」行為。 (結構行為合一圖是達到系統架構學的「結構行為合一」第五個金圖。)

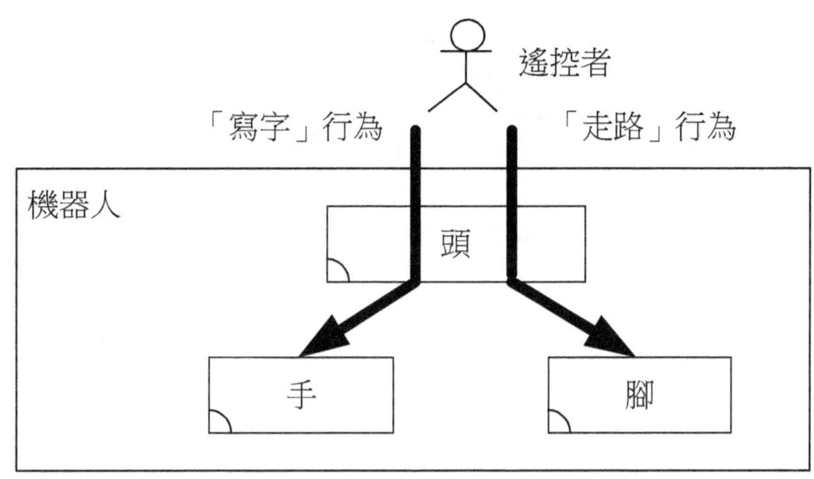

圖 11-6. 「機器人」的結構行為合一圖

一個系統的行為乃是其個別的行為總合起來。例如，「機器人」的整體系統行為包括「寫字」和「走路」等二個個別的行為。換句話說，「寫字」和「走路」等二個個別的行為總合起來就等於「機器人」的整體系統行為。「寫字」行為和「走路」行為二者彼此之間是相互獨立，沒有任何牽連的。由於它們彼此之間沒有任何瓜葛，因而這二個行為可以同時交錯進行(Concurrently Execute)，互不干擾[Hoar85，Miln89，Miln99]。

採用系統架構學，最主要的目標就是只會有一個整合性全體的系統，而不會有各自分離的系統結構和系統行為。在圖 11-6 中，我們可以看到，「機器人」的系統結構和系統行為都一起存在其整合性全體的系統裡面。換句話說，在機器人整合性全體的系統裡，我們不但看到它的系統結構，也同時看到它的系統行為。

11-6 互動流程圖

一個系統的整體行為包括許多個別的行為。每一個個別的行為代表系統一個情境(Scenario)的執行路徑。每個執行路徑可以說就是一個互動流程圖。執行路徑可以說是將系統的內部細節互動串接起來。互動流程圖強調的是這些串接起來的互動之先後次序。(互動流程圖是達成系統架構學的「結構行為合一」第六個金圖。)

「機器人」的互動流程圖共有二個，我們會將它們分別繪製出來。圖 11-7 說明「寫字」行為的互動流程圖。首先，外界環境「遙控者」和「頭」會發生「接受寫字指示」操作呼叫的互動。再來，「頭」和「手」會發生「動手」操作呼叫的互動。

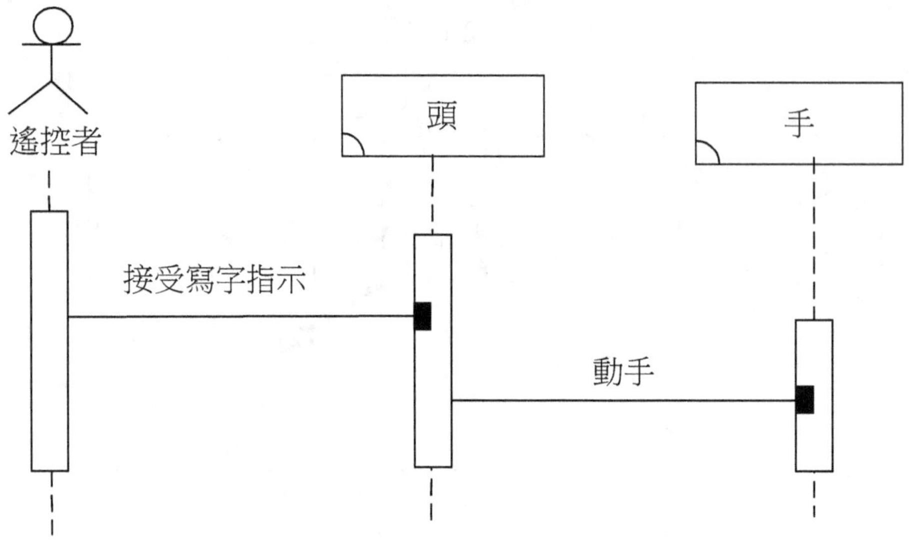

圖 11-7.　「寫字」行為的互動流程圖

圖 11-8 說明「走路」行為的互動流程圖。首先，外界環境「遙控者」和「頭」會發生「接受走路指示」操作呼叫的互動。再來，「頭」和「腳」會發生「動腳」操作呼叫的互動。

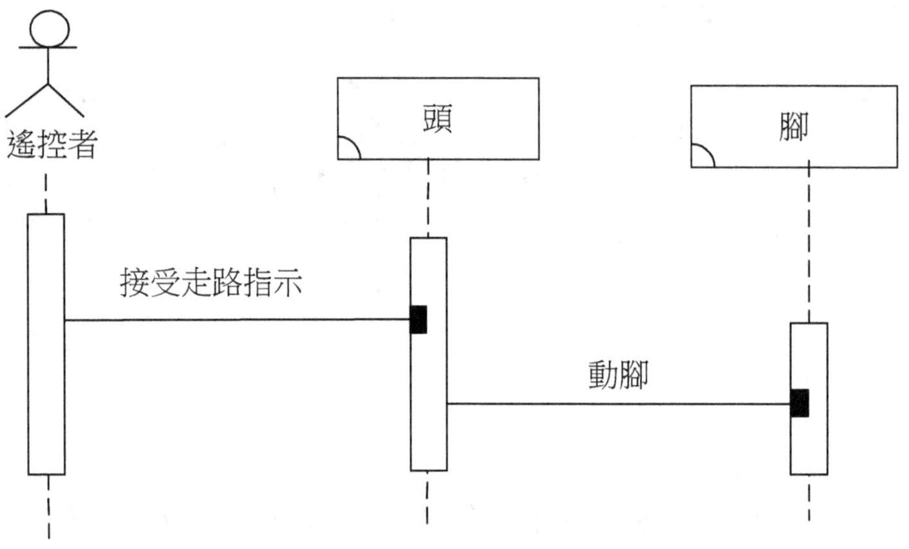

圖 11-8.　「走路」行為的互動流程圖

第 12 章 天災的系統架構

「天災」主要是包括「水災」、「火災」以及「震災」等三個行為。這三個行為乃是外界環境「大氣層」、「老鼠」以及「大自然」和此「天災」系統相互間互動所產生出來的，如圖 12-1 所示。。

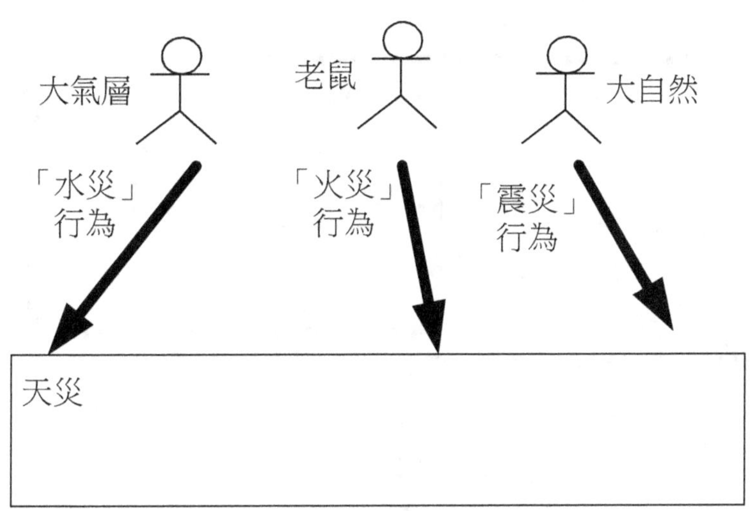

圖 12-1. 「天災」的行為

在本章「天災」的範例裡，我們將依序使用 SBC 架構描述語言(SBC Architecture Description Language)的六大金圖：(A)架構階層圖、(B)框架圖、(C)構件操作圖、(D)構件連結圖、(E)結構行為合一圖、(F)互動流程圖，來完成此「天災」的系統架構。

12-1 架構階層圖

首先，我們使用多階層(Multi-Level)分解和組合方式將「天災」的架構階層圖(Architecture Hierarchy Diagram，簡稱為 AHD)繪製出來，如圖 12-2 所示。(架構階層圖是達到系統架構學的「結構行為合一」第一個金圖。)

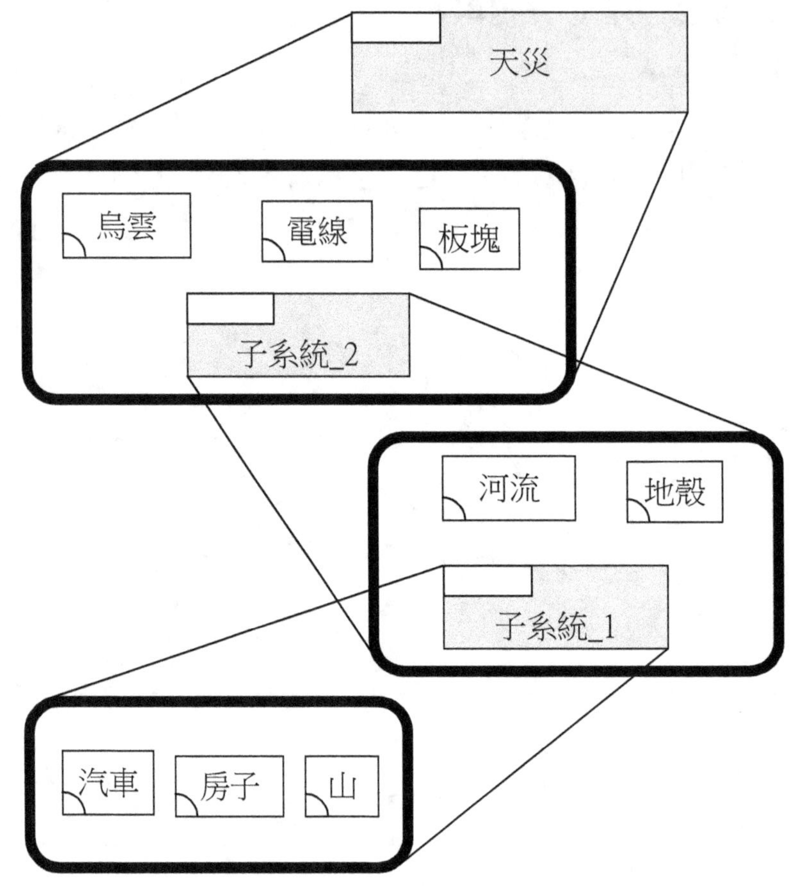

圖 12-2.　「天災」的架構階層圖

在圖 12-2 裡，首先「天災」分解出「烏雲」、「電線」、「板塊」和「子系統_2」，再來「子系統_2」分解出「河流」、「地殼」和「子系統_1」，最後「子系統_1」分解出「汽車」、「房子」和「山」；反之，「汽車」、「房子」和「山」先組成「子系統_1」，再來「河流」、「地殼」和「子系統_1」組成「子系統_2」，最後「烏雲」、「電線」、「板塊」和「子系統_2」組成「天災」。其中，「天災」、「子系統_2」和「子系統_1」為聚合系統(Aggregated System)，「烏雲」、「電線」、「板塊」、「河流」、「地殼」、「汽車」、「房子」和「山」為非聚合系統(Non-Aggregated System)。

12-2 框架圖

我們使用框架圖來多層級(Multi-Layer)或者多層次(Multi-Tier)分解和組合一個系統。圖 12-3 顯示在「天災」系統的框架圖裡，「Technology_SubLayer_3」層包含「烏雲」、「電線」、「板塊」等構件，

「Technology_SubLayer_2」層包含「河流」和「地殼」等構件，「Technology_SubLayer_1」層包含「汽車」、「房子」和「山」等構件。 (框架圖是達到系統架構學的「結構行為合一」第二個金圖。)

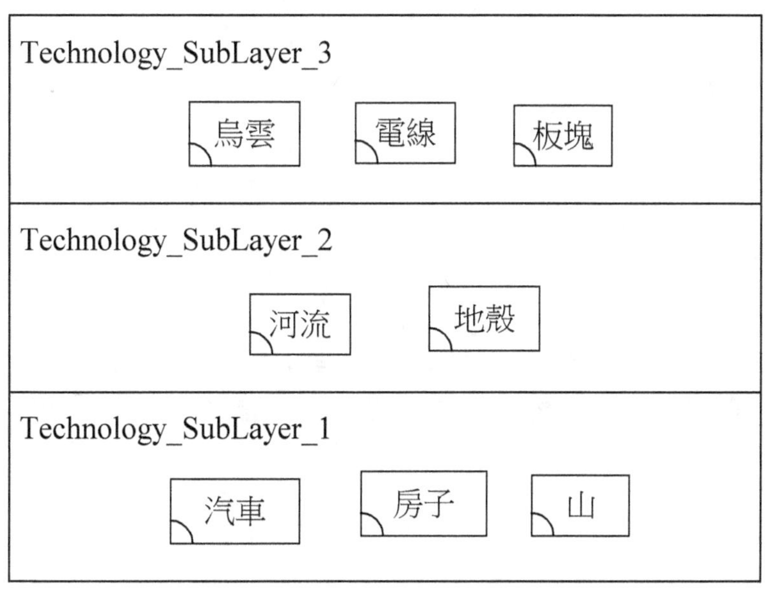

圖 12-3. 「天災」的框架圖

12-3 構件操作圖

另外，我們也會建置出「天災」所有構件的操作。圖 12-4 使用構件操作圖來顯示「天災」八個構件的操作。其中，「烏雲」構件有「雲層累積」一個操作，「河流」構件有「滿水位」一個操作，「汽車」構件有「泡水」一個操作，「房子」構件有「積水」、「著火」、「屋倒」等三個操作，「電線」構件有「咬破」一個操作，「地殼」構件有「震動」一個操作，「山」構件有「走山」一個操作。(構件操作圖是達到系統架構學的「結構行為合一」第三個金圖。)

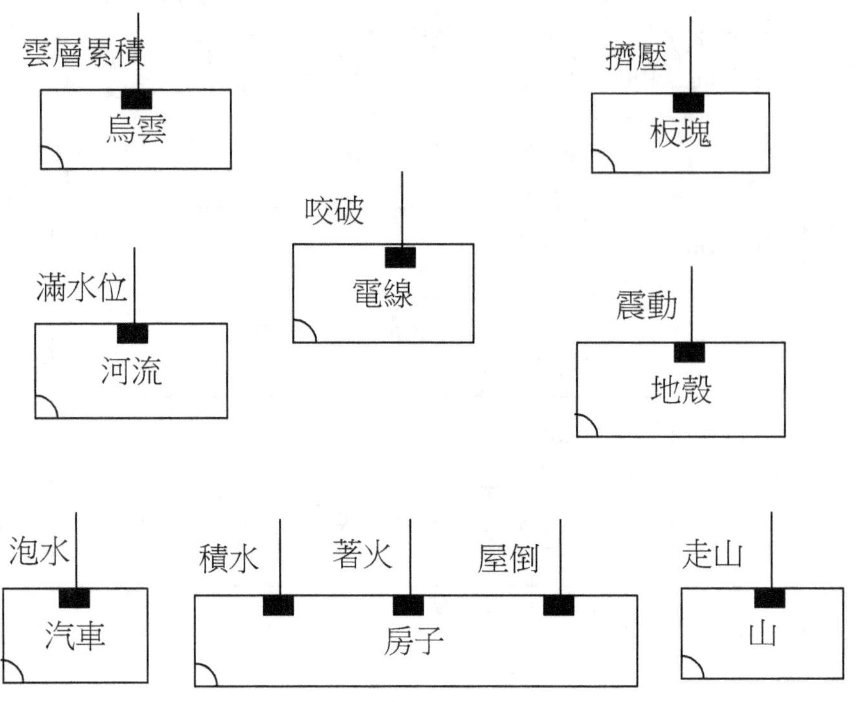

圖 12-4.　「天災」的構件操作圖

12-4 構件連結圖

完成「天災」的構件與操作後，我們可以開始繪製「天災」內所有構件的連結。「天災」除了「烏雲」、「河流」、「汽車」、「房子」、「電線」、「板塊」、「地殼」、「山」等構件外，尚有三個名稱為「大氣層」、「老鼠」、「大自然」的外界環境。

圖 12-5 使用構件連結圖來顯示在「天災」裡，「大氣層」、「老鼠」、「大自然」外界環境和「烏雲」、「河流」、「汽車」、「房子」、「電線」、「板塊」、「地殼」、「山」等構件彼此之間的連結。(構件連結圖是達到系統架構學的「結構行為合一」第四個金圖。)

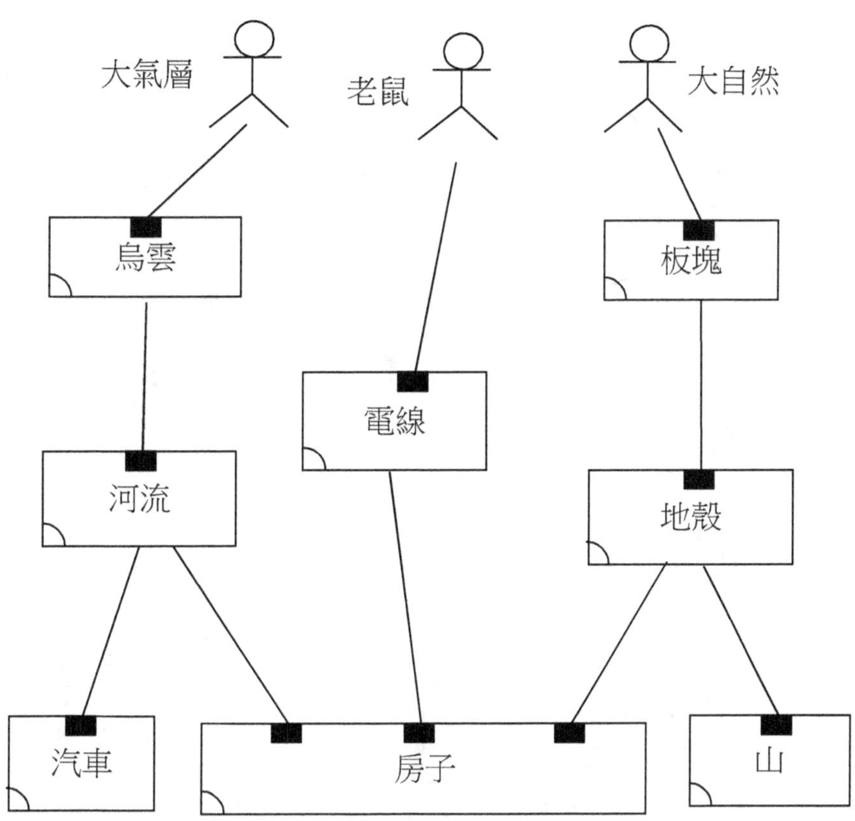

圖 12-5.　「天災」的構件連結圖

在圖 12-5 中，外界環境「大氣層」和「烏雲」構件有連結，「烏雲」構件和「河流」構件有連結，「河流」構件和「汽車」、「房子」等構件有連結，外界環境「老鼠」和「電線」構件有連結，「電線」構件和「房子」構件有連結，外界環境「大自然」和「板塊」構件有連結，「板塊」構件和「地殼」構件有連結，「地殼」構件和「房子」、「山」等構件有連結。

有了構件連結圖以後，「天災」的樣式會呈現出來，因而「天災」的結構觀點會變得更清晰。

12-5 結構行為合一圖

在「天災」裡，外界環境和它的八個構件之間的互動，會產生「天災」的系統行為。如圖 12-6 所示，外界環境「大氣層」和「烏雲」、「河流」、「汽車」、「房子」等構件互動產生「水災」行為，外界環境「老鼠」和「電線」、「房子」等構件互動產生「火災」行為，外界環境「大自然」和「板塊」

、「地殼」、「山」、「房子」等構件互動產生「震災」行為。 (結構行為合一圖是達到系統架構學的「結構行為合一」第五個金圖。)

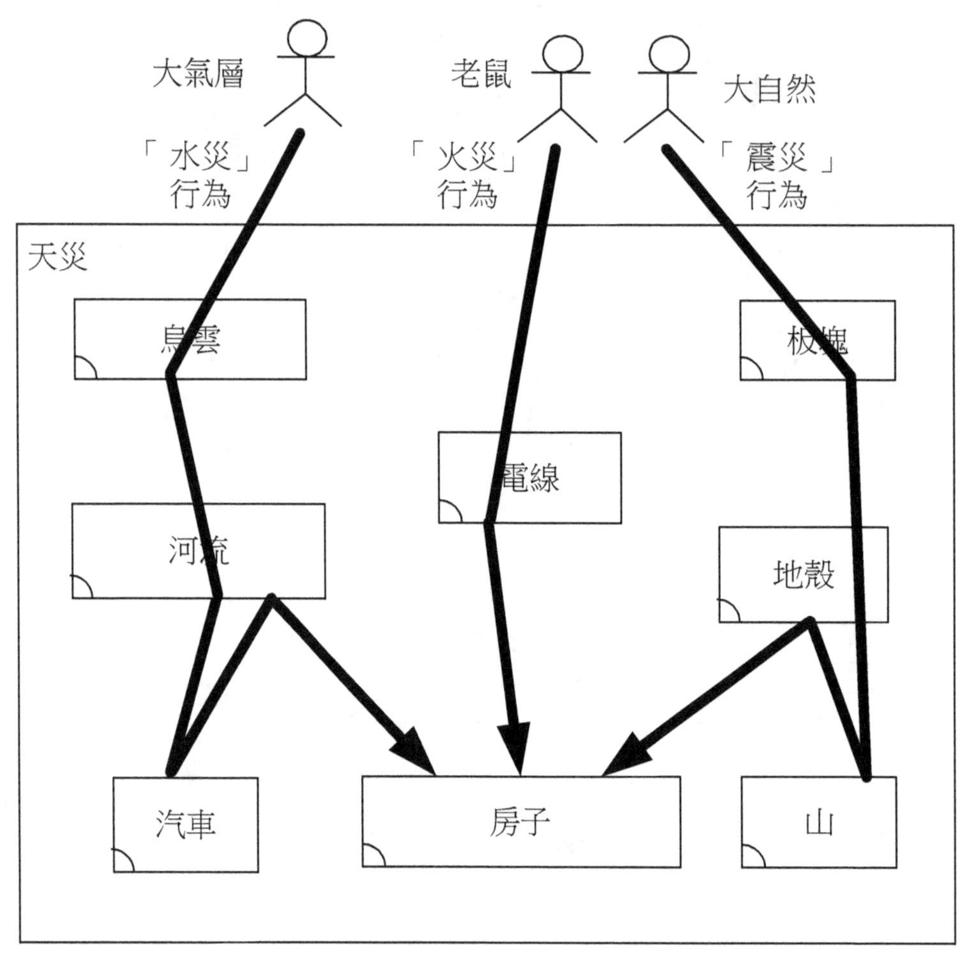

圖 12-6. 「天災」的結構行為合一圖

一個系統的行為乃是其個別的行為總合起來。例如，「天災」的整體系統行為包括「水災」、「火災」、「震災」等三個個別的行為。換句話說，「水災」、「火災」、「震災」等三個個別的行為總合起來就等於「天災」的整體系統行為。「水災」、「火災」、「震災」三者行為彼此之間是相互獨立，沒有任何牽連的。由於它們彼此之間沒有任何瓜葛，因而這三個行為可以同時交錯進行(Concurrently Execute)，互不干擾[Hoar85，Miln89，Miln99]。

採用系統架構學，最主要的目標就是只會有一個整合性全體的系統，而不會有各自分離的系統結構和系統行為。在圖 12-6 中，我們可以看到，「天災」的系統結構和系統行為都一起存在其整合性全體的系統裡面。換句話說，在「天災」整合性全體的系統裡，我們不但看到它的系統結構，也同時看到它的系統行為。

12-6 互動流程圖

一個系統的整體行為包括許多個別的行為。每一個個別的行為代表系統一個情境(Scenario)的執行路徑。每個執行路徑可以說就是一個互動流程圖。執行路徑可以說是將系統的內部細節互動串接起來。互動流程圖強調的是這些串接起來的互動之先後次序。(互動流程圖是達成系統架構學的「結構行為合一」第六個金圖。)

「天災」的互動流程圖共有三個，我們會將它們分別繪製出來。圖 12-7 說明「水災」行為的互動流程圖。首先，外界環境「大氣層」和「烏雲」構件發生「雲層累積」操作呼叫的互動。接著，「烏雲」構件和「河流」構件發生「滿水位」操作呼叫的互動。再來，「河流」構件和「汽車」構件發生「泡水」操作呼叫的互動。最後，「河流」構件和「房子」構件發生「積水」操作呼叫的互動。

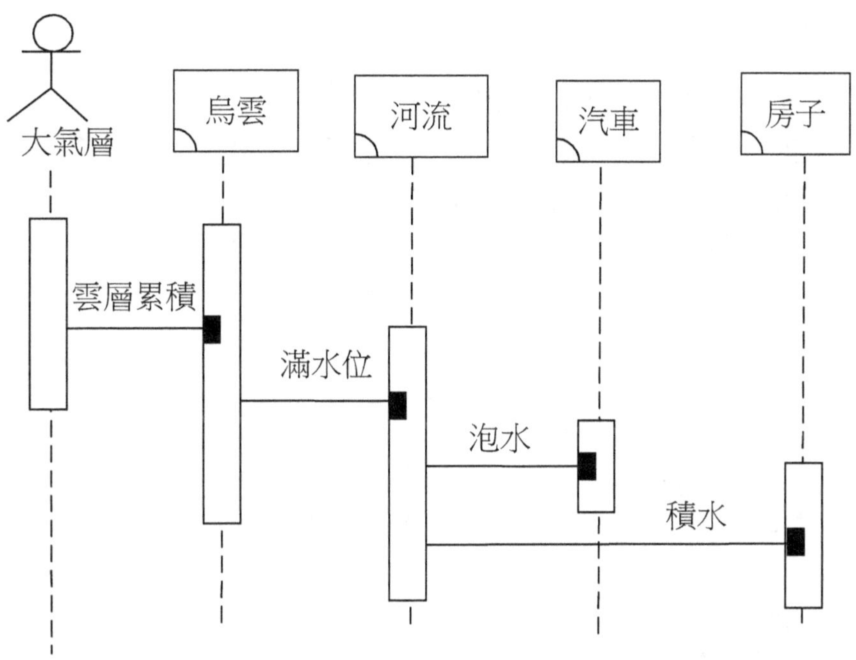

圖 12-7. 「水災」行為的互動流程圖

圖 12-8 說明「火災」行為的互動流程圖。首先，外界環境「老鼠」和「電線」構件發生「咬破」操作呼叫的互動。接著，「電線」構件和「房子」構件發生「著火」操作呼叫的互動。

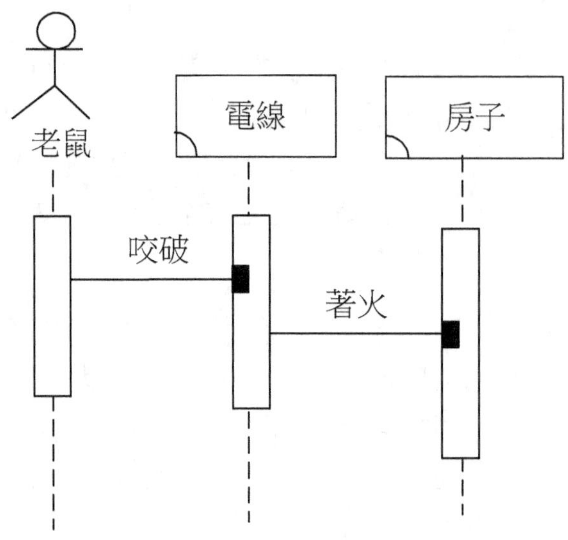

圖 12-8. 「火災」行為的互動流程圖

圖 12-9 說明「震災」行為的互動流程圖。首先，外界環境「大自然」和「板塊」構件發生「擠壓」操作呼叫的互動。接著，「板塊」構件和「地殼」構件發生「震動」操作呼叫的互動。再來，「地殼」構件和「山」構件發生「走山」操作呼叫的互動。最後，「地殼」構件和「房子」構件發生「屋倒」操作呼叫的互動。

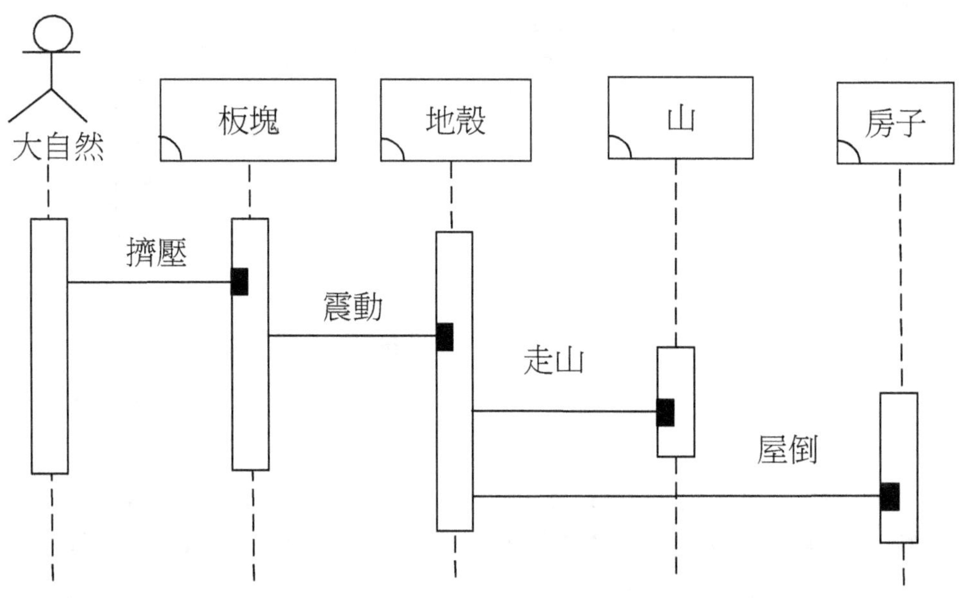

圖 12-9. 「震災」行為的互動流程圖

第 13 章 汽車的系統架構

「汽車」主要是提供「加速」以及「減速」等二個行為。透過這二個行為，外界環境「駕駛員」會和此「汽車」產生互動，如圖 13-1 所示。

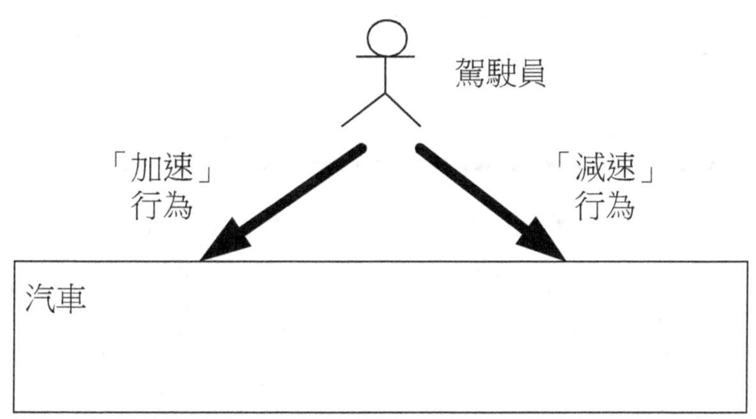

圖 13-1. 「汽車」的行為

在本章「汽車」的範例裡，我們將依序使用 SBC 架構描述語言(SBC Architecture Description Language)的六大金圖：(A)架構階層圖、(B)框架圖、(C)構件操作圖、(D)構件連結圖、(E)結構行為合一圖、(F)互動流程圖，來完成此「汽車」的系統架構。

13-1 架構階層圖

首先，我們使用多階層(Multi-Level)分解和組合方式將「汽車」的架構階層圖(Architecture Hierarchy Diagram，簡稱為 AHD)繪製出來，如圖 13-2 所示。(架構階層圖是達到系統架構學的「結構行為合一」第一個金圖。)

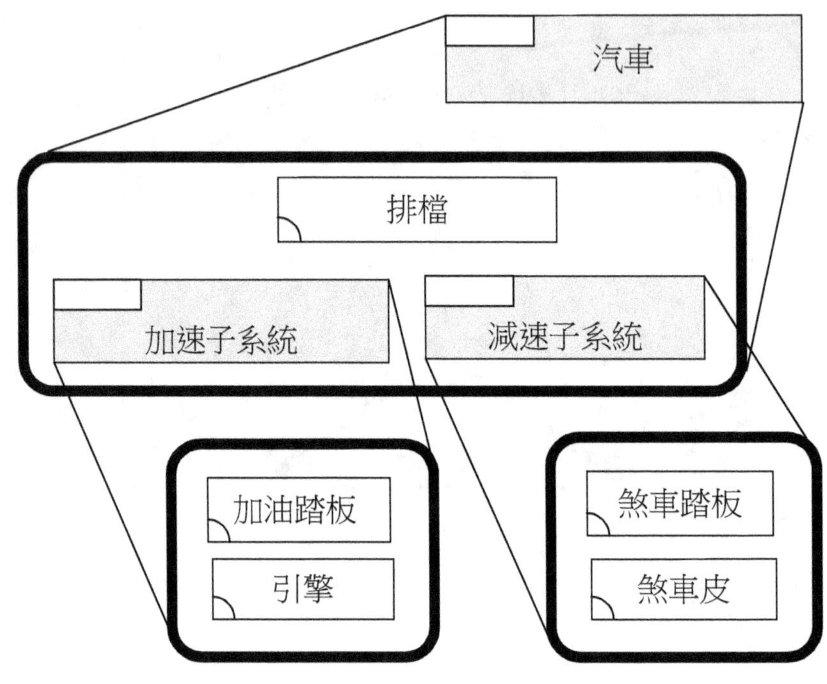

圖 13-2.　「汽車」的架構階層圖

在圖 13-2 裡，首先「汽車」分解出「排檔」、「加速子系統」和「減速子系統」，然後「加速子系統」分解出「加油踏板」和「引擎」，再來「減速子系統」分解出「煞車踏板」和「煞車皮」；反之，「加油踏板」和「引擎」先組成「加速子系統」，然後「煞車踏板」和「煞車皮」組成「減速子系統」，再來「排檔」、「加速子系統」和「減速子系統」組成「汽車」。其中，「汽車」、「加速子系統」和「減速子系統」為聚合系統(Aggregated System)，「排檔」、「加油踏板」、「引擎」、「煞車踏板」和「煞車皮」為非聚合系統(Non-Aggregated System)。

13-2 框架圖

我們使用框架圖來多層級(Multi-Layer)或者多層次(Multi-Tier)分解和組合一個系統。圖 13-3 顯示在「汽車」的框架圖裡，「Technology_SubLayer_2」層包含「排檔」一個構件，「Technology_SubLayer_1」層包含「加油踏板」、「引擎」、「煞車踏板」和「煞車皮」等四個構件。　(框架圖是達到系統架構學的「結構行為合一」第二個金圖。)

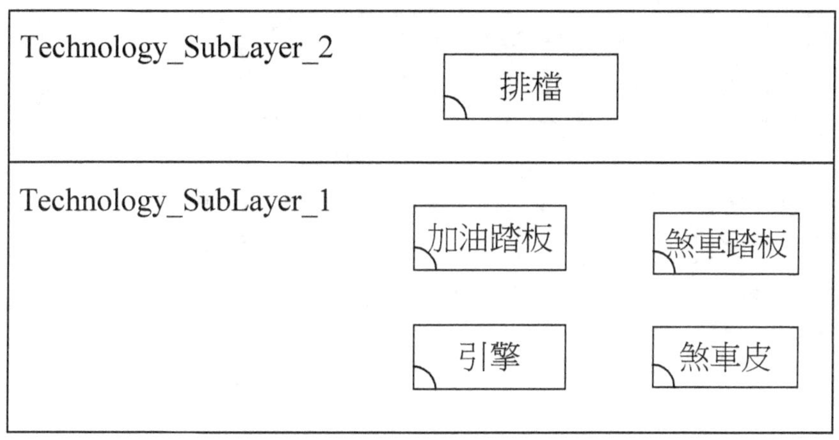

圖 13-3. 「汽車」的框架圖

13-3 構件操作圖

另外，我們也會建置出「汽車」所有構件的操作。圖 13-4 使用構件操作圖來顯示「汽車」五個構件的操作。其中，「排檔」構件有「入檔」一個操作，「加油踏板」構件有一個「踩加油」的操作，「引擎」構件有一個「進油」的操作，「煞車踏板」構件有一個「踩煞車」的操作，「煞車皮」構件有一個「夾緊」的操作。(構件操作圖是達到系統架構學的「結構行為合一」第三個金圖。)

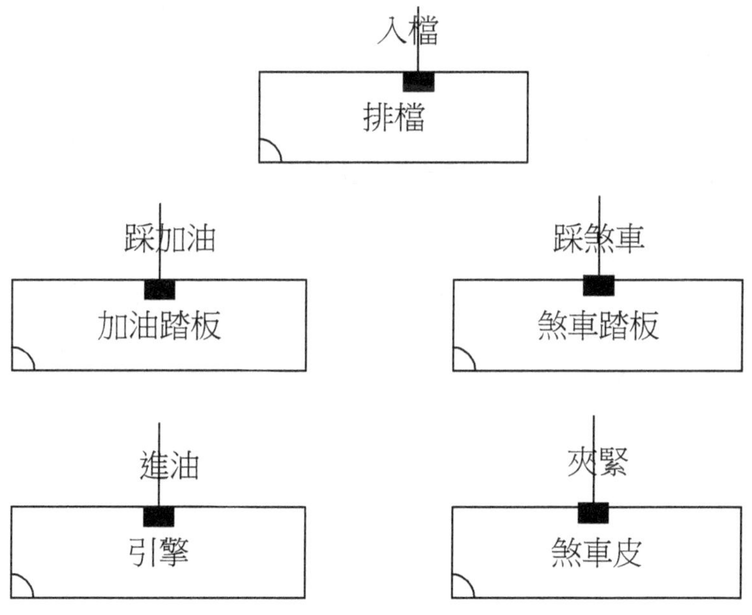

圖 13-4. 「汽車」的構件操作圖

13-4 構件連結圖

完成「汽車」的構件與操作後，我們可以開始繪製「汽車」內所有構件的連結。「汽車」除了「排檔」、「加油踏板」、「引擎」、「煞車踏板」和「煞車皮」等構件外，尚有一個名稱為「駕駛員」的外界環境。

圖 13-5 使用構件連結圖來顯示在「汽車」裡，外界環境「駕駛員」和「排檔」、「加油踏板」、「引擎」、「煞車踏板」以及「煞車皮」等構件之間的連結。(構件連結圖是達到系統架構學的「結構行為合一」第四個金圖。)

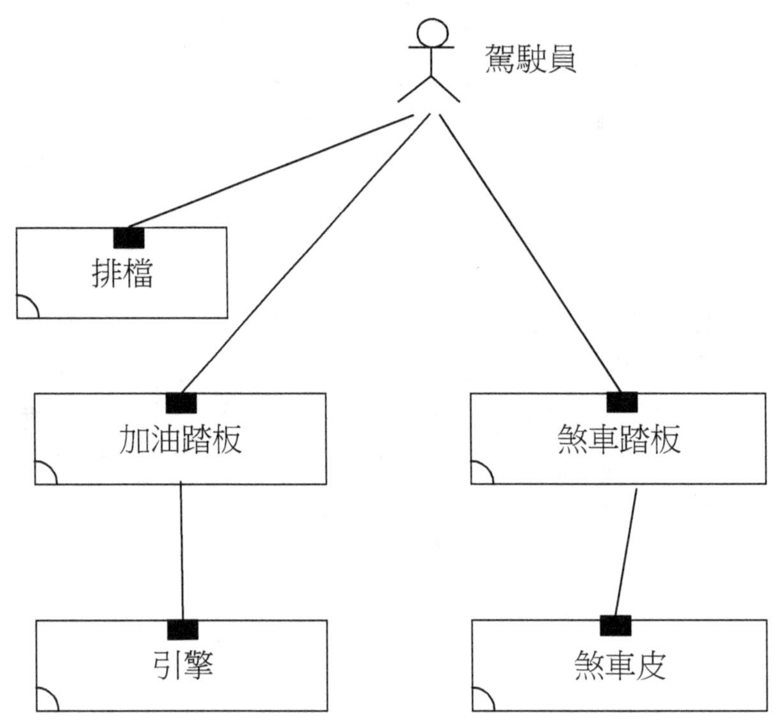

圖 13-5.　「汽車」的構件連結圖

在圖 13-5 中，外界環境「駕駛員」和「排檔」、「加油踏板」、「煞車踏板」等構件都有連結，「加油踏板」構件和「引擎」構件有連結，「煞車踏板」構件和「煞車皮」構件也有連結。

有了構件連結圖以後，「汽車」的樣式會呈現出來，因而「汽車」的結構觀點會變得更清晰。

13-5 結構行為合一圖

在「汽車」裡，外界環境和它五個構件之間的互動，會產生「汽車」的系統行為。如圖 13-6 所示，外界環境「駕駛員」和「排檔」、「加油踏板」、「引擎」等構件互動產生「加速」行為，外界環境「駕駛員」和「煞車踏板」、「煞車皮」等構件互動產生「減速」行為。 (結構行為合一圖是達到系統架構學的「結構行為合一」第五個金圖。)

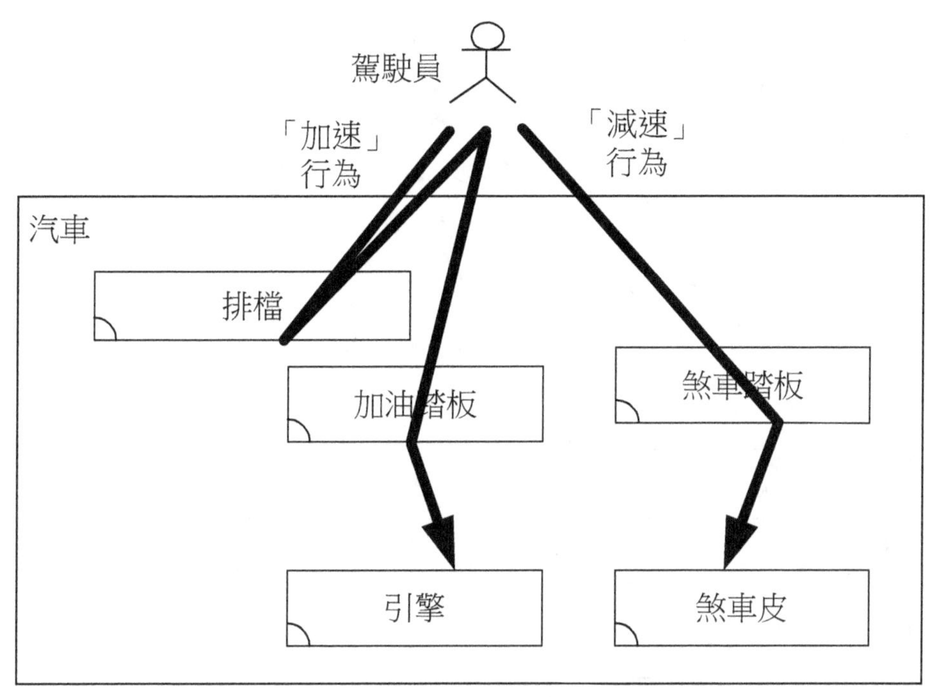

圖 13-6. 「汽車」的結構行為合一圖

一個系統的行為乃是其個別的行為總合起來。例如，「汽車」的整體系統行為包括「加速」和「減速」等二個個別的行為。換句話說，「加速」和「減速」等二個個別的行為總合起來就等於「汽車」系統的整體系統行為。「加速」和「減速」二者行為彼此之間是相互獨立，沒有任何牽連的。由於它們彼此之間沒有任何瓜葛，因而這二個行為可以同時交錯進行(Concurrently Execute)，互不干擾[Hoar85，Miln89，Miln99]。

採用系統架構學，最主要的目標就是只會有一個整合性全體的系統，而不會有各自分離的系統結構和系統行為。在圖 13-6 中，我們可以看到，「汽車」的系統結構和系統行為都一起存在其整合性全體的系統裡面。換句話說，在「汽車」整合性全體的系統裡，我們不但看到它的系統結構，也同時看到它的系統行為。

13-6 互動流程圖

一個系統的整體行為包括許多個別的行為。每一個個別的行為代表系統一個情境(Scenario)的執行路徑。每個執行路徑可以說就是一個互動流程圖。執行路徑可以說是將系統的內部細節互動串接起來。互動流程圖強調的是這些串接起來的互動之先後次序。(互動流程圖是達成系統架構學的「結構行為合一」第六個金圖。)

「汽車」的互動流程圖共有二個，我們會將它們分別繪製出來。圖 13-7 說明「加速」行為的互動流程圖。首先，外界環境「駕駛員」和「排檔」發生「入檔」操作呼叫的互動。接著，「駕駛員」和「加油踏板」發生「踩加油」操作呼叫的互動。最後，「加油踏板」和「引擎」會發生「進油」操作呼叫的互動。

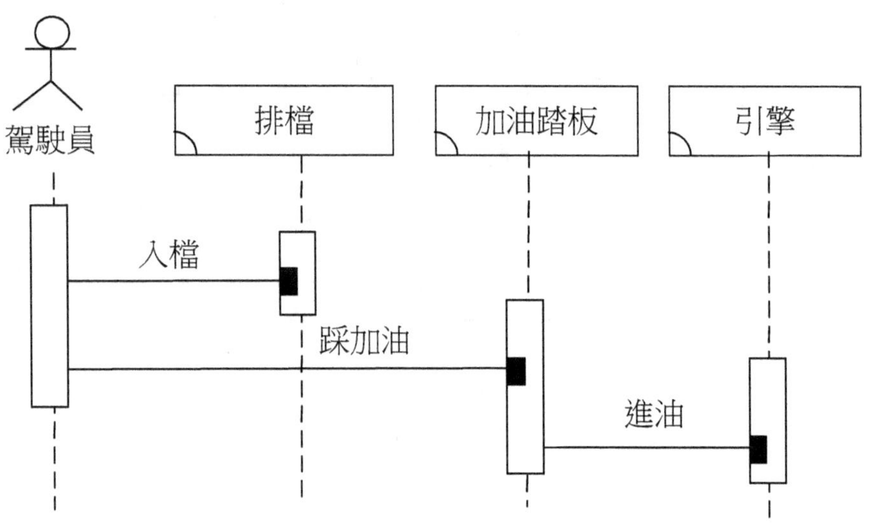

圖 13-7. 「加速」行為的互動流程圖

圖 13-8 說明「減速」行為的互動流程圖。首先，外界環境「駕駛員」和「煞車踏板」會發生「踩煞車」操作呼叫的互動。再來，「煞車踏板」和「煞車皮」會發生「夾緊」操作呼叫的互動。

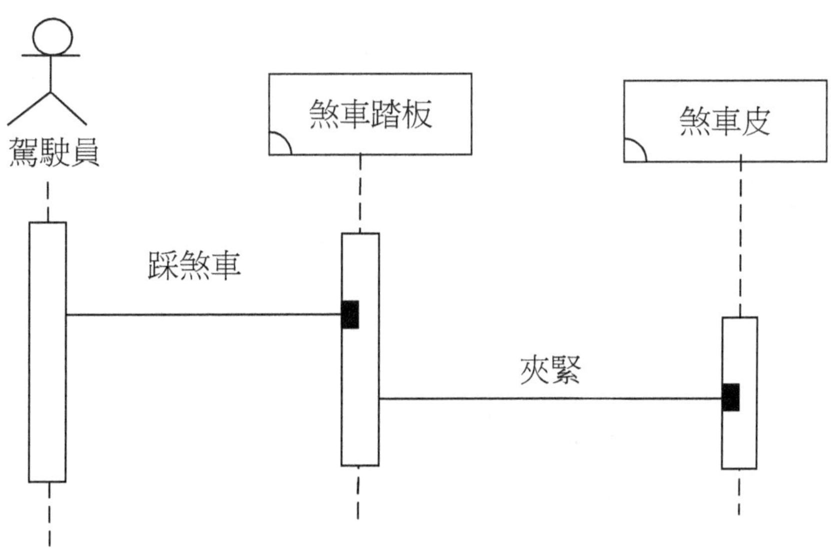

圖 13-8.　「減速」行為的互動流程圖

第 14 章 腳踏車的系統架構

腳踏車系統主要是提供「前進」、「左右轉」以及「煞車」等三個行為。透過這三個行為，外界環境「小騎士」會和此腳踏車系統產生互動，如圖 14-1 所示。

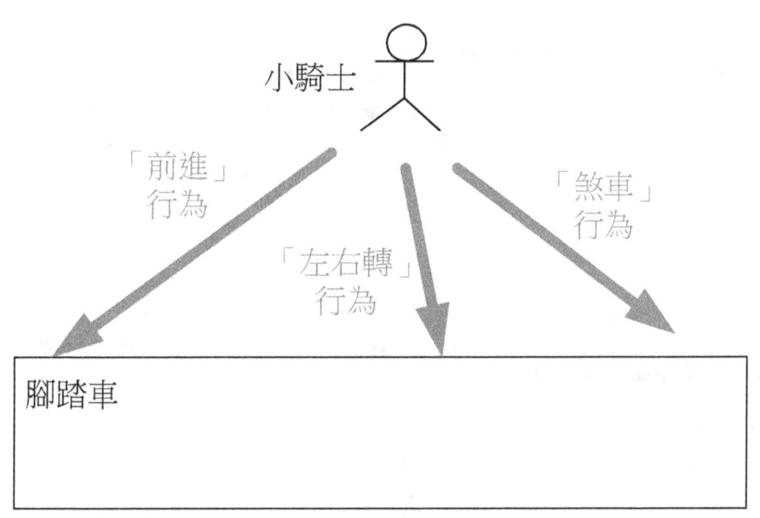

圖 14-1. 腳踏車的行為

在本章腳踏車的範例裡，我們將依序使用 SBC 架構描述語言(SBC Architecture Description Language)的六大金圖：(A)架構階層圖、(B)框架圖、(C)構件操作圖、(D)構件連結圖、(E)結構行為合一圖、(F)互動流程圖，來完成此腳踏車的系統架構。

14-1 架構階層圖

首先，我們使用多階層(Multi-Level)分解和組合方式將腳踏車的架構階層圖(Architecture Hierarchy Diagram，簡稱為 AHD)繪製出來，如圖 14-2 所示。(架構階層圖是達到系統架構學的「結構行為合一」第一個金圖。)

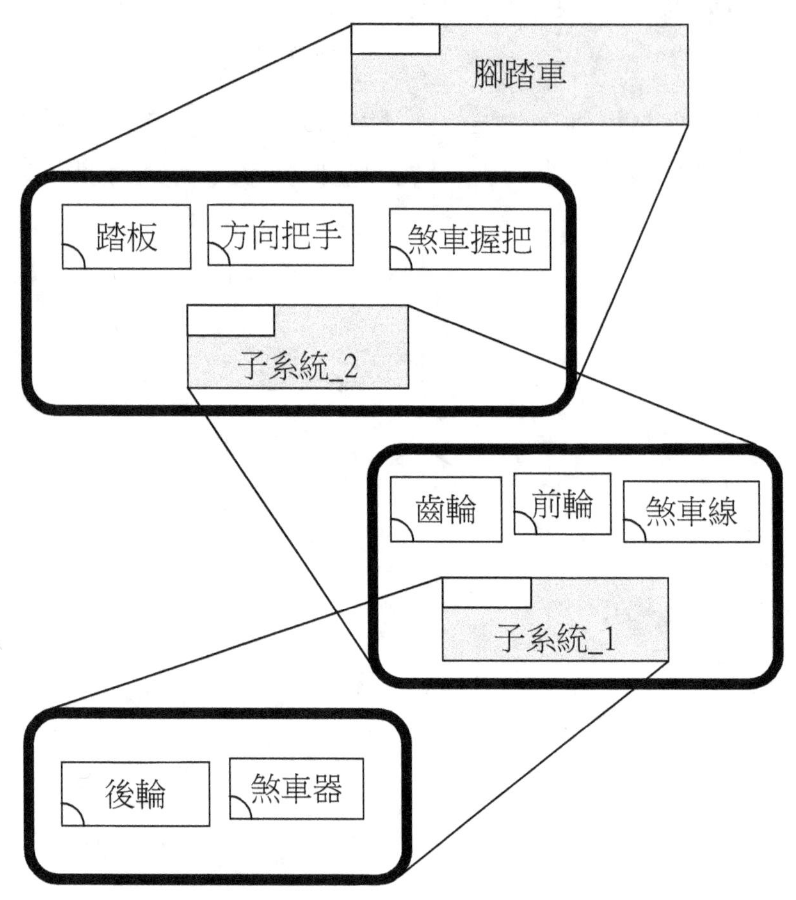

圖 14-2.　腳踏車的架構階層圖

在圖 14-2 裡，首先「腳踏車」分解出「踏板」、「方向把手」、「煞車握把」和「子系統_2」，再來「子系統_2」分解出「齒輪」、「前輪」、「煞車線」和「子系統_1」，最後「子系統_1」分解出「後輪」和「煞車器」；反之，「後輪」和「煞車線」先組成「子系統_1」，再來「齒輪」、「前輪」、「煞車線」和「子系統_1」組成「子系統_2」，最後「踏板」、「方向把手」、「煞車握把」和「子系統_2」組成「腳踏車」。其中，「腳踏車」、「子系統_2」和「子系統_1」為聚合系統(Aggregated System)，「踏板」、「方向把手」、「煞車握把」、「齒輪」、「前輪」、「煞車線」、「後輪」和「煞車器」為非聚合系統(Non-Aggregated System)。

14-2 框架圖

我們使用框架圖來多層級(Multi-Layer)或者多層次(Multi-Tier)分解和組合

一個系統。圖 14-3 顯示在腳踏車系統的框架圖裡，「Technology_SubLayer_3」層包含「踏板」、「方向把手」和「煞車握把」等構件，「Technology_SubLayer_2」層包含「齒輪」、「前輪」和「煞車線」等構件，「Technology_SubLayer_1」層包含「後輪」和「煞車器」等構件。 (框架圖是達到系統架構學的「結構行為合一」第二個金圖。)

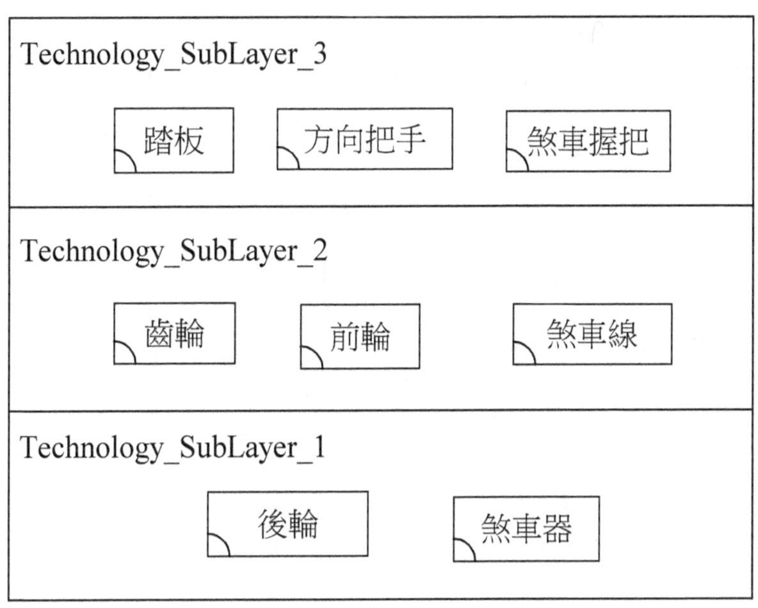

圖 14-3. 腳踏車的框架圖

14-3 構件操作圖

另外，我們也會建置出腳踏車所有構件的操作。圖 14-4 使用構件操作圖來顯示腳踏車八個構件的操作。其中，「踏板」構件有「踩下」一個操作，「齒輪」構件有「帶動」一個操作，「後輪」構件有「滾動」和「停止滾動」等二個操作，「方向把手」構件有「移動方向」一個操作，「前輪」構件有「轉動」一個操作，「煞車握把」構件有「緊握」一個操作，「煞車線」構件有「拉動」一個操作，「煞車器」構件有「夾緊」一個操作。(構件操作圖是達到系統架構學的「結構行為合一」第三個金圖。)

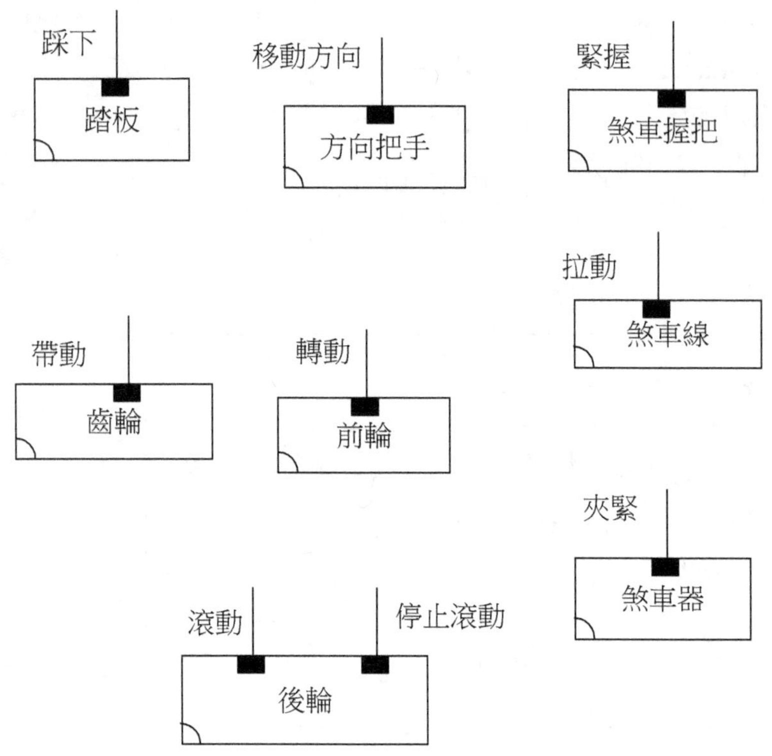

圖 14-4. 腳踏車的構件操作圖

14-4 構件連結圖

完成「腳踏車」的構件與操作後，我們可以開始繪製「腳踏車」內所有構件的連結。「腳踏車」除了「踏板」、「齒輪」、「後輪」、「方向把手」、「前輪」、「煞車握把」、「煞車線」、「煞車器」等構件外，尚有一個名稱為「小騎士」的外界環境。

圖 14-5 使用構件連結圖來顯示在「腳踏車」裡，「小騎士」外界環境和「踏板」、「齒輪」、「後輪」、「方向把手」、「前輪」、「煞車握把」、「煞車線」、「煞車器」等構件彼此之間的連結。(構件連結圖是達到系統架構學的「結構行為合一」第四個金圖。)

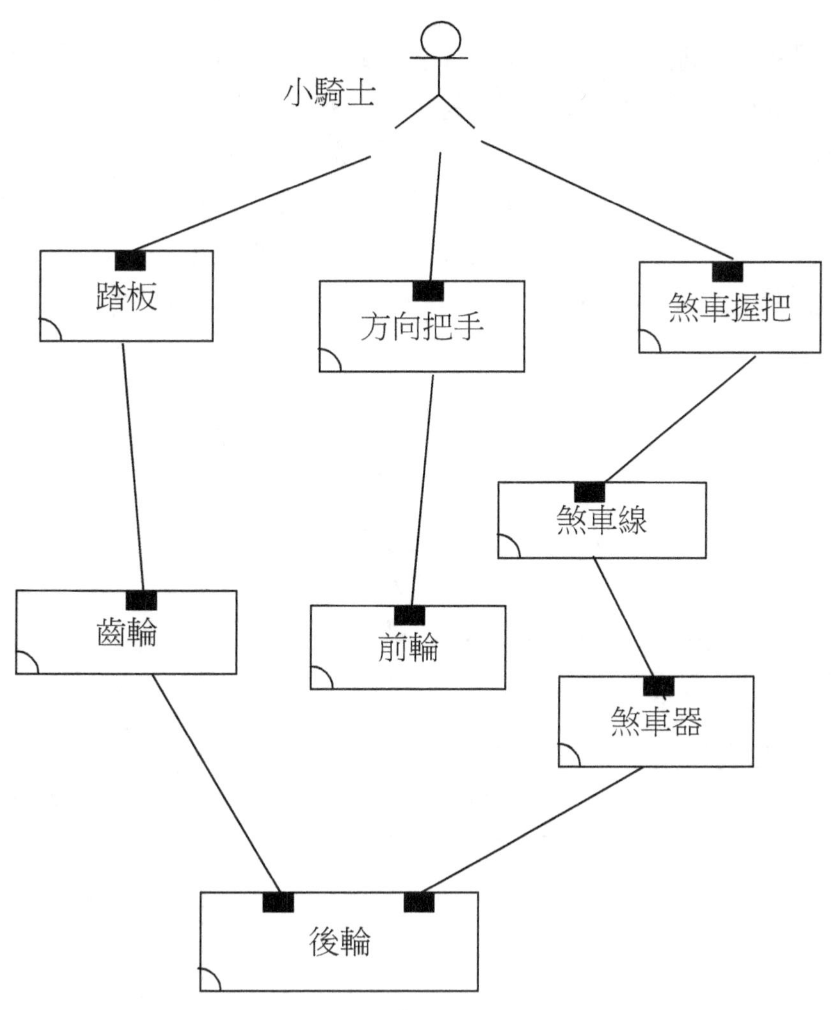

圖 14-5. 「腳踏車」的構件連結圖

在圖 14-5 中，外界環境「小騎士」和「踏板」、「方向把手」、「煞車握把」等構件有連結，「踏板」構件和「齒輪」構件有連結，「齒輪」構件和「後輪」構件有連結，「方向把手」構件和「前輪」構件有連結，「煞車握把」構件和「煞車線」構件有連結，「煞車線」構件和「煞車器」構件有連結，「煞車器」構件和「後輪」構件有連結。

有了構件連結圖以後，「腳踏車」的樣式會呈現出來，因而「腳踏車」的結構觀點會變得更清晰。

14-5 結構行為合一圖

在「腳踏車」裡，外界環境和它八個構件之間的互動，會產生「腳踏車」的系統行為。如圖 14-6 所示，外界環境「小騎士」和「踏板」、「齒輪」、「後輪」等構件互動產生「前進」行為，外界環境「小騎士」和「方向把手」、「前輪」等構件互動產生「左右轉」行為，外界環境「小騎士」和「煞車握把」、「煞車線」、「煞車器」、「後輪」等構件互動產生「煞車」行為。(結構行為合一圖是達到系統架構學的「結構行為合一」第五個金圖。)

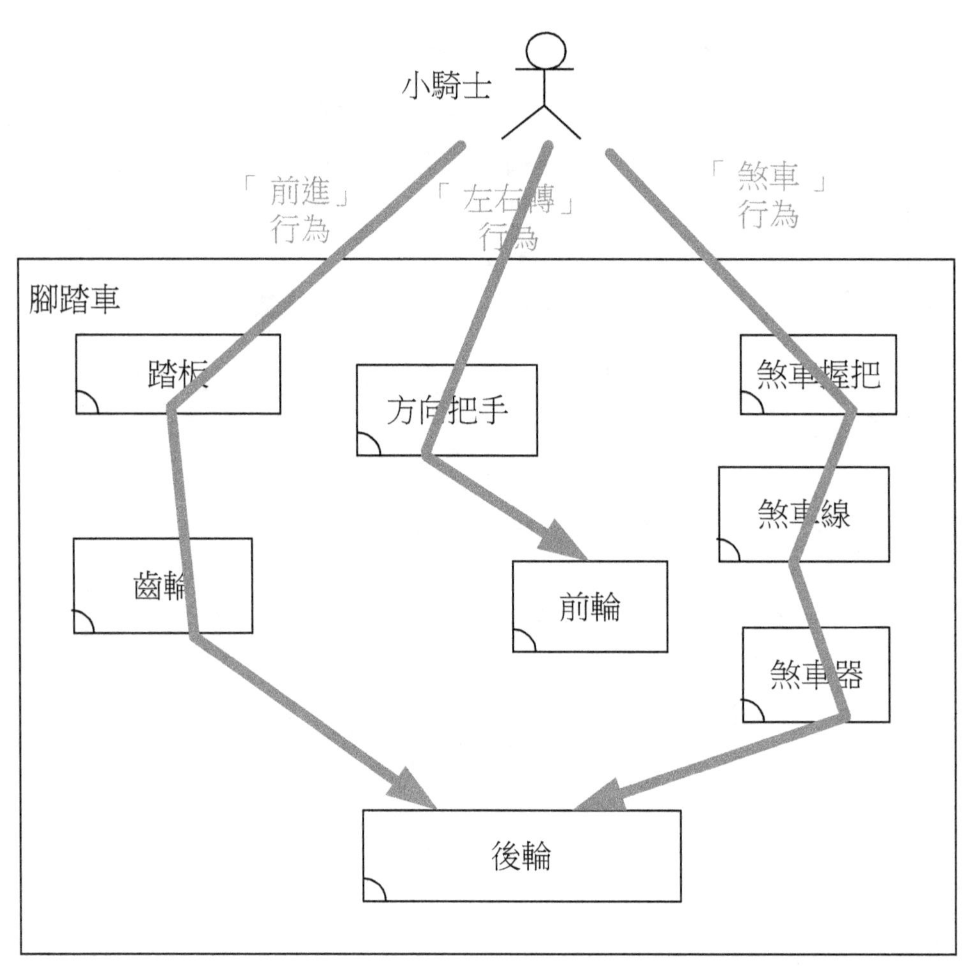

圖 14-6.　腳踏車的結構行為合一圖

一個系統的行為乃是其個別的行為總合起來。例如，「腳踏車」的整體系統行為包括「前進」、「左右轉」、「煞車」等三個個別的行為。換句話說，「前進」、「左右轉」、「煞車」等三個個別的行為總合起來就等於「腳踏車」的整體系統行為。「前進」行為、「左右轉」行為、「煞車」行為三者彼此之間是相互獨立，沒有任何牽連的。由於它們彼此之間沒有任何瓜葛，因而這三個行為可以同時交錯進行(Concurrently Execute)，互不干擾[Hoar85，Miln89，

Miln99]。

採用系統架構學，最主要的目標就是只會有一個整合性全體的系統，而不會有各自分離的系統結構和系統行為。在圖 14-6 中，我們可以看到，「腳踏車」的系統結構和系統行為都一起存在其整合性全體的系統裡面。換句話說，在「腳踏車」整合性全體的系統裡，我們不但看到它的系統結構，也同時看到它的系統行為。

14-6 互動流程圖

一個系統的整體行為包括許多個別的行為。每一個個別的行為代表系統一個情境(Scenario)的執行路徑。每個執行路徑可以說就是一個互動流程圖。執行路徑可以說是將系統的內部細節互動串接起來。互動流程圖強調的是這些串接起來的互動之先後次序。(互動流程圖是達成系統架構學的「結構行為合一」第六個金圖。)

「腳踏車」的互動流程圖共有三個，我們會將它們分別繪製出來。圖 14-7 說明「前進」行為的互動流程圖。首先，外界環境「小騎士」和「踏板」構件發生「踩下」操作呼叫的互動。接著，「踏板」構件和「齒輪」構件發生「帶動」操作呼叫的互動。最後，「齒輪」構件和「後輪」構件發生「滾動」操作呼叫的互動。

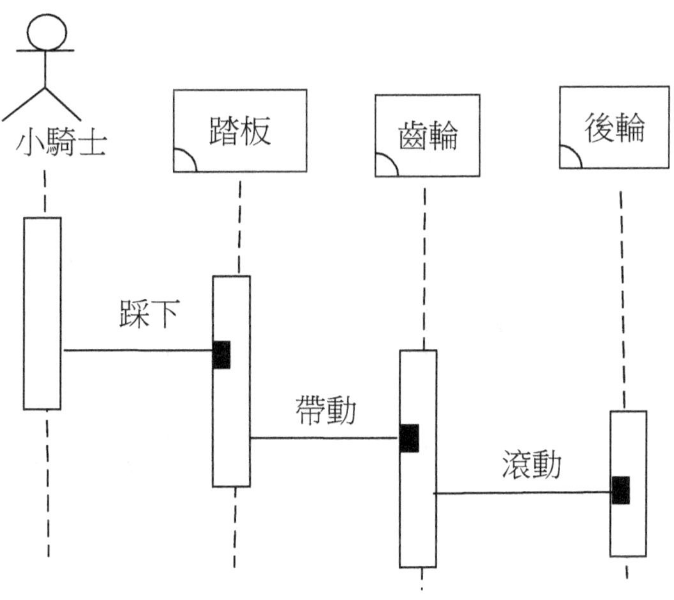

圖 14-7.　「前進」行為的互動流程圖

圖 14-8 說明「左右轉」行為的互動流程圖。首先，外界環境「小騎士」和「方向把手」構件發生「移動方向」操作呼叫的互動。接著，「方向把手」構件和「前輪」構件發生「轉動」操作呼叫的互動。

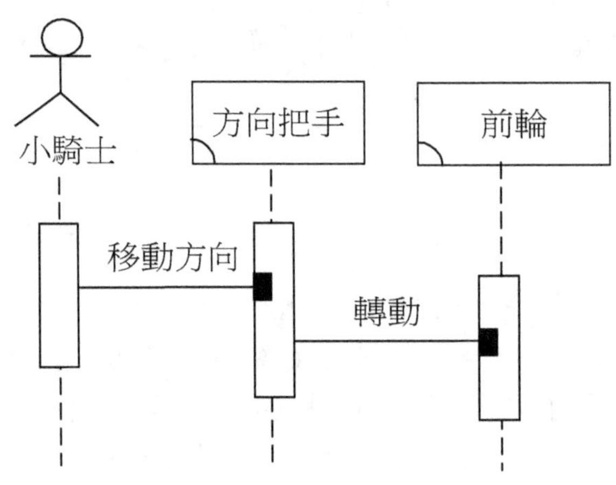

圖 14-8.　「左右轉」行為的互動流程圖

圖 14-9 說明「煞車」行為的互動流程圖。首先，外界環境「小騎士」和「煞車握把」構件發生「緊握」操作呼叫的互動。接著，「煞車握把」構件和「煞車線」構件發生「拉動」操作呼叫的互動。再來，「煞車線」構件和「煞車器」構件發生「夾緊」操作呼叫的互動。最後，「煞車器」構件和「後輪」構件發生「停止滾動」操作呼叫的互動。

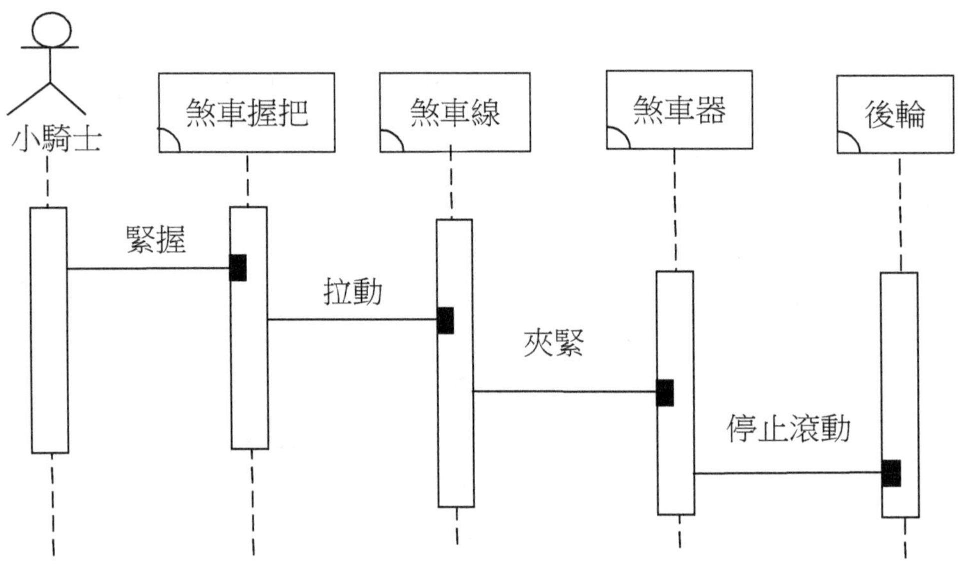

圖 14-9.　「煞車」行為的互動流程圖

第 15 章 算數軟體的系統架構

「算數軟體」主要是提供「DIVIDE&MAXIMUM」以及「GCD&FACTORIAL」等二個行為。透過這二個行為，外界環境「中學生」會和此系統產生互動，如圖 15-1 所示。

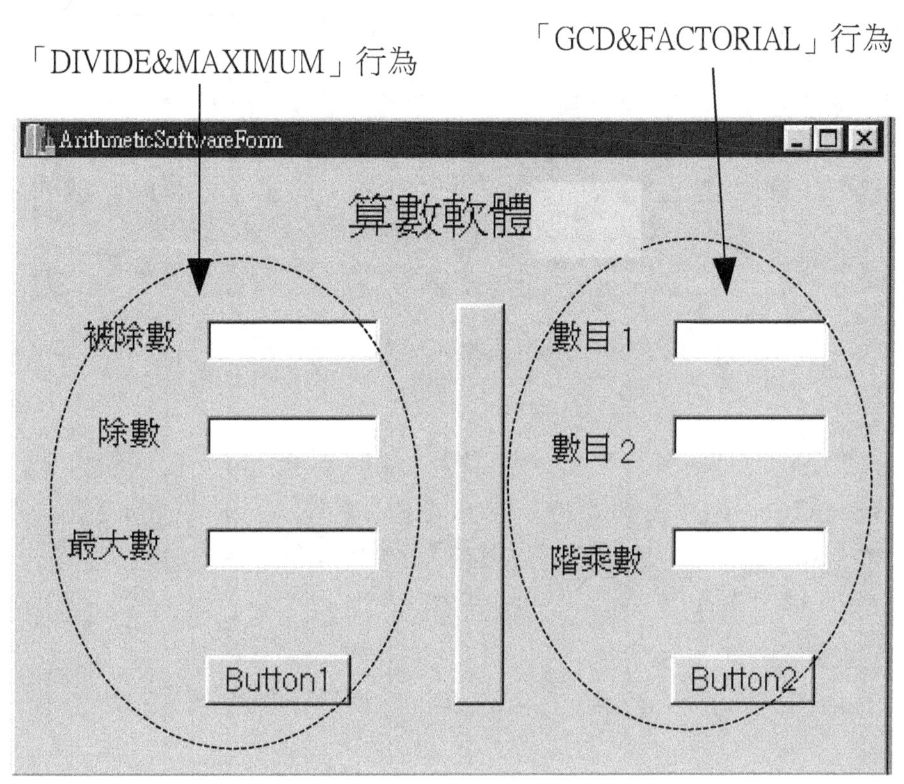

圖 15-1. 「算數軟體」的行為

在第一個行為裡，外界環境「中學生」輸入被除數和除數，再來按下「Button1」，則「算數軟體」會計算出商數和餘數，然後將商數和餘數中的最大數呈現在表單畫面上。如圖 15-2 所示，被除數 88，除數 5，則計算結果商數和餘數分別為 17 和 3，然後再計算出 17 和 3 中的最大數為 17。

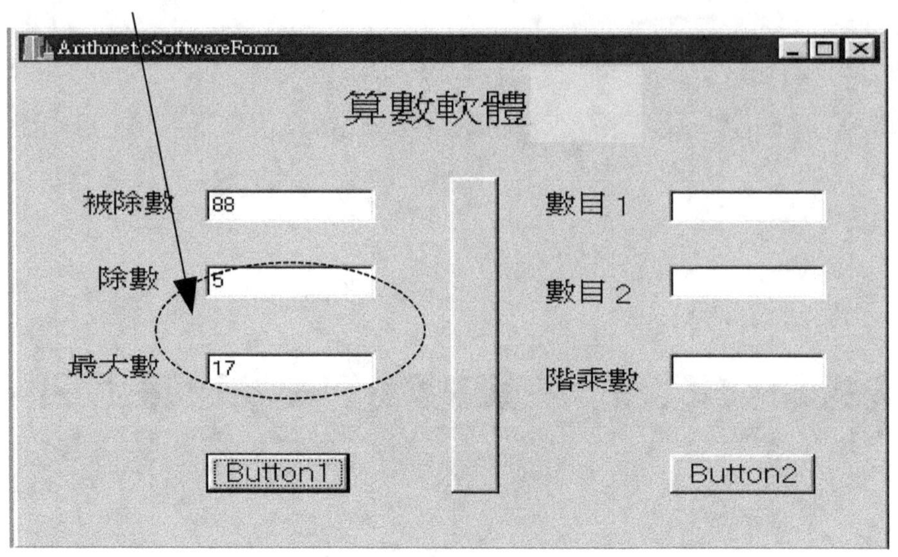

圖 15-2. 「DIVIDE&MAXIMUM」範例

在第二個行為裡，外界環境「中學生」輸入「數目 1」和「數目 2」，再來按下「Button2」，則「算數軟體」會計算出「數目 1」和「數目 2」的最大公約數，然後將此最大公約數的階乘數呈現在表單畫面上。如圖 15-3 所示，「數目 1」為 18，「數目 2」為 12，則計算它們的最大公約數為 6，然後再計算出 6 的階乘數為 720。

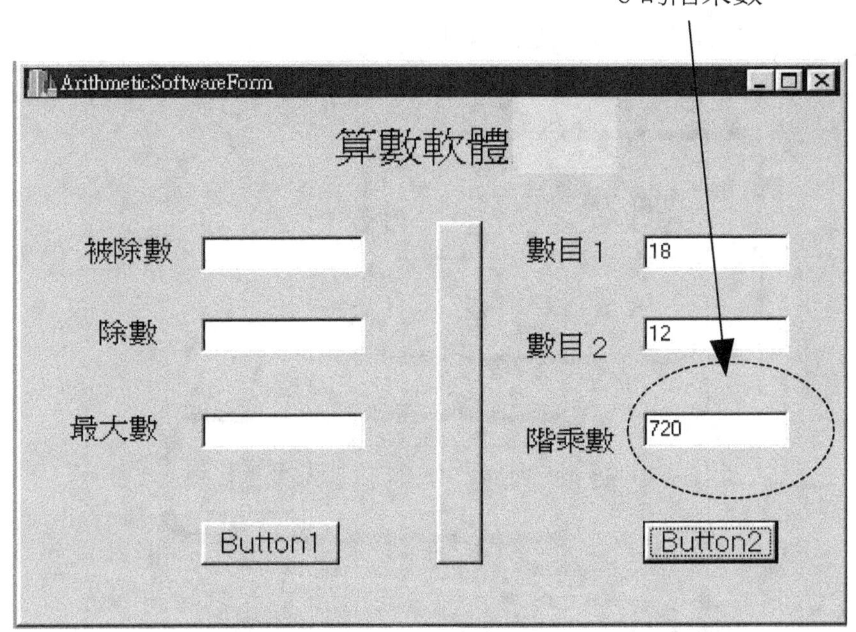

圖 15-3. 「GCD&FACTORIAL」範例

在本章算數軟體的範例裡，我們將依序使用 SBC 架構描述語言(SBC Architecture Description Language)的六大金圖：(A)架構階層圖、(B)框架圖、(C)構件操作圖、(D)構件連結圖、(E)結構行為合一圖、(F)互動流程圖，來完成此算數軟體的系統架構。

15-1 架構階層圖

首先，我們使用多階層(Multi-Level)分解和組合方式將算數軟體的架構階層圖(Architecture Hierarchy Diagram，簡稱為 AHD)繪製出來，如圖 15-4 所示。(架構階層圖是達到系統架構學的「結構行為合一」第一個金圖。)

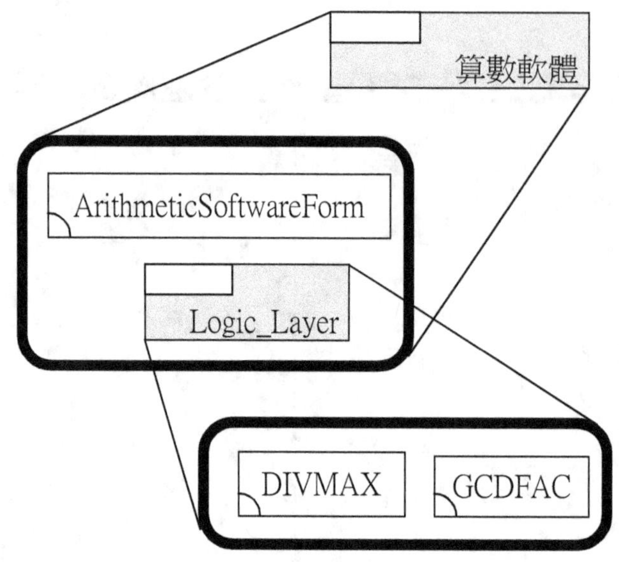

圖 15-4. 「算數軟體」的架構階層圖

在圖 15-4 裡，首先「算數軟體」分解出「ArithmeticSoftwareForm」和「Logic_Layer」，然後「Logic_Layer」分解出「DIVMAX」和「GCDFAC」；反之，「DIVMAX」和「GCDFAC」先組成「Logic_Layer」，然後「ArithmeticSoftwareForm」和「邏輯層」組成「算數軟體」。其中，「算數軟體」和「Logic_Layer」為聚合系統(Aggregated System)，「ArithmeticSoftwareForm」、「DIVMAX」和「GCDFAC」為非聚合系統(Non-Aggregated System)。

15-2 框架圖

我們使用框架圖來多層級(Multi-Layer)或者多層次(Multi-Tier)分解和組合一個系統。圖 15-5 顯示在「算數軟體」的框架圖裡，「Presentation_Layer」層包含「ArithmeticSoftwareForm」一個構件，「Logic_Layer」層包含「DIVMAX」和「GCDFAC」等二個構件。 (框架圖是達到系統架構學的「結構行為合一」第二個金圖。)

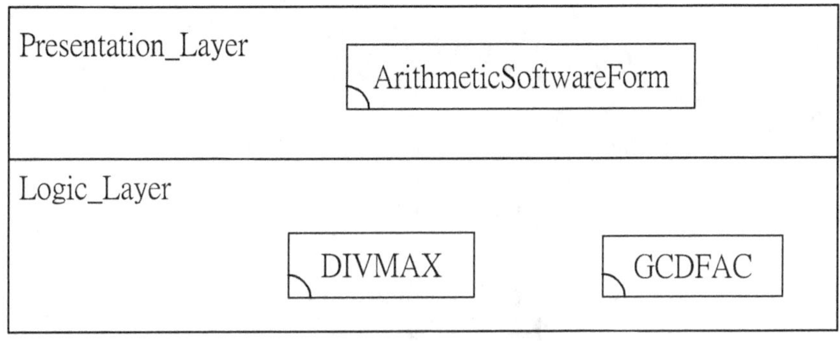

圖 15-5. 「算數軟體」的框架圖

15-3 構件操作圖

另外，我們也會建置出算數軟體所有構件的操作。圖 15-6 使用構件操作圖來顯示算數軟體三個構件的操作。其中，「ArithmeticSoftwareForm」構件有「Button1Click」和「Button2Click」二個操作，「DIVMAX」構件有「DIVIDE」和「MAXIMUM」二個操作，「GCDFAC」構件有「GCD」和「FACTORIAL」二個操作。(構件操作圖是達到系統架構學的「結構行為合一」第三個金圖。)

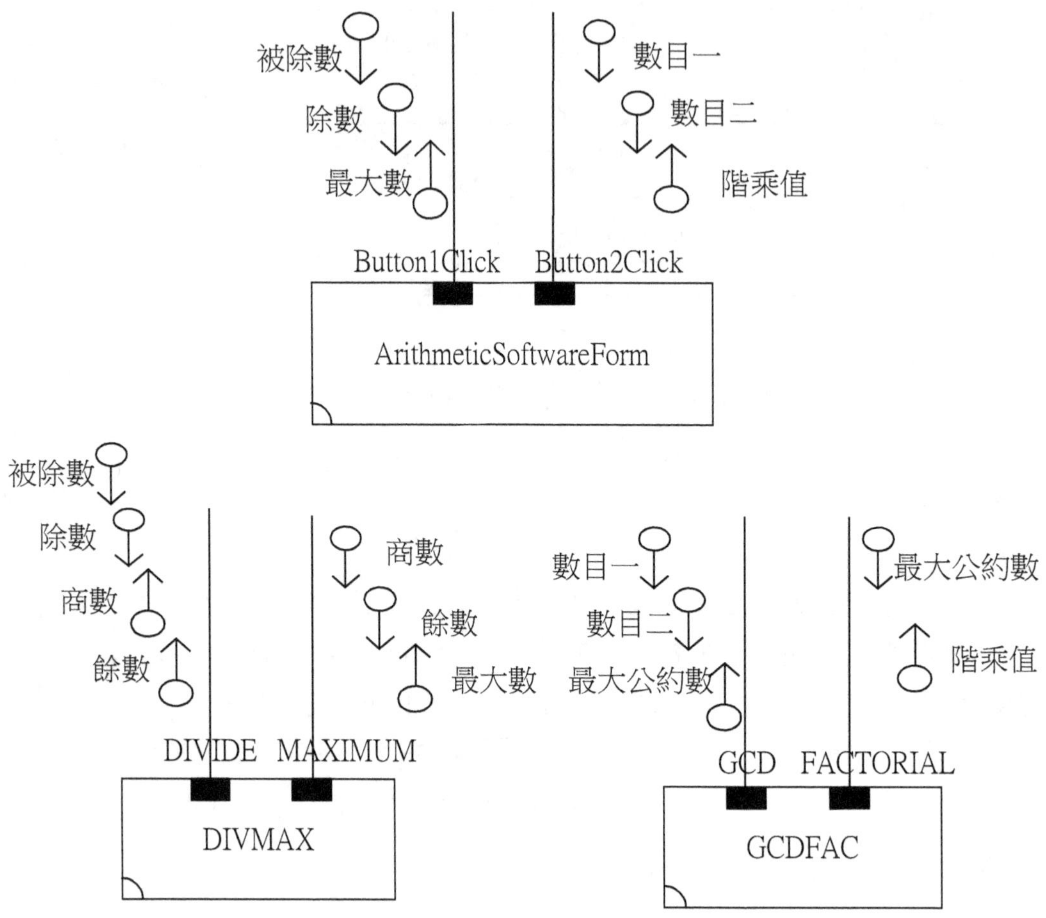

圖 15-6. 「算數軟體」的構件操作圖

「Button1Click」的操作式子為 Button1Click(In 被除數、除數; Out 最大數)，「Button2Click」的操作式子為 Button2Click(In 數目一、數目二; Out 階乘值)，「DIVIDE」的操作式子為 DIVIDE(In 被除數、除數; Out 商數、餘數)，「MAXIMUM」的操作式子為 MAXIMUM(In 商數、餘數; Out 最大數)，「GCD」的操作式子為 GCD(In 數目一、數目二; Out 最大公約數)，「FACTORIAL」的操作式子為 FACTORIAL(In 最大公約數; Out 階乘值)。

圖 15-7 顯示參數「被除數」、「除數」、「商數」、「餘數」、「最大數」、「數目一」、「數目二」、「最大公約數」、「階乘值」等等的基本資料型態(Primitive Data Type)的規格。

參數	資料型態	範例
被除數	Nat	88
除數	Nat	5
商數	Nat	17
餘數	Nat	3
最大數	Nat	17
數目一	Nat	18
數目二	Nat	12
最大公約數	Nat	6
階乘值	Nat	720

圖 15-7.　基本資料型態的規格

15-4 構件連結圖

完成「算數軟體」的構件與操作後，我們可以開始繪製「算數軟體」內所有構件的連結。「算數軟體」除了「ArithmeticSoftwareForm」、「DIVMAX」和「GCDFAC」等構件外，尚有一個名稱為「中學生」的外界環境。

圖 15-8 使用構件連結圖來顯示在「算數軟體」裡，外界環境「中學生」和「ArithmeticSoftwareForm」、「DIVMAX」以及「GCDFAC」等構件之間的連結。(構件連結圖是達到系統架構學的「結構行為合一」第四個金圖。)

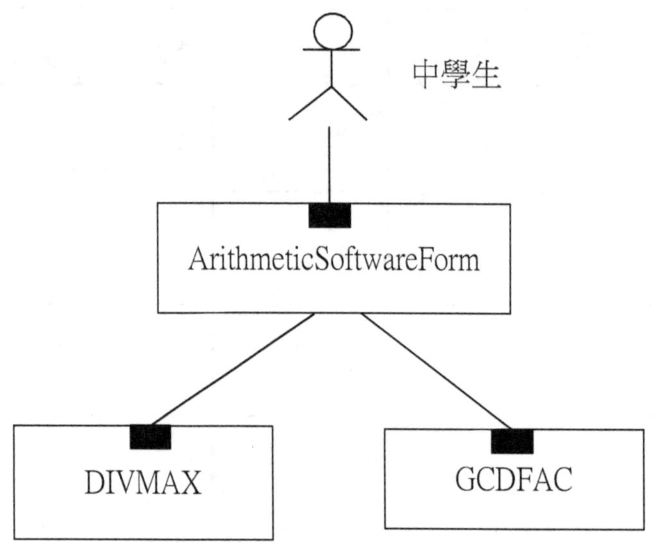

圖 15-8. 「算數軟體」的構件連結圖

在圖 15-8 中，外界環境「中學生」和「ArithmeticSoftwareForm」構件有連結，「ArithmeticSoftwareForm」構件和「DIVMAX」有連結，「ArithmeticSoftwareForm」構件和「GCDFAC」也有連結。

有了構件連結圖以後，「算數軟體」的樣式會呈現出來，因而「算數軟體」的結構觀點會變得更清晰。

15-5 結構行為合一圖

在算數軟體裡，外界環境和它三個構件之間的互動，會產生算數軟體的系統行為。如圖 15-9 所示，外界環境「中學生」和「ArithmeticSoftwareForm」、「DIVMAX」等構件互動產生「DIVIDE&MAXIMUM」行為，外界環境「中學生」和「ArithmeticSoftwareForm」、「GCDFAC」等構件互動產生「GCD&FACTORIAL」行為。 (結構行為合一圖是達到系統架構學的「結構行為合一」第五個金圖。)

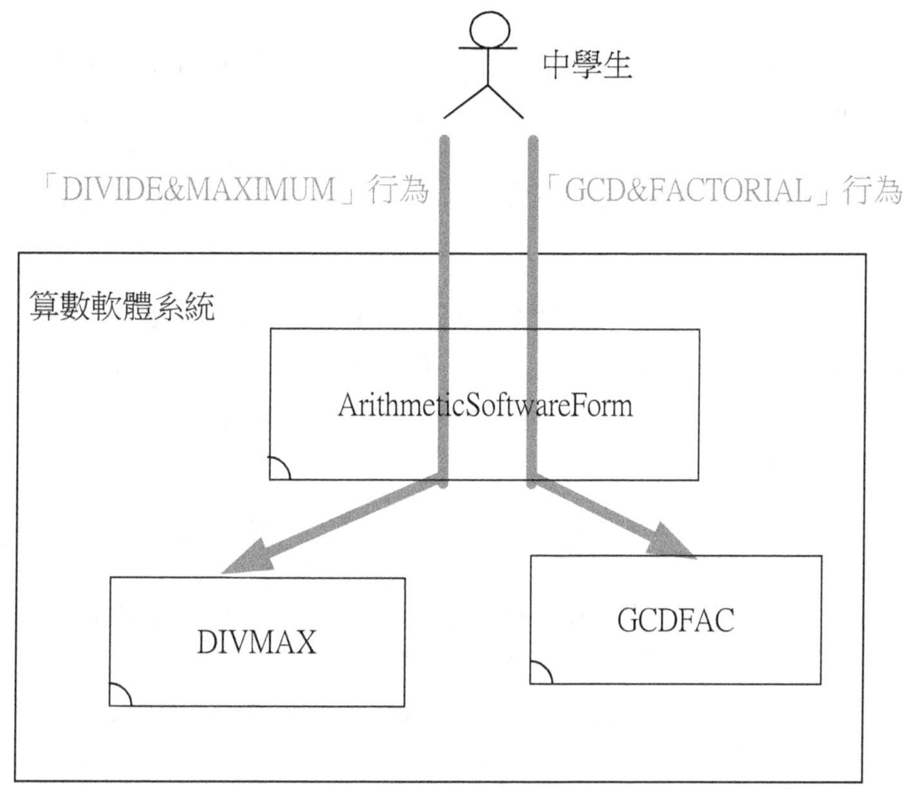

圖 15-9.　「算數軟體」的結構行為合一圖

一個系統的行為乃是其個別的行為總合起來。例如，「算數軟體」的整體系統行為包括「DIVIDE&MAXIMUM」和「GCD&FACTORIAL」等二個個別的行為。換句話說，「DIVIDE&MAXIMUM」和「GCD&FACTORIAL」等二個個別的行為總合起來就等於「算數軟體」的整體系統行為。

「DIVIDE&MAXIMUM」行為和「GCD&FACTORIAL」行為二者彼此之間是相互獨立，沒有任何牽連的。由於它們彼此之間沒有任何瓜葛，因而這二個行為可以同時交錯進行(Concurrently Execute)，互不干擾[Hoar85，Miln89，Miln99]。

採用系統架構學，最主要的目標就是只會有一個整合性全體的系統，而不會有各自分離的系統結構和系統行為。在圖 15-9 中，我們可以看到，「算數軟體」的系統結構和系統行為都一起存在其整合性全體的系統裡面。換句話說，在「算數軟體」整合性全體的系統裡，我們不但看到它的系統結構，也同時看到它的系統行為。

15-6 互動流程圖

一個系統的整體行為包括許多個別的行為。每一個個別的行為代表系統一個情境(Scenario)的執行路徑。每個執行路徑可以說就是一個互動流程圖。執行路徑可以說是將系統的內部細節互動串接起來。互動流程圖強調的是這些串接起來的互動之先後次序。(互動流程圖是達成系統架構學的「結構行為合一」第六個金圖。)

「算數軟體」的互動流程圖共有二個，我們會將它們分別繪製出來。圖 15-10 說明「DIVIDE&MAXIMUM」行為的互動流程圖。首先，外界環境「中學生」　和「ArithmeticSoftwareForm」構件會發生「Button1Click」操作呼叫、並帶著「被除數」和「除數」二個輸入參數的互動。接著，「ArithmeticSoftwareForm」構件和「DIVMAX」構件會發生「DIVIDE」操作呼叫、並帶著「被除數」和「除數」二個輸入參數的互動。再來，「ArithmeticSoftwareForm」構件和「DIVMAX」構件會發生「DIVIDE」操作傳回、並帶著「商數」和「餘數」二個輸出參數的互動。繼續，「ArithmeticSoftwareForm」構件和「DIVMAX」構件會發生「MAXIMUM」操作呼叫、並帶著「商數」和「餘數」二個輸入參數的互動。跟著，「ArithmeticSoftwareForm」構件和「DIVMAX」構件會發生「MAXIMUM」操作傳回、並帶著「最大數」輸出參數的互動。最後，外界環境「中學生」和「ArithmeticSoftwareForm」構件會發生「Button1Click」操作傳回、並帶著「最大數」輸出參數的互動。

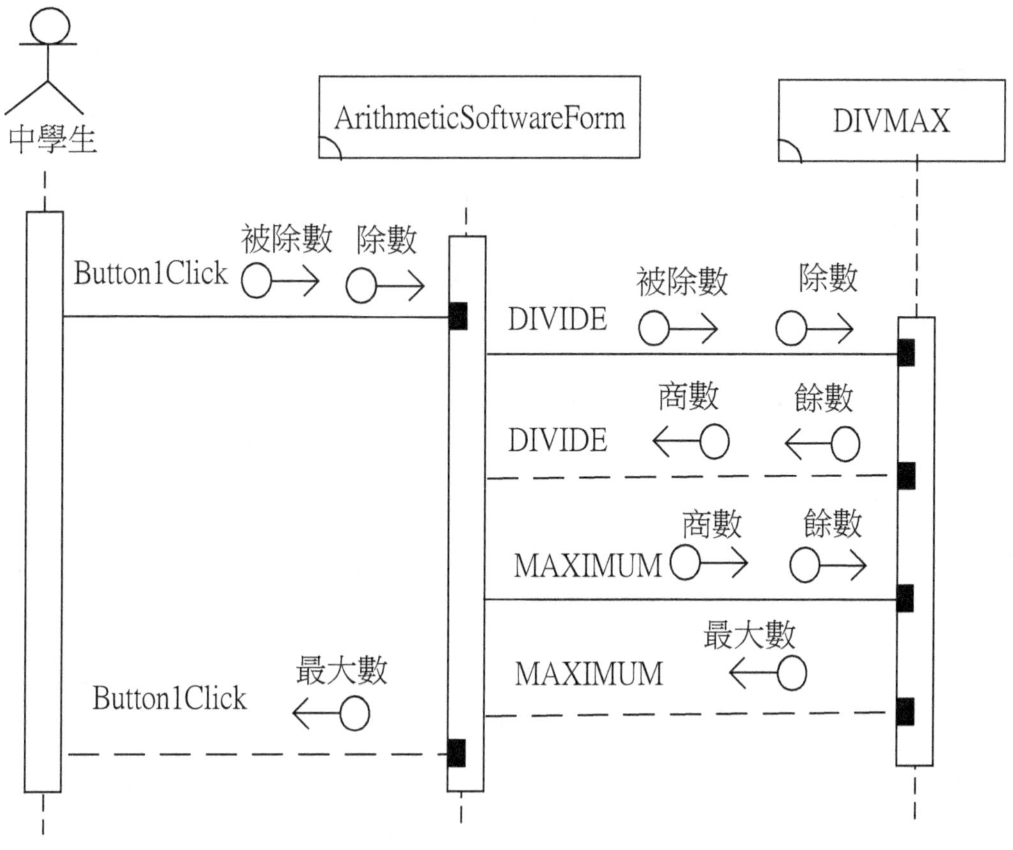

圖 15-10. 「DIVIDE&MAXIMUM」行為的互動流程圖

圖 15-11 說明「GCD&FACTORIAL」行為的互動流程圖。首先，外界環境「中學生」和「ArithmeticSoftwareForm」構件會發生「Button2Click」操作呼叫、並帶著「數目一」和「數目二」二個輸入參數的互動。接著，「ArithmeticSoftwareForm」構件和「GCDFAC」構件會發生「GCD」操作呼叫、並帶著「數目一」和「數目二」二個輸入參數的互動。再來，「ArithmeticSoftwareForm」構件和「GCDFAC」構件會發生「GCD」操作傳回、並帶著「最大公約數」輸出參數的互動。繼續，「ArithmeticSoftwareForm」構件和「GCDFAC」構件會發生「FACTORIAL」操作呼叫、並帶著「最大公約數」輸入參數的互動。跟著，「ArithmeticSoftwareForm」構件和「GCDFAC」構件會發生「FACTORIAL」操作傳回、並帶著「階乘值」輸出參數的互動。最後，外界環境「中學生」和「ArithmeticSoftwareForm」構件會發生「Button2Click」操作傳回、並帶著「階乘值」輸出參數的互動。

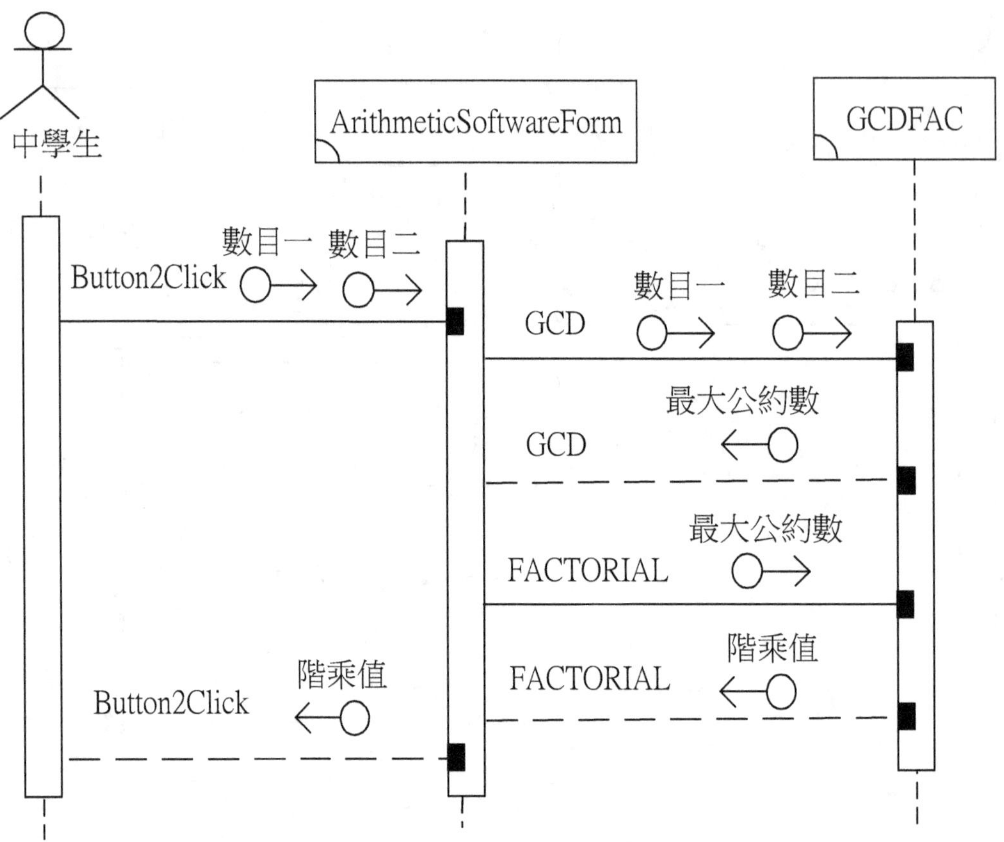

圖 15-11.　「GCD&FACTORIAL」行為的互動流程圖

第 16 章 多層次個人資料系統的系統架構

在系統開發完成後，多層次個人資料系統(Multi-Tier Personal Data System，簡稱為 MTPDS)會呈現在多層次的平台上，如圖 16-1 所示。

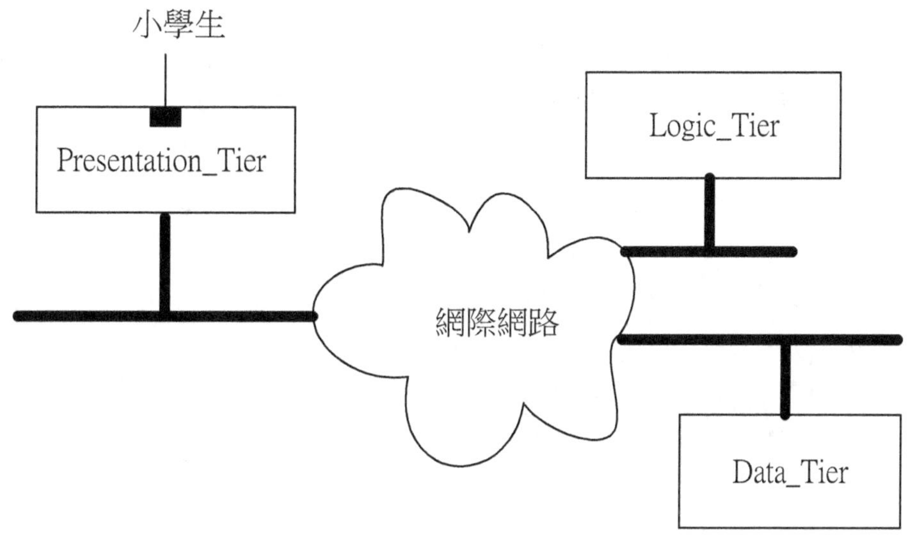

圖 16-1. 多層次個人資料系統呈現在多層次的平台上

在「Data_Tier」層裡有一個名為「Personal_Database」的資料庫(Database)[Date03，Elma10]，這個資料庫內只含一個名為「Personal_Data」的資料表(Table)，如圖 16-2 所示。

Personal_Database : Database

Personal_Data : Table

Social_Secuirty_Number	Name	Date_of_Birth	Sex	Height (cm)	Weight (Kg)
318-49-2465	Mary R. Williams	June 17, 1976	Female	165	51
424-87-3651	Lee H. Wulf	July 24, 1982	Female	162	76
512-24-3722	John K. Bryant	May 12, 1954	Male	180	80

Record: 4 of 4

圖 16-2. 「Personal_Database」資料庫含「Personal_Data」資料表

多層次個人資料系統主要是提供「AgeCalculation」以及「OverweightCalculation」等二個行為。透過這二個行為，外界環境「小學生」會和此系統產生互動，如圖 16-3 所示。

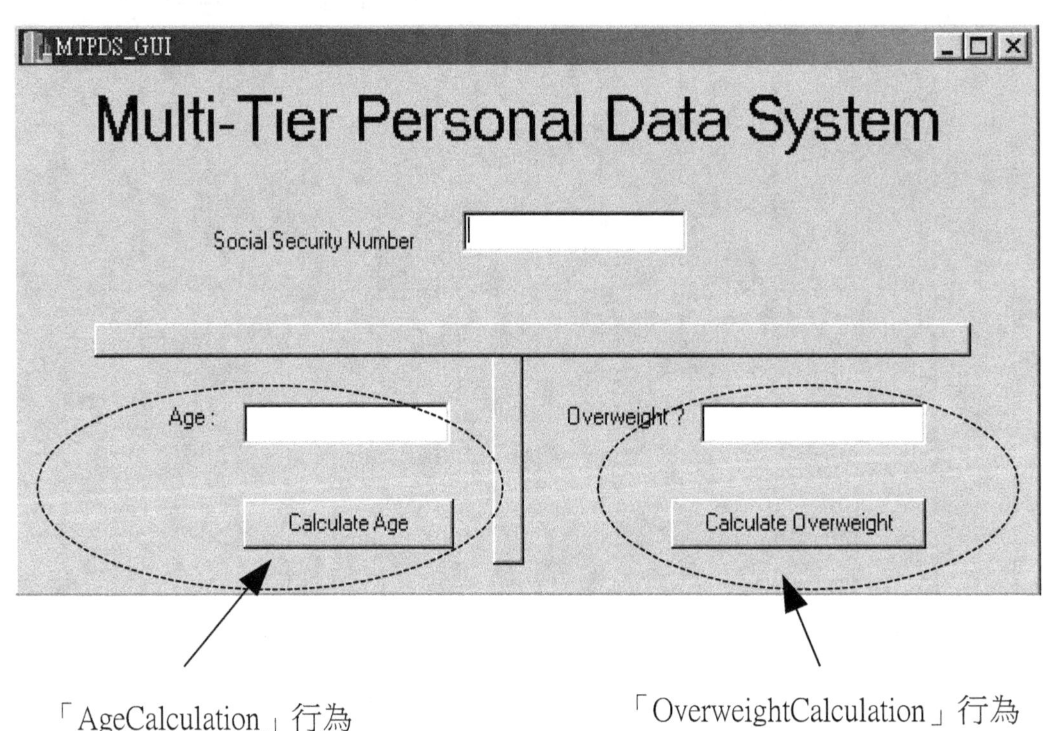

圖 16-3. 多層次個人資料系統的行為

在第一個行為裡，外界環境「小學生」先輸入

「Social_Security_Number」的整數值，然後按下「Calculate_Age」按鈕。在那之後，多層次個人資料系統會檢索符合「Social_Security_Number」數值的「Date_of_Birth」資料出來，然後計算其年齡，並將其顯示在屏幕上。如圖 16-4 所示，若「Social_Security_Number」的值是「512-24-3722」，檢索出「Date_of_Birth」的值是「1954 年 5 月 12 日」，則屏幕上顯示的年齡為「58」歲。

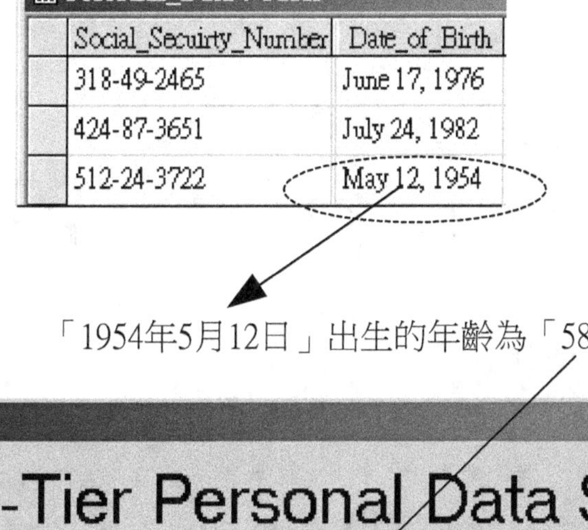
Personal_Data : Table

Social_Secuirty_Number	Date_of_Birth
318-49-2465	June 17, 1976
424-87-3651	July 24, 1982
512-24-3722	May 12, 1954

「1954年5月12日」出生的年齡為「58」歲

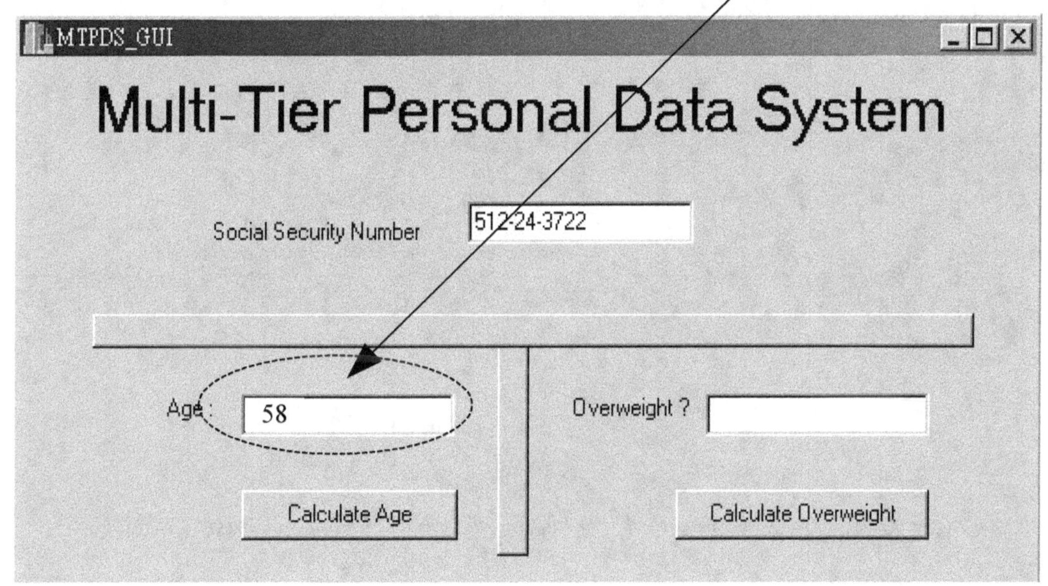

圖 16-4. 「AgeCalculation」範例

在第二個行為裡，外界環境「小學生」先輸入「Social_Security_Number」的整數值，然後按下「Calculate_Overweight」按鈕。在那之後，多層次個人資料系統會檢索符合「Social_Security_Number」數值的「Sex」、「Height」、「Weight」等資料，然後計算其是否超重，並將其顯示在屏幕上。如圖 16-5 所示，若「Social_Security_Number」的值是「318-49-2465」，檢索出「Sex」、「Height」、「Weight」的值分別是「Female」、

「165」、「51」，則屏幕上顯示其未超重「No」。

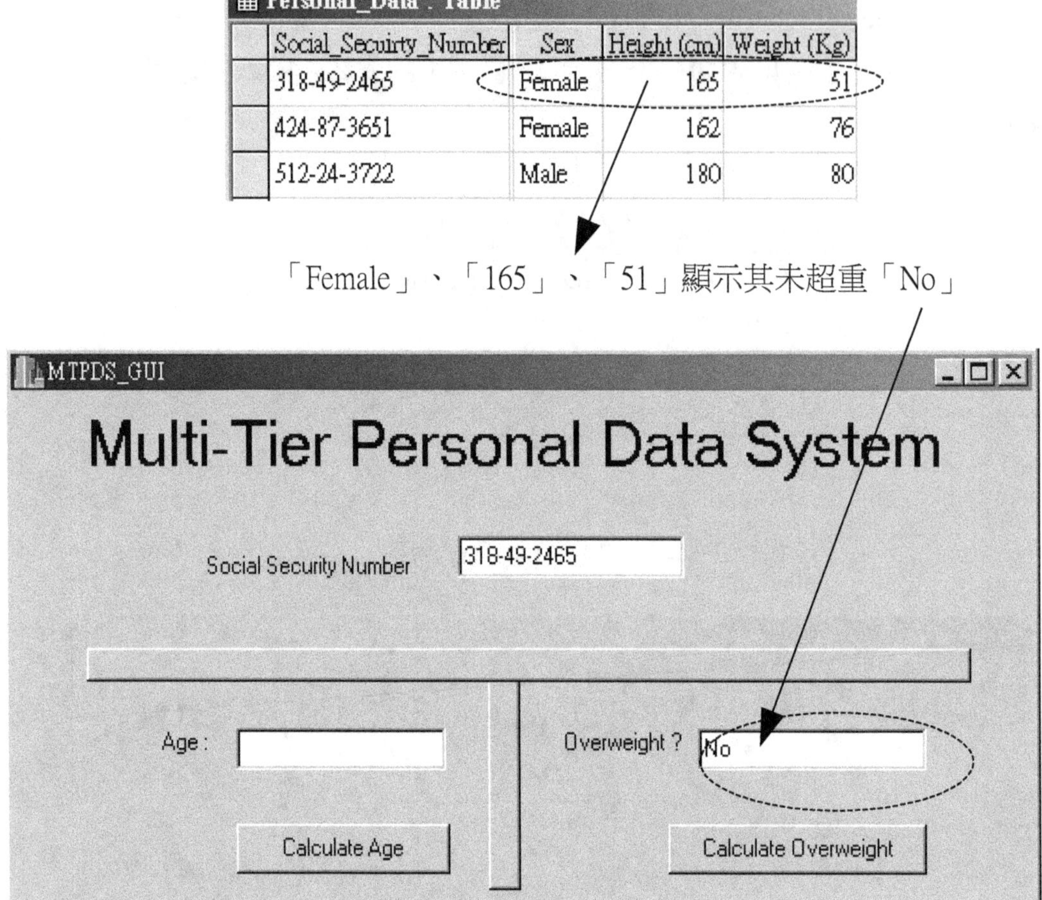

圖 16-5. 「OverweightCalculation」範例

在本章多層次個人資料系統的範例裡，我們將依序使用 SBC 架構描述語言(SBC Architecture Description Language)的六大金圖：(A)架構階層圖、(B)框架圖、(C)構件操作圖、(D)構件連結圖、(E)結構行為合一圖、(F)互動流程圖，來完成此多層次個人資料系統的系統架構。

16-1 架構階層圖

首先，我們使用多階層(Multi-Level)分解和組合方式將多層次個人資料系統的架構階層圖(Architecture Hierarchy Diagram，簡稱為 AHD)繪製出來，如圖 16-6 所示。(架構階層圖是達到系統架構學的「結構行為合一」第一個金圖。)

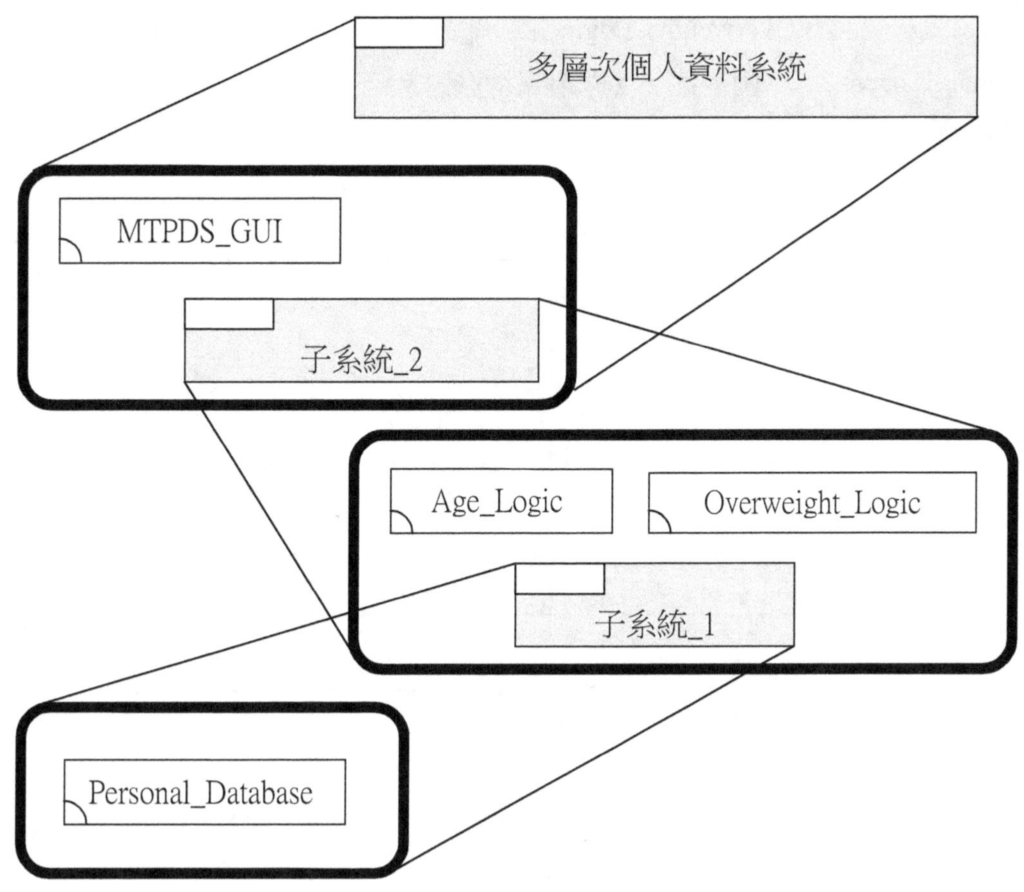

圖 16-6. 多層次個人資料系統的架構階層圖

在圖 16-6 裡，首先「多層次個人資料系統」分解出「MTPDS_GUI」和「子系統_2」，再來「子系統_2」分解出「Age_Logic」、「Overweight_Logic」和「子系統_1」，最後「子系統_1」分解出「Personal_Database」；反之，「Personal_Database」先組成「子系統_1」，再來「Age_Logic」、「Overweight_Logic」和「子系統_1」組成「子系統_2」，最後「MTPDS_GUI」和「子系統_2」組成「多層次個人資料系統」。其中，「多層次個人資料系統」、「子系統_2」和「子系統_1」為聚合系統(Aggregated System)，「MTPDS_GUI」、「Age_Logic」、「Overweight_Logic」和「Personal_Database」為非聚合系統(Non-Aggregated System)。

16-2 框架圖

我們使用框架圖來多層級(Multi-Layer)或者多層次(Multi-Tier)分解和組合一個系統。圖 16-7 顯示在「多層次個人資料系統」的框架圖裡，

「Application_Layer」層包含「MTPDS_GUI」一個構件，「Logic_Layer」層包含「Age_Logic」和「Overweight_Logic」二個構件，「Data_Layer」層包含「Personal_Database」一個構件。 (框架圖是達到系統架構學的「結構行為合一」第二個金圖。)

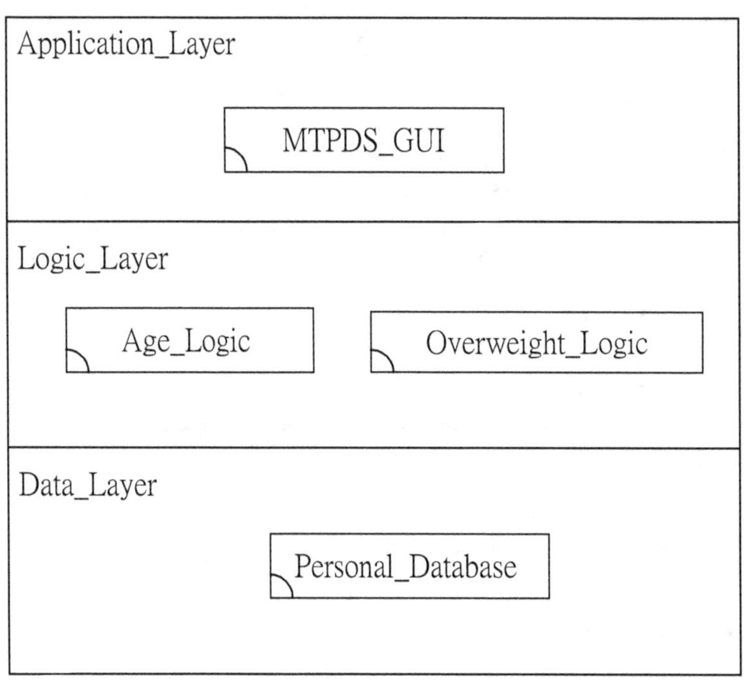

圖 16-7. 多層次個人資料系統的框架圖

16-3 構件操作圖

另外，我們也會建置出多層次個人資料系統所有構件的操作。圖 16-8 使用構件操作圖來顯示多層次個人資料系統四個構件的操作。其中，「MTPDS_GUI」構件有「Calculate_AgeClick」和「Calculate_OverweightClick」二個操作，「Age_Logic」構件有「Calculate_Age」一個操作，「Overweight_Logic」構件有「Calculate_Overweight」一個操作，「Personal_Database」構件有「Sql_DateOfBirth_Select」和「Sql_SexHeightWeight_Select」二個操作。(構件操作圖是達到系統架構學的「結構行為合一」第三個金圖。)

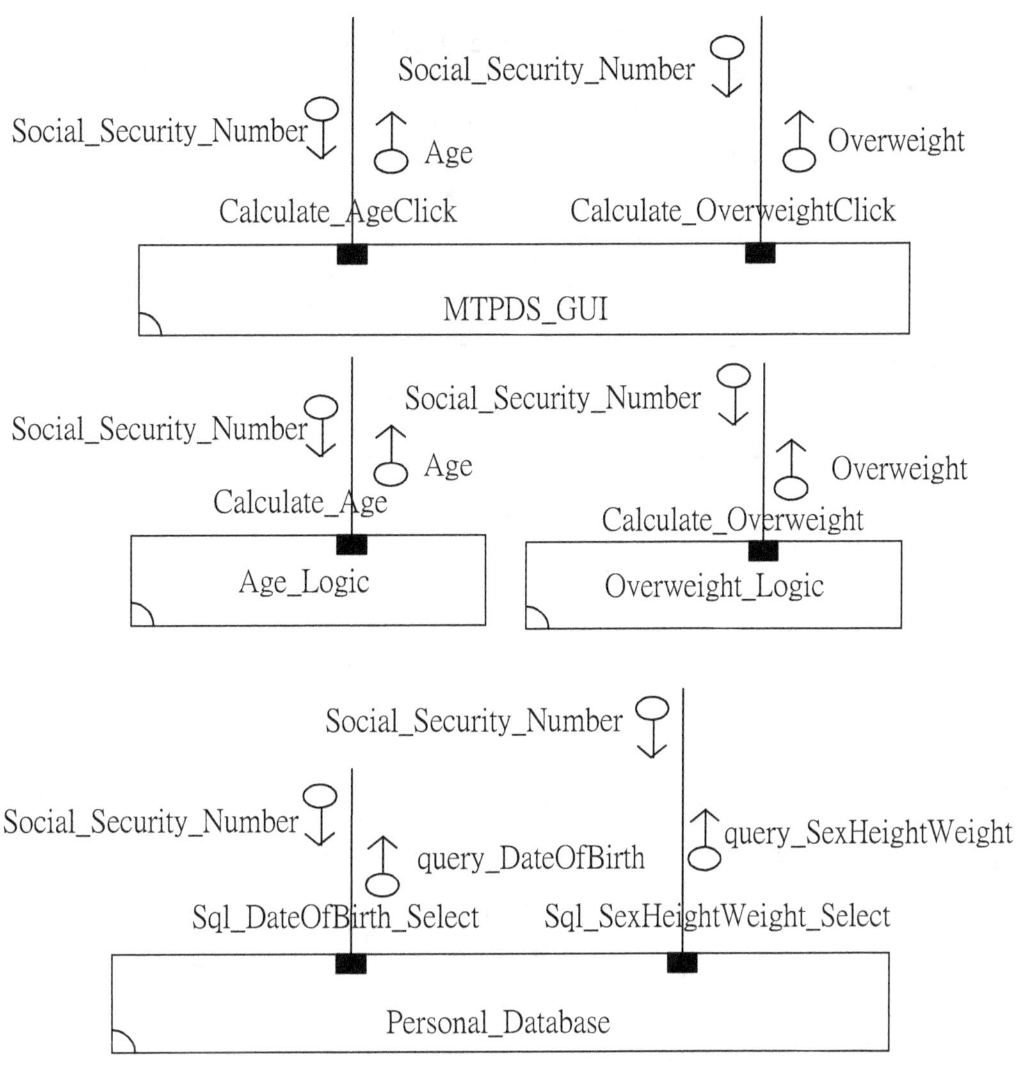

圖 16-8.　多層次個人資料系統的構件操作圖

「Calculate_AgeClick」的操作式子為 Calculate_AgeClick(In Social_Security_Number; Out Age)，「Calculate_OverweightClick」的操作式子為 Calculate_OverweightClick(In Social_Security_Number; Out Overweight)，「Calculate_Age」的操作式子為 Calculate_Age(In Social_Security_Number; Out Age)，「Calculate_Overweight」的操作式子為 Calculate_Overweight(In Social_Security_Number; Out Overweight)，「Sql_DateOfBirth_Select」的操作式子為 Sql_DateOfBirth_Select(In Social_Security_Number; Out query_DateOfBirth)，「Sql_SexHeightWeight_Select」的操作式子為 Sql_SexHeightWeight_Select(In Social_Security_Number; Out query_SexHeightWeight)。

圖 16-9 顯示參數「Social_Security_Number」、「Age」、「Overweight」等等的基本資料型態(Primitive Data Type)的規格。

參數	資料型態	範例
Social_Security_Number	Text	424-87-3651, 512-24-3722
Age	Integer	28, 56
Overweight	Boolean	Yes, No

圖 16-9. 基本資料型態的規格

圖 16-10 顯示在操作式子 Sql_DateOfBirth_Select(In Social_Security_Number; Out query_DateOfBirth)裡的輸出參數「query_DateOfBirth」的複合資料型態(Composite Data Type)的規格。

參數	query_DateOfBirth

資料型態	TABLE of
	  Social_Security_Number : Text
	  Age : Integer
	End TABLE;

範例	<table><tr><td>424-87-3651</td><td>28</td></tr></table><table><tr><td>512-24-3722</td><td>56</td></tr></table>

圖 16-10. 「query_DateOfBirth」複合資料型態的規格

圖 16-11 顯示在操作式子 Sql_SexHeightWeight_Select(In Social_Security_Number; Out query_SexHeightWeight)裡的輸出參數「query_SexHeightWeight」的複合資料型態(Composite Data Type)的規格。

參數	query_SexHeightWeight
資料型態	TABLE of Social_Security_Number : Text Sex : Text Height : Number Weight : Number End TABLE;
範例	424-87-3651 | Female | 162 | 76 512-24-3722 | Male | 180 | 80

圖 16-11. 「query_SexHeightWeight」複合資料型態的規格

16-4 構件連結圖

完成「多層次個人資料系統」的構件與操作後，我們可以開始繪製「多層次個人資料系統」內所有構件的連結。「多層次個人資料系統」除了「MTPDS_GUI」、「Age_Logic」、「Overweight_Logic」和「Personal_Database」等構件外，尚有一個名稱為「小學生」的外界環境。

圖 16-12 使用構件連結圖來顯示在「多層次個人資料系統」裡，外界環境「小學生」和「MTPDS_GUI」、「Age_Logic」、「Overweight_Logic」以及「Personal_Database」等構件之間的連結。(構件連結圖是達到系統架構學的「結構行為合一」第四個金圖。)

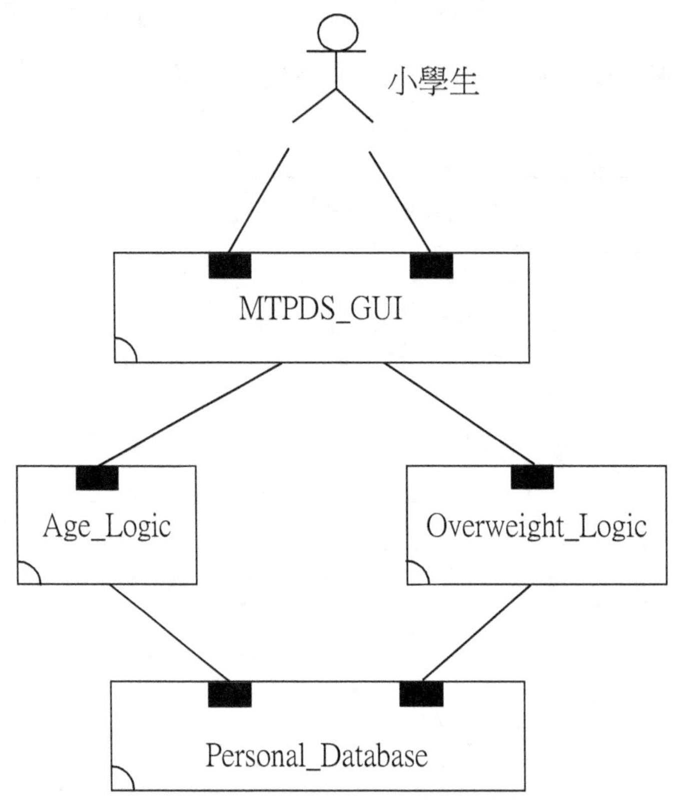

圖 16-12. 多層次個人資料系統的構件連結圖

在圖 16-12 中，外界環境「小學生」和「MTPDS_GUI」構件有連結，「MTPDS_GUI」構件和「Age_Logic」有連結，「MTPDS_GUI」構件和「Overweight_Logic」有連結，「Age_Logic」構件和「Personal_Database」有連結，「Overweight_Logic」構件和「Personal_Database」有連結。

有了構件連結圖以後，「多層次個人資料系統」的樣式會呈現出來，因而「多層次個人資料系統」的結構觀點會變得更清晰。

16-5 結構行為合一圖

在多層次個人資料系統裡，外界環境和它四個構件之間的互動，會產生多層次個人資料系統的系統行為。如圖 16-13 所示，外界環境「小學生」和「MTPDS_GUI」、「Age_Logic」、「Personal_Database」等構件互動產生「AgeCalculation」行為，外界環境「小學生」和「MTPDS_GUI」、「Overweight_Logic」、「Personal_Database」等構件互動產生

「OverweightCalculation」行為。(結構行為合一圖是達到系統架構學的「結構行為合一」第五個金圖。)

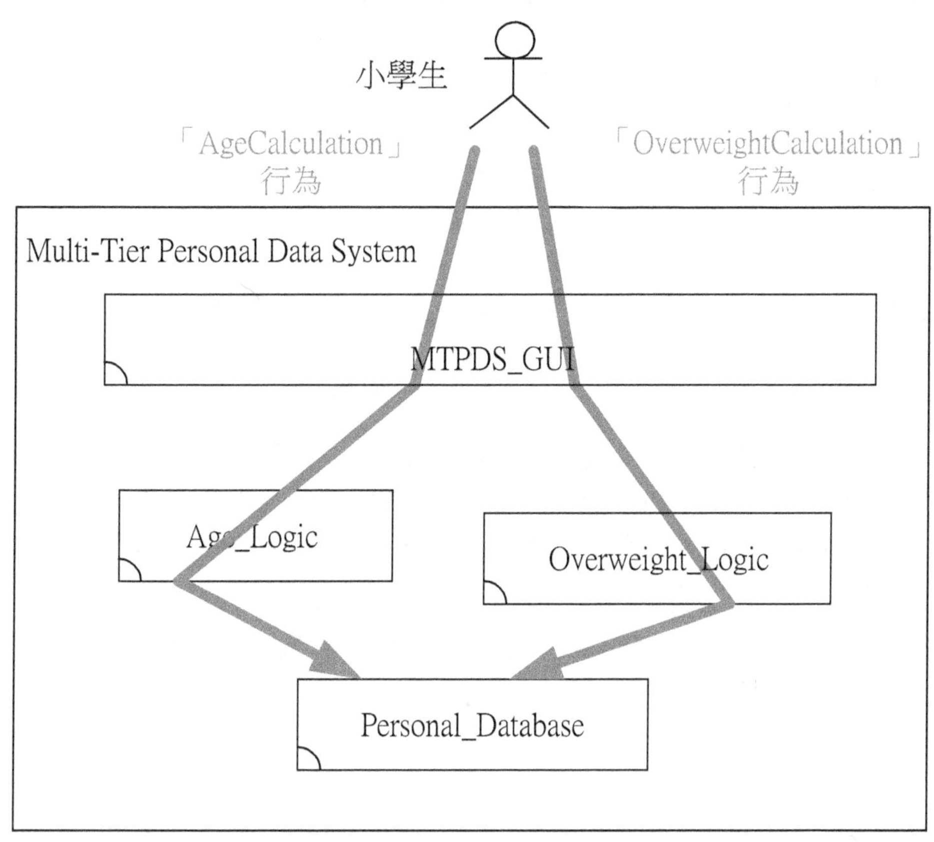

圖 16-13.　多層次個人資料系統的結構行為合一圖

一個系統的行為乃是其個別的行為總合起來。例如，「多層次個人資料系統」的整體系統行為包括「AgeCalculation」和「OverweightCalculation」等二個個別的行為。換句話說，「AgeCalculation」和「OverweightCalculation」等二個個別的行為總合起來就等於「多層次個人資料系統」的整體系統行為。「AgeCalculation」行為和「OverweightCalculation」行為二者彼此之間是相互獨立，沒有任何牽連的。由於它們彼此之間沒有任何瓜葛，因而這二個行為可以同時交錯進行(Concurrently Execute)，互不干擾[Hoar85，Miln89，Miln99]。

採用系統架構學，最主要的目標就是只會有一個整合性全體的系統，而不會有各自分離的系統結構和系統行為。在圖 16-13 中，我們可以看到，「多層次個人資料系統」的系統結構和系統行為都一起存在其整合性全體的系統裡面。換句話說，在「多層次個人資料系統」整合性全體的系統裡，我們不但看到它的系統結構，也同時看到它的系統行為。

16-6 互動流程圖

一個系統的整體行為包括許多個別的行為。每一個個別的行為代表系統一個情境(Scenario)的執行路徑。每個執行路徑可以說就是一個互動流程圖。執行路徑可以說是將系統的內部細節互動串接起來。互動流程圖強調的是這些串接起來的互動之先後次序。(互動流程圖是達成系統架構學的「結構行為合一」第六個金圖。)

「多層次個人資料系統」的互動流程圖共有二個，我們會將它們分別繪製出來。圖 16-14 說明「AgeCalculation」行為的互動流程圖。首先，外界環境「小學生」 和「MTPDS_GUI」構件會發生「Calculate_AgeClick」操作呼叫、並帶著「Social_Security_Number」輸入參數的互動。接著，「MTPDS_GUI」構件和「Age_Logic」構件會發生「Calculate_Age」操作呼叫、並帶著「Social_Security_Number」輸入參數的互動。再來，「Age_Logic」構件和「Personal_Database」構件會發生「Sql_DateOfBirth_Select」操作呼叫、並帶著「Social_Security_Number」輸入參數以及「query_DateOfBirth」輸出參數的互動。繼續，「MTPDS_GUI」構件和「Age_Logic」構件會發生「Calculate_Age」操作傳回、並帶著「Age」輸出參數的互動。最後，外界環境「小學生」和「MTPDS_GUI」構件會發生「Calculate_AgeClick」操作傳回、並帶著「Age」輸出參數的互動。

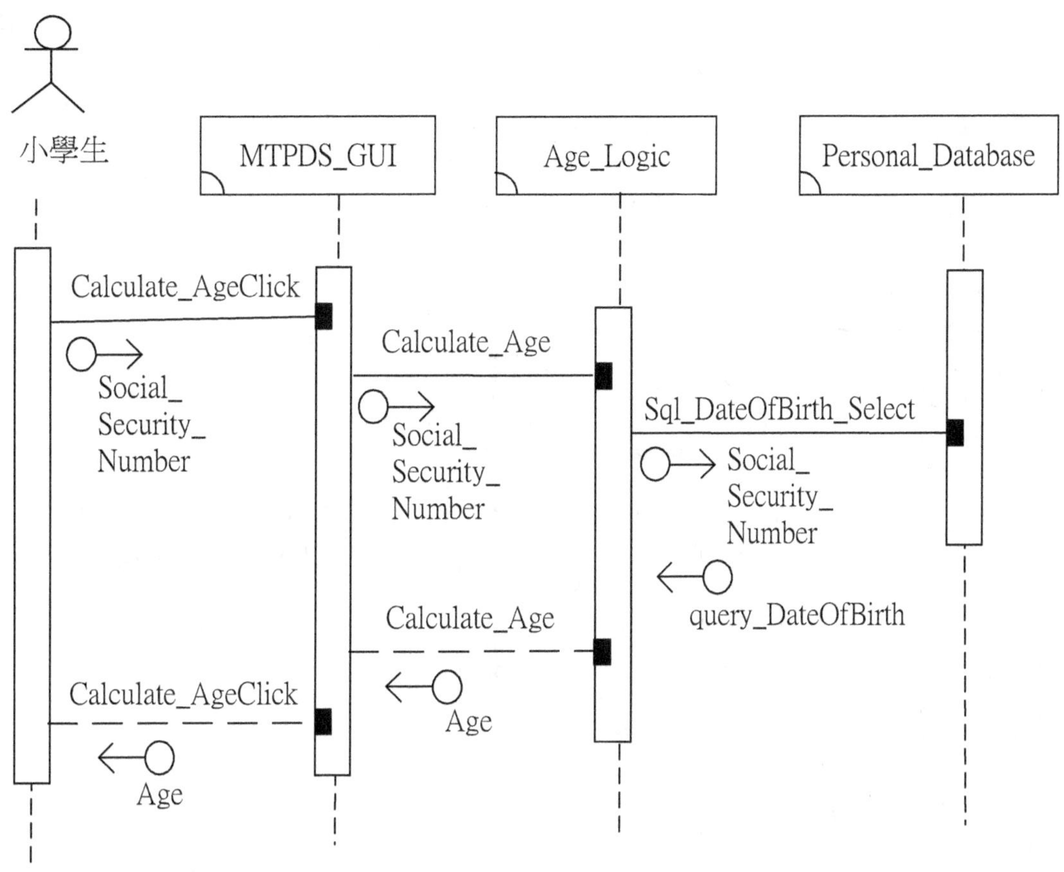

圖 16-14. 「AgeCalculation」行為的互動流程圖

圖 16-15 說明「OverweightCalculation」行為的互動流程圖。首先，外界環境「小學生」和「MTPDS_GUI」構件會發生「Calculate_OverweightClick」操作呼叫、並帶著「Social_Security_Number」輸入參數的互動。接著，「MTPDS_GUI」構件和「Overweight_Logic」構件會發生「Calculate_Overweight」操作呼叫、並帶著「Social_Security_Number」輸入參數的互動。再來，「Overweight_Logic」構件和「Personal_Database」構件會發生「Sql_SexHeightWeight_Select」操作呼叫、並帶著「Social_Security_Number」輸入參數以及「query_SexHeightWeight」輸出參數的互動。繼續，「MTPDS_GUI」構件和「Overweight_Logic」構件會發生「Calculate_Overweight」操作傳回、並帶著「Overweight」輸出參數的互動。最後，外界環境「小學生」和「MTPDS_GUI」構件會發生「Calculate_OverweightClick」操作傳回、並帶著「Overweight」輸出參數的互動。

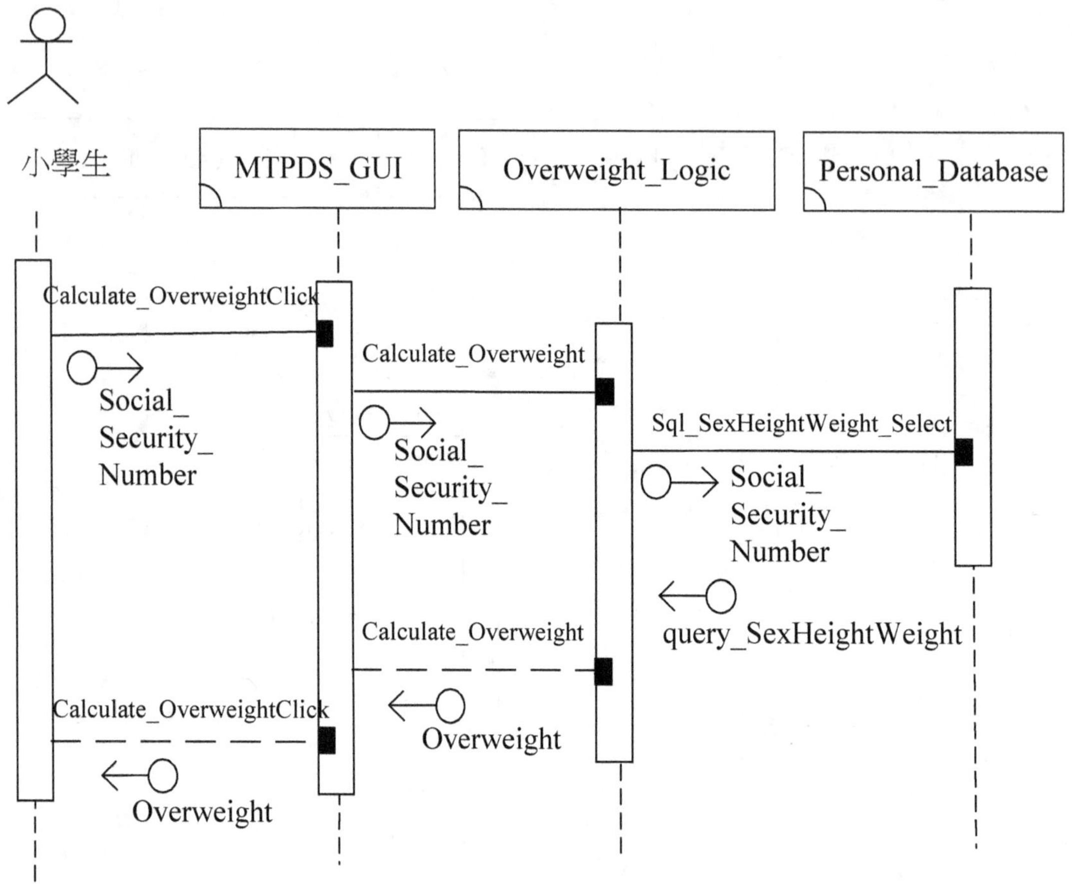

圖 16-15. 「OverweightCalculation」行為的互動流程圖

第 17 章 銷售進貨軟體的系統架構

「銷售進貨軟體」的事項之一是提供一個「SalePurchaseMenuForm」表單畫面讓外界環境「銷售人員」進行「銷售」事項，內含「銷售輸入」行為和「銷售列印」行為，如圖 17-1 所示。

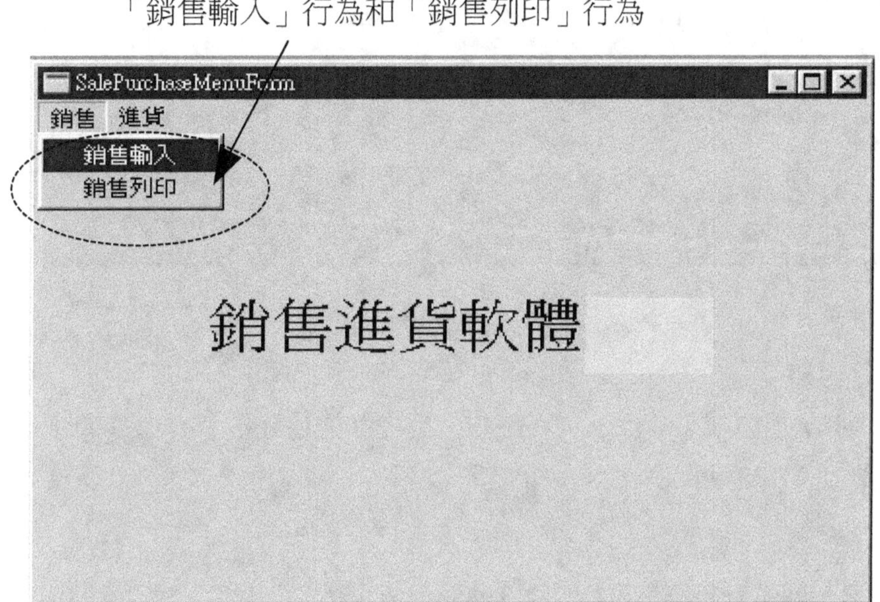

圖 17-1. 「銷售」事項

銷售進貨軟體的事項之二是續用前述的「SalePurchaseMenuForm」表單畫面讓外界環境「進貨人員」進行「進貨」事項，內含「進貨輸入」行為和「進貨列印」行為，如圖 17-2 所示。

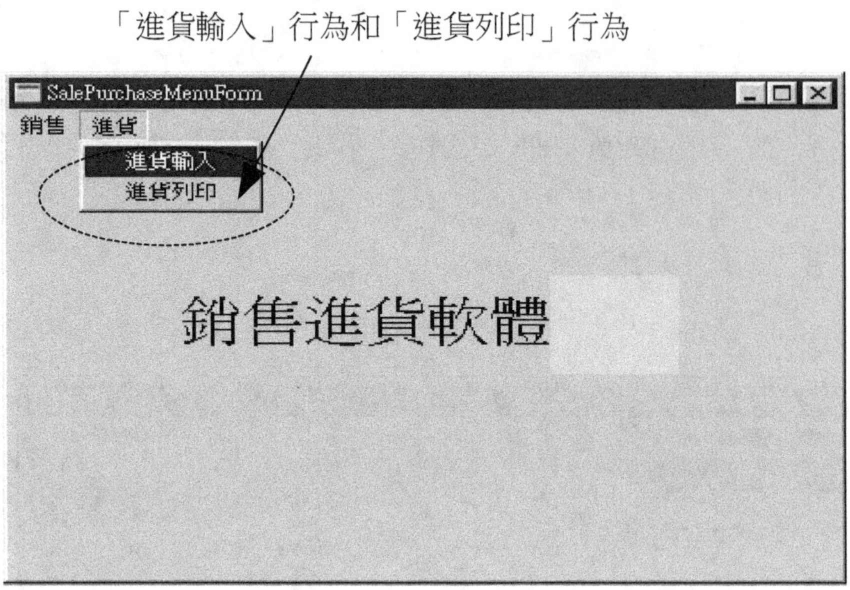

「進貨輸入」行為和「進貨列印」行為

圖 17-2.　「進貨」事項

在「銷售輸入」行為裡，我們利用「SaleInputForm」表單畫面來輸入銷售資料，如圖 17-3 所示。

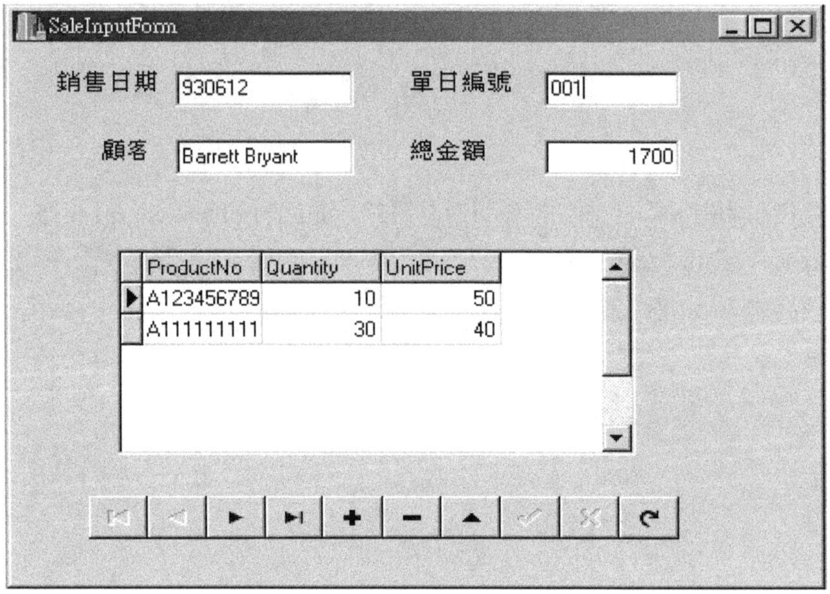

圖 17-3.　輸入銷售資料

在「銷售列印」行為裡，我們利用「SalePrintForm」表單畫面來列印銷售資料，如圖 17-4 所示。

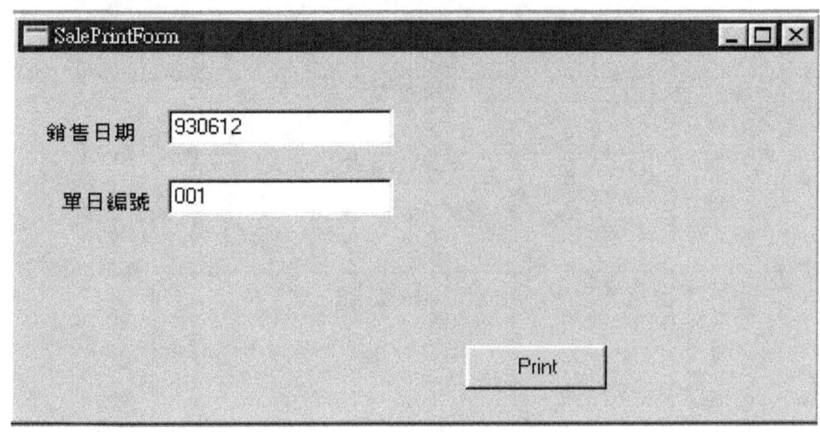

圖 17-4. 列印銷售資料

在圖 17-4 裡，分別輸入銷售日期和單日編號的資料後按下「Print」鈕，我們得到的報表如圖 17-5 所示。

銷售日期 : 930612　　單日編號 : 001

顧客 : Barrett Bryant

ProductNo	Quantity	UnitPrice
A1234567	10	50
A1111111	30	40

總金額 : 1700

圖 17-5. 銷售資料報表

在「進貨輸入」行為裡，我們利用「PurchaseInputForm」表單畫面來輸入進貨資料，如圖 17-6 所示。

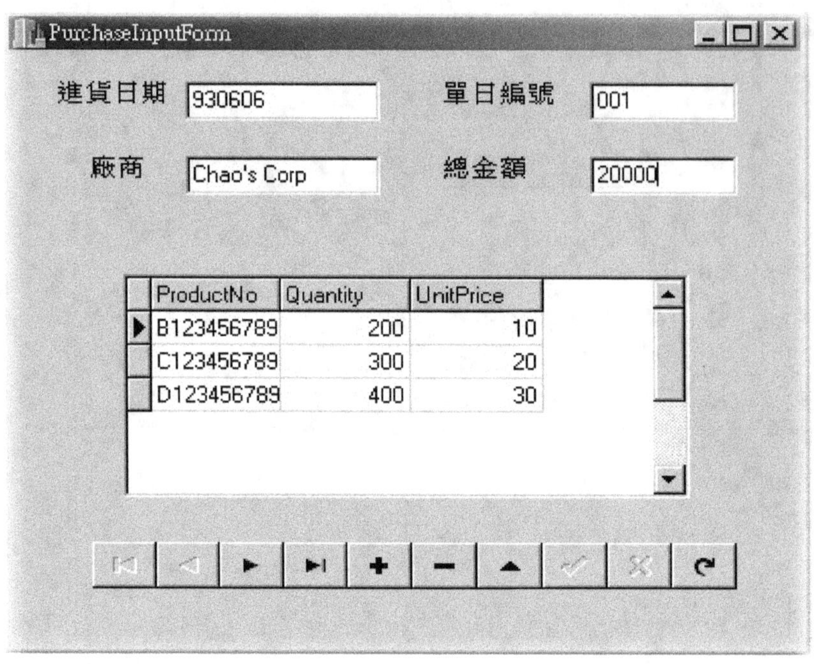

圖 17-6.　輸入進貨資料

在「進貨列印」行為裡，我們利用「PurchasePrintForm」表單畫面來列印進貨資料，如圖 17-7 所示。

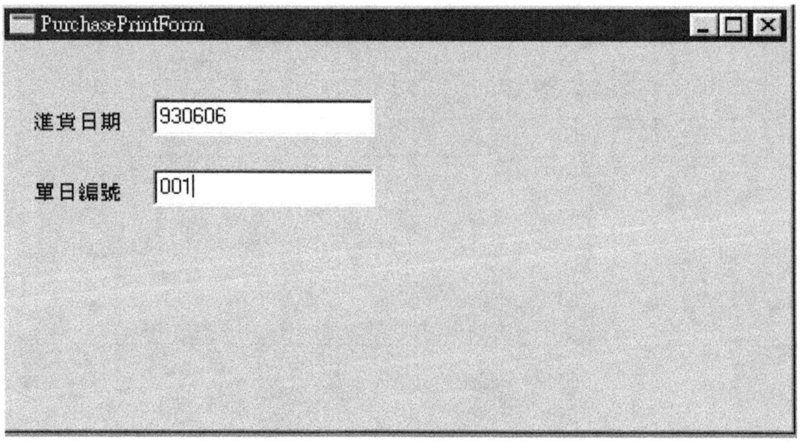

PurchasePrintForm

進貨日期 930606

單日編號 001

圖 17-7.　列印進貨資料

在圖 17-7 裡，分別輸入進貨日期和單日編號的資料後按下「Print」鈕，我們得到的報表如圖 17-8 所示。

進貨日期 : 930606　　單日編號 : 001

廠商 : Chao's Corp

ProductNo	Quantity	UnitPrice
B123456789	200	10
C123456789	300	20
D123456789	400	30

合計 : 20000

圖 17-8.　進貨資料報表

在本章「銷售進貨軟體」的範例裡，我們將依序使用 SBC 架構描述語言(SBC Architecture Description Language)的六大金圖：(A)架構階層圖、(B)框架圖、(C)構件操作圖、(D)構件連結圖、(E)結構行為合一圖、(F)互動流程圖，來完成此「銷售進貨軟體」的系統架構。

17-1 架構階層圖

首先，我們使用多階層(Multi-Level)分解和組合方式將「銷售進貨軟體」的架構階層圖(Architecture Hierarchy Diagram，簡稱為 AHD)繪製出來，如圖 17-9 所示。(架構階層圖是達到系統架構學的「結構行為合一」第一個金圖。)

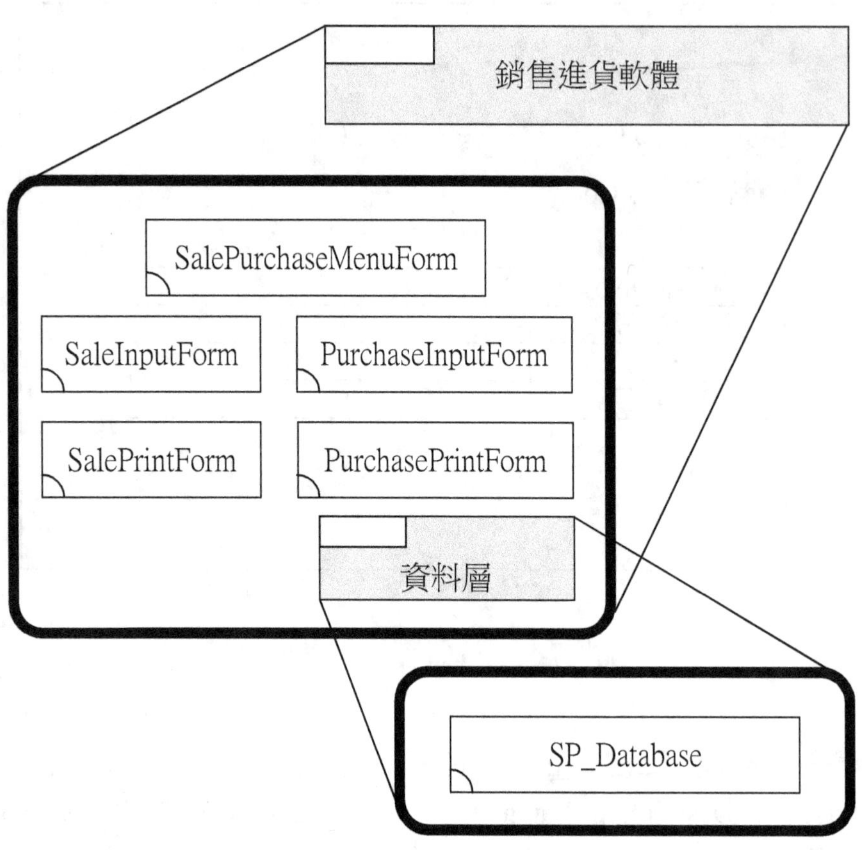

圖 17-9. 「銷售進貨軟體」的架構階層圖

在圖 17-9 裡，首先「銷售進貨軟體」分解出「SalePurchaseMenuForm」、「SaleInputForm」、「SalePrintForm」、「PurchaseInputForm」、「PurchasePrintForm」和「資料層」，然後「資料層」分解出「SP_Database」；反之，「SP_Database」先組成「資料層」，然後「SalePurchaseMenuForm」、「SaleInputForm」、「SalePrintForm」、「PurchaseInputForm」、「PurchasePrintForm」和「資料層」組成「銷售進貨軟體」。其中，銷售進貨軟體」和「資料層」為聚合系統(Aggregated System)，「SalePurchaseMenuForm」、「SaleInputForm」、「SalePrintForm」、「PurchaseInputForm」、「PurchasePrintForm」和「SP_Database」為非聚合系統(Non-Aggregated System)。

17-2 框架圖

我們使用框架圖來多層級(Multi-Layer)或者多層次(Multi-Tier)分解和組合一個系統。圖 17-10 顯示在「銷售進貨軟體」的框架圖裡，

「Presentation_Layer」層包含「SalePurchaseMenuForm」、「SaleInputForm」、「SalePrintForm」、「PurchaseInputForm」、「PurchasePrintForm」等四個構件，「Data_Layer」層包含「SP_Database」一個構件。 (框架圖是達到系統架構學的「結構行為合一」第二個金圖。)

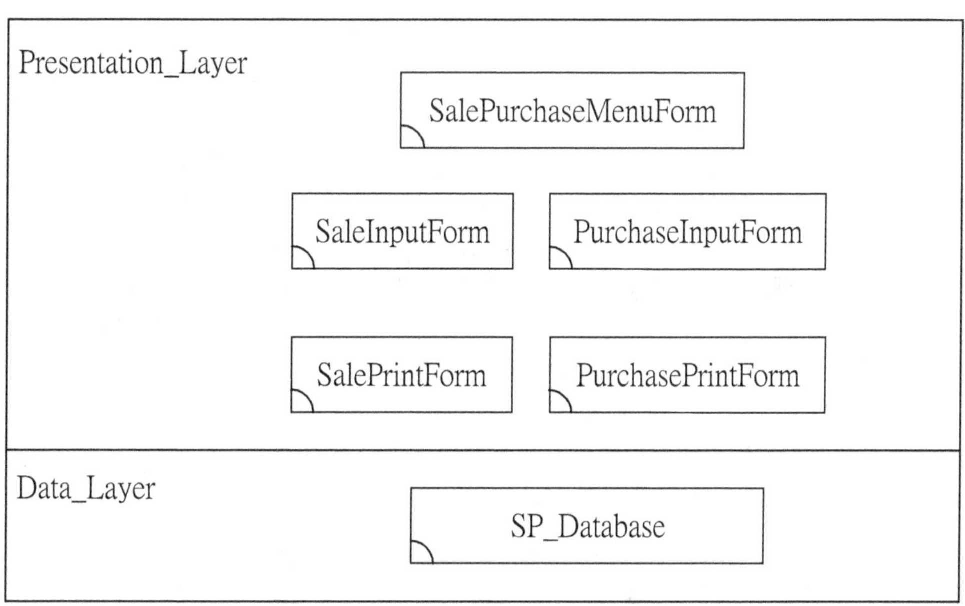

圖 17-10. 「銷售進貨軟體」的框架圖

17-3 構件操作圖

另外，我們也會建置出「銷售進貨軟體」所有構件的操作。圖 17-11 用構件操作圖來顯示「銷售進貨軟體」六個構件的操作。其中，「SalePurchaseMenuForm」構件有「SaleInputClick」、「SalePrintClick」、「PurchaseInputClick」、「PurchasePrintClick」四個操作，「SaleInputForm」構件有「ShowModal」、「SaleDataInput」二個操作，「SalePrintForm」構件有「ShowModal」、「SalePrintButtonClick」二個操作，「PurchaseInputForm」構件有「ShowModal」、「PurchaseDataInput」二個操作，「PurchasePrintForm」構件有「ShowModal」、「PurchasePrintButtonClick」二個操作，「SP_Database」構件有「Sql_s_insert」、「Sql_s_select」、「Sql_p_insert」、「Sql_p_select」四個操作。(構件操作圖是達到系統架構學的「結構行為合一」第三個金圖。)

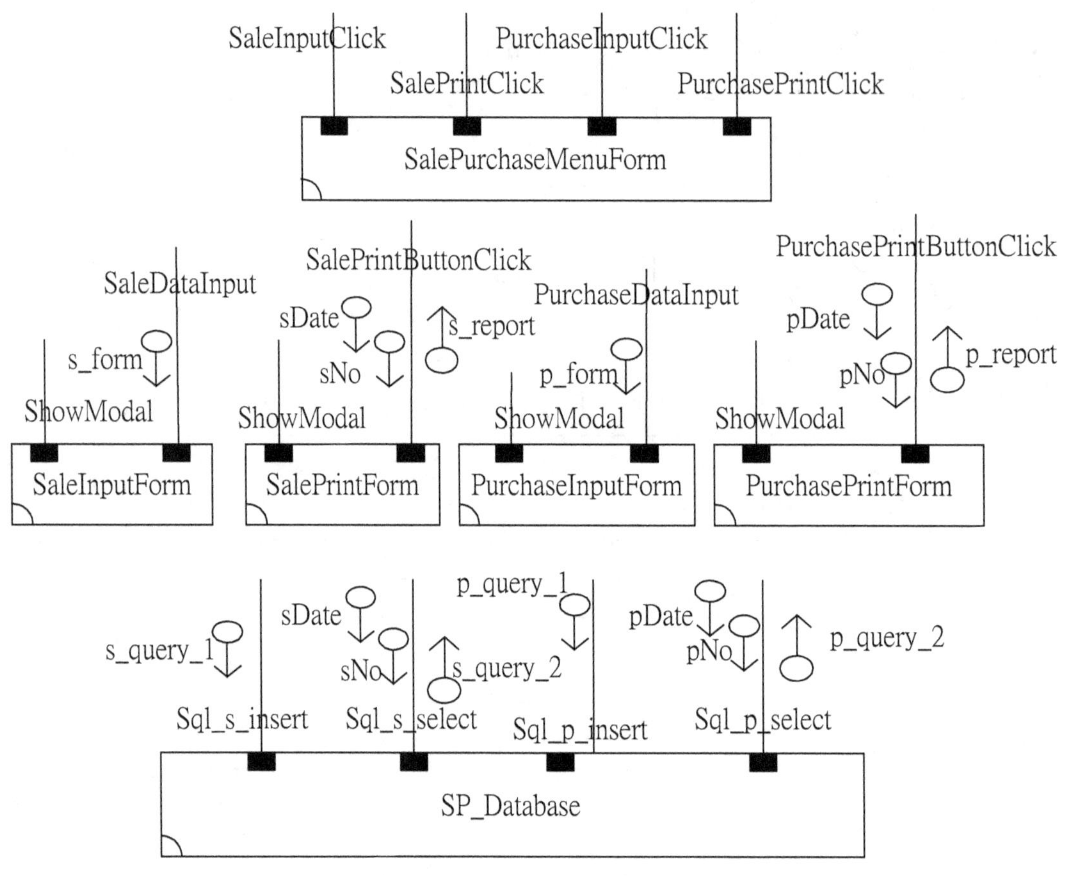

圖 17-11. 「銷售進貨軟體」的構件操作圖

「SaleDataInput」的操作式子為 SaleDataInput(In s_form)，「SalePrintButtonClick」的操作式子為 SalePrintButtonClick(In sDate, sNo; Out s_report)，「PurchaseDataInput」的操作式子為 PurchaseDataInput(In p_form)，「PurchasePrintButtonClick」的操作式子為 PurchasePrintButtonClick(In pDate, pNo; Out p_report)，「Sql_s_insert」的操作式子為 Sql_s_insert(In s_query_1)，「Sql_s_select」的操作式子為 Sql_s_select(In sDate, sNo; Out s_query_2)，「Sql_p_insert」的操作式子為 Sql_p_insert(In p_query_1)，「Sql_p_select」的操作式子為 Sql_p_select(In pDate, pNo; Out p_query_2)。

圖 17-12 顯示參數「sDate」、「sNo」、「pDate」、「pNo」等等的基本資料型態(Primitive Data Type)的規格。

參數	資料型態	範例
sDate	Text	20080517, 20100612, 20121112
sNo	Text	001, 002, 003
pDate	Text	20070317, 20110412, 20121206
pNo	Text	004, 005, 006

圖 17-12. 基本資料型態的規格

圖 17-13 顯示在操作式子 SaleDataInput(In s_form)裡的輸入參數「s_form」的複合資料型態(Composite Data Type)的規格。

<table>
<tr><td>參數</td><td>s_form</td></tr>
<tr><td>資料型態</td><td>TABLE of
  Sale Date : Text
  Customer : Text
  ProductNo : Text
  Quantity : Integer
  UnitPrice : Real
  Total : Real
End TABLE ;</td></tr>
<tr><td>範例</td><td>Sale Input Form

銷售日期: 2010/05/17

顧客 : __Barrett Bryant__

ProductNo Quantity Unit Price

____A12345___________400___________100.00____
____A00001___________300___________200.00____

總金額: 100,000.00</td></tr>
</table>

圖 17-13. 「s_form」複合資料型態的規格

圖 17-14 顯示在操作式子 SalePrintButtonClick(In sDate, sNo; Out s_report)裡的輸出參數「s_report」的複合資料型態(Composite Data Type)的規格。

<table>
<tr><td>參數</td><td>s_report</td></tr>
<tr><td>資料型態</td><td>TABLE of
Sale Date : Text
Sale No : Text
Customer : Text
ProductNo : Text
Quantity : Integer
UnitPrice : Real
Total : Real
End TABLE ;</td></tr>
<tr><td>範例</td><td>銷售日期 : 20100517 單日編號 : 001
顧客 : Barrett Bryant
<table><tr><td>ProductNo</td><td>Quantity</td><td>UnitPrice</td></tr><tr><td>A12345</td><td>400</td><td>100.00</td></tr><tr><td>A00001</td><td>300</td><td>200.00</td></tr></table>總金額: 100,000.00</td></tr>
</table>

圖 17-14. 「s_report」複合資料型態的規格

圖 17-15 顯示在操作式子 PurchaseDataInput(In p_form)裡的輸入參數「p_form」的複合資料型態(Composite Data Type)的規格。

<table>
<tr><td>參數</td><td>p_form</td></tr>
<tr><td>資料型態</td><td>TABLE of
  Purchase Date : Text
  Supplier : Text
  ProductNo : Text
  Quantity : Integer
  UnitPrice : Real
  Total : Real
End TABLE ;</td></tr>
<tr><td>範例</td><td>Purchase Input Form

進貨日期 :__2010/06/12
廠商: _Chao's Corp._

ProductNo Quantity Unit Price
__A00001__________1000____________120.00____
__A00002__________2000____________220.00____
__A00003__________3000____________320.00____
__A00004__________4000____________420.00____

總金額 : 1,080,000.00</td></tr>
</table>

圖 17-15. 「p_form」複合資料型態的規格

圖 17-16 顯示在操作式子 PurchasePrintButtonClick(In pDate, pNo; Out p_report)裡的輸出參數「p_report」的複合資料型態(Composite Data Type)的規格。

<table>
<tr><td>參數</td><td>p_report</td></tr>
<tr><td>資料型態</td><td>TABLE of
Purchase Date : Text
Purchase No : Text
Supplier : Text
ProductNo : Text
Quantity : Integer
UnitPrice : Real
Total : Real End TABLE ;</td></tr>
<tr><td>範例</td><td>進貨日期 : 20100612 單日編號 : 001
廠商 : Chao's Corp
<table><tr><th>ProductNo</th><th>Quantity</th><th>UnitPrice</th></tr><tr><td>A00001</td><td>1000</td><td>120.00</td></tr><tr><td>A00002</td><td>1000</td><td>220.00</td></tr><tr><td>A00003</td><td>1000</td><td>320.00</td></tr><tr><td>A00004</td><td>1000</td><td>420.00</td></tr></table>總金額 : 1,080,000.00</td></tr>
</table>

圖 17-16. 「p_report」複合資料型態的規格

圖 17-17 顯示在操作式子 Sql_s_insert(In s_query_1)裡的輸入參數「s_query_1」的複合資料型態(Composite Data Type)的規格。

參數	s_query_1
資料型態	TABLE of Sale Date : Text Sale No : Text Customer : Text ProductNo : Text Quantity : Integer UnitPrice : Real Total : Real End TABLE ;
範例	(see example tables below)

銷售日期	單日編號	顧客	總金額
20090112	001	Barrett Bryant	100,000.00

ProductNo	Quantity	UnitPrice
A12345	400	100.00
A00001	300	200.00

圖 17-17. 「s_query_1」複合資料型態的規格

圖 17-18 顯示在操作式子 Sql_s_select(Out s_query_2)裡的輸出參數「s_query_2」的複合資料型態(Composite Data Type)的規格。

<table>
<tr><td>參數</td><td>s_query_2</td></tr>
<tr><td>資料型態</td><td>TABLE of
Sale Date : Text
Sale No : Text
Customer : Text
ProductNo : Text
Quantity : Integer
UnitPrice : Real
Total : Real
End TABLE ;</td></tr>
<tr><td>範例</td><td>
<table>
<tr><td>銷售日期</td><td>單日編號</td><td>顧客</td><td>總金額</td></tr>
<tr><td>20090112</td><td>001</td><td>Barrett Bryant</td><td>100,000.00</td></tr>
</table>
<table>
<tr><td>ProductNo</td><td>Quantity</td><td>UnitPrice</td></tr>
<tr><td>A12345</td><td>400</td><td>100.00</td></tr>
<tr><td>A00001</td><td>300</td><td>200.00</td></tr>
</table>
</td></tr>
</table>

圖 17-18. 「s_query_2」複合資料型態的規格

圖 17-19 顯示在操作式子 Sql_p_insert(In p_query_1)裡的輸入參數「p_query_1」的複合資料型態(Composite Data Type)的規格。

<table>
<tr><td>參數</td><td>p_query_1</td></tr>
<tr><td>資料型態</td><td>TABLE of
Purchase Date : Text
Purchase No : Text
Supplier : Text
ProductNo : Text
Quantity : Integer
UnitPrice : Real
Total : Real
End TABLE ;</td></tr>
<tr><td>範例</td><td>
<table>
<tr><td>進貨日期</td><td>單日編號</td><td>廠商</td><td>總金額</td></tr>
<tr><td>20090230</td><td>001</td><td>Chao's Corp</td><td>1,080,000.00</td></tr>
</table>
<table>
<tr><td>ProductNo</td><td>Quantity</td><td>UnitPrice</td></tr>
<tr><td>A00001</td><td>1000</td><td>120.00</td></tr>
<tr><td>A00002</td><td>1000</td><td>220.00</td></tr>
<tr><td>A00003</td><td>1000</td><td>320.00</td></tr>
<tr><td>A00004</td><td>1000</td><td>420.00</td></tr>
</table>
</td></tr>
</table>

圖 17-19.　「p_query_1」複合資料型態的規格

圖 17-20 顯示在操作式子 Sql_p_select(In　　p_query_2))裡的輸出參數「p_query_2」的複合資料型態(Composite Data Type)的規格。

<table>
<tr><td>參數</td><td>p_query_2</td></tr>
<tr><td>資料型態</td><td>TABLE of
Purchase Date : Text
Purchase No : Text
Supplier : Text
ProductNo : Text
Quantity : Integer
UnitPrice : Real
Total : Real
End TABLE ;</td></tr>
<tr><td>範例</td><td>
<table>
<tr><td>進貨日期</td><td>單日編號</td><td>廠商</td><td>總金額</td></tr>
<tr><td>20090230</td><td>001</td><td>Chao's Corp</td><td>1,080,000.00</td></tr>
</table>
<table>
<tr><td>ProductNo</td><td>Quantity</td><td>UnitPrice</td></tr>
<tr><td>A00001</td><td>1000</td><td>120.00</td></tr>
<tr><td>A00002</td><td>1000</td><td>220.00</td></tr>
<tr><td>A00003</td><td>1000</td><td>320.00</td></tr>
<tr><td>A00004</td><td>1000</td><td>420.00</td></tr>
</table>
</td></tr>
</table>

圖 17-20. 「p_query_2」複合資料型態的規格

17-4 構件連結圖

完成「銷售進貨軟體」的構件與操作後，我們可以開始繪製「銷售進貨軟體」構件的連結。「銷售進貨軟體」除了「SalePurchaseMenuForm」、「SaleInputForm」、「SalePrintForm」、「PurchaseInputForm」、「PurchasePrintForm」和「SP_Database」等構件外，尚有二個名稱分別為「銷售人員」、「進貨人員」的外界環境。

圖 17-21 使用構件連結圖來顯示在「銷售進貨軟體」 裡，外界環境「銷售人員」、「進貨人員」和「SalePurchaseMenuForm」、「SaleInputForm」、「SalePrintForm」、「PurchaseInputForm」、「PurchasePrintForm」、「SP_Database」等構件之間的連結。(構件連結圖是達到系統架構學的「結構行為合一」第四個金圖。)

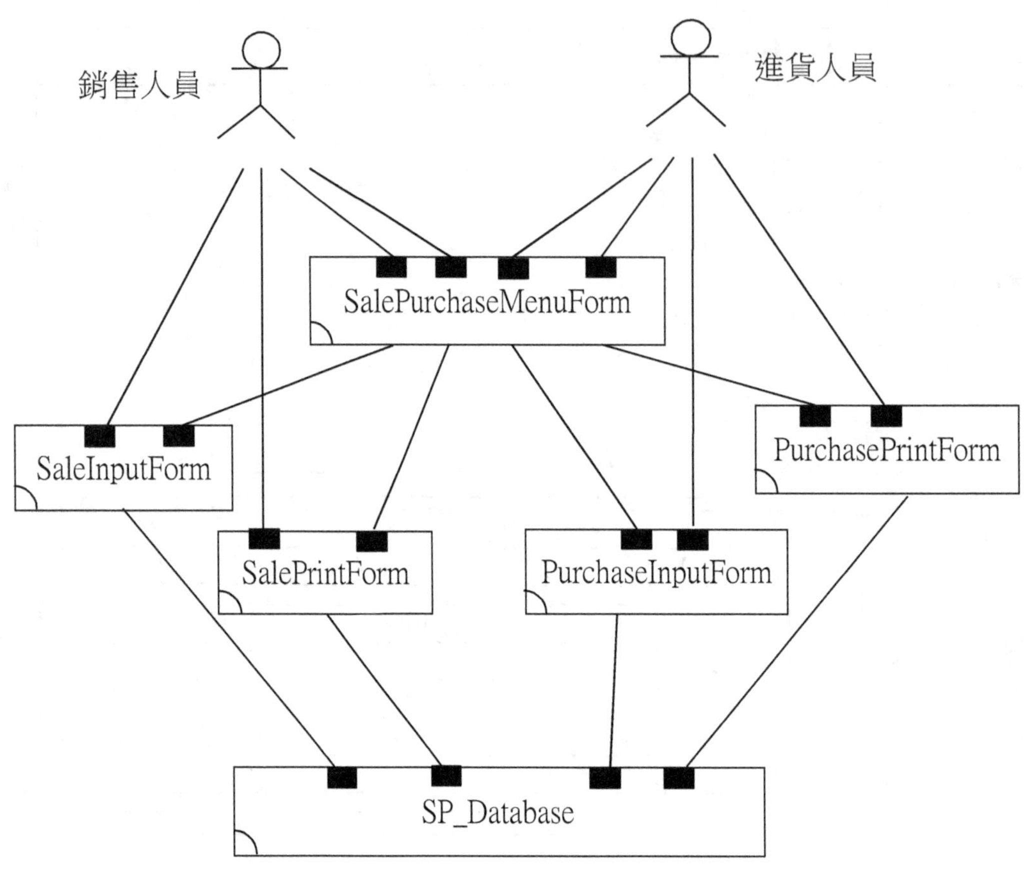

圖 17-21.　「銷售進貨軟體」的構件連結圖

在圖 17-21 中，外界環境「銷售人員」和「SalePurchaseMenuForm」、「SaleInputForm」、「SalePrintForm」等構件都有連結，外界環境「進貨人員」和「SalePurchaseMenuForm」、「PurchaseInputForm」、「PurchasePrintForm」等構件都有連結，「SalePurchaseMenuForm」構件和「SaleInputForm」、「SalePrintForm」、「PurchaseInputForm」、「PurchasePrintForm」等構件都有連結，「SaleInputForm」、「SalePrintForm」、「PurchaseInputForm」、「PurchasePrintForm」等構件和「SP_Database」構件都有連結。

有了構件連結圖以後，「銷售進貨軟體」的樣式會呈現出來，因而「銷售進貨軟體」的結構觀點會變得更清晰。

17-5 結構行為合一圖

在「銷售進貨軟體」裡，外界環境和它六個構件之間的互動，會產生「銷售進貨軟體」的系統行為。如圖 17-22 所示，外界環境「銷售人員」和「SalePurchaseMenuForm」、「SaleInputForm」、「SP_Database」等構件互動產生「銷售輸入」行為，外界環境「銷售人員」和「SalePurchaseMenuForm」、「SalePrintForm」、「SP_Database」等構件互動產生「銷售列印」行為，外界環境「進貨人員」和「SalePurchaseMenuForm」、「PurchaseInputForm」、「SP_Database」等構件互動產生「進貨輸入」行為，外界環境「進貨人員」和「SalePurchaseMenuForm」、「PurchasePrintForm」、「SP_Database」等構件互動產生「進貨列印」行為。 (結構行為合一圖是達到系統架構學的「結構行為合一」第五個金圖。)

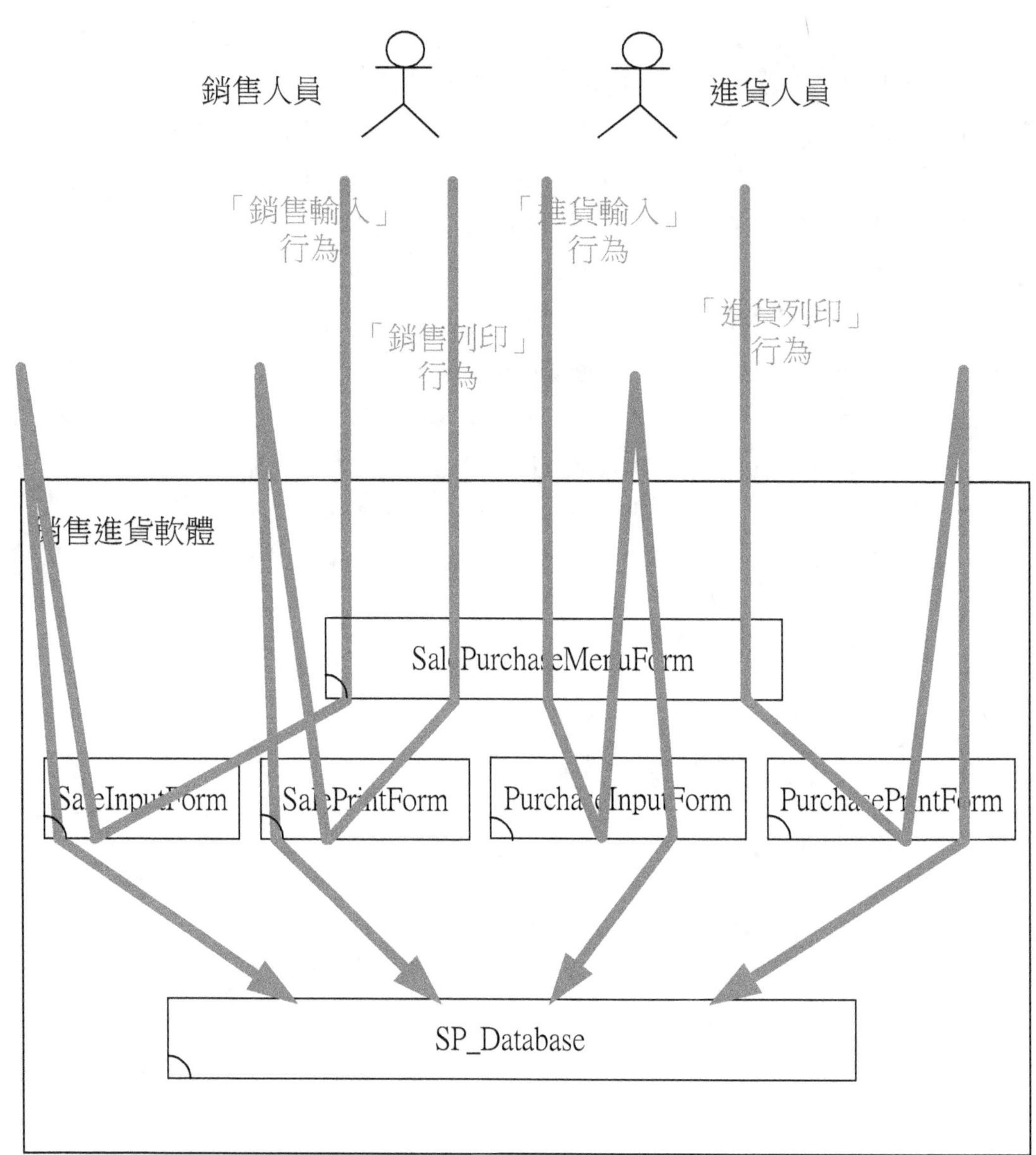

圖 17-22. 「銷售進貨軟體」的結構行為合一圖

一個系統的行為乃是其個別的行為總合起來。例如，「銷售進貨軟體」系統的整體系統行為包括「銷售輸入」、「銷售列印」、「進貨輸入」、「進貨列印」等四個個別的行為。換句話說，「銷售輸入」、「銷售列印」、「進貨輸入」、「進貨列印」等四個個別的行為總合起來就等於「銷售進貨軟體」系統的整體系統行為。「銷售輸入」行為、「銷售列印」行為、「進貨輸入」行為、「進貨列印」行為四者彼此之間是相互獨立，沒有任何牽連的。由於它們彼此之間沒有任何瓜葛，因而這四個行為可以同時交錯進行(Concurrently Execute)，互不干擾[Hoar85，Miln89，Miln99]。

採用系統架構學，最主要的目標就是只會有一個整合性全體的系統，而不會有各自分離的系統結構和系統行為。在圖 17-22 中，我們可以看到，「銷售進貨軟體」的系統結構和系統行為都一起存在其整合性全體的系統裡面。換句話說，在「銷售進貨軟體」整合性全體的系統裡，我們不但看到它的系統結構，也同時看到它的系統行為。

17-6 互動流程圖

一個系統的整體行為包括許多個別的行為。每一個個別的行為代表系統一個情境(Scenario)的執行路徑。每個執行路徑可以說就是一個互動流程圖。執行路徑可以說是將系統的內部細節互動串接起來。互動流程圖強調的是這些串接起來的互動之先後次序。(互動流程圖是達成系統架構學的「結構行為合一」第六個金圖。)

「銷售進貨軟體」的互動流程圖共有四個，我們會將它們分別繪製出來。圖 17-23 說明「銷售輸入」行為的互動流程圖。首先，外界環境「銷售人員」和「SalePurchaseMenuForm」構件發生「SaleInputClick」操作呼叫的互動。接著，「SalePurchaseMenuForm」構件和「SaleInputForm」構件發生「ShowModal」操作呼叫的互動。再來，外界環境「銷售人員」和「SaleInputForm」構件發生「SaleDataInput」操作呼叫、並帶著「s_form」輸入參數的互動。最後，「SaleInputForm」構件和「SP_Database」構件會發生「Sql_s_insert」操作呼叫、並帶著「s_query_1」輸入參數的互動。

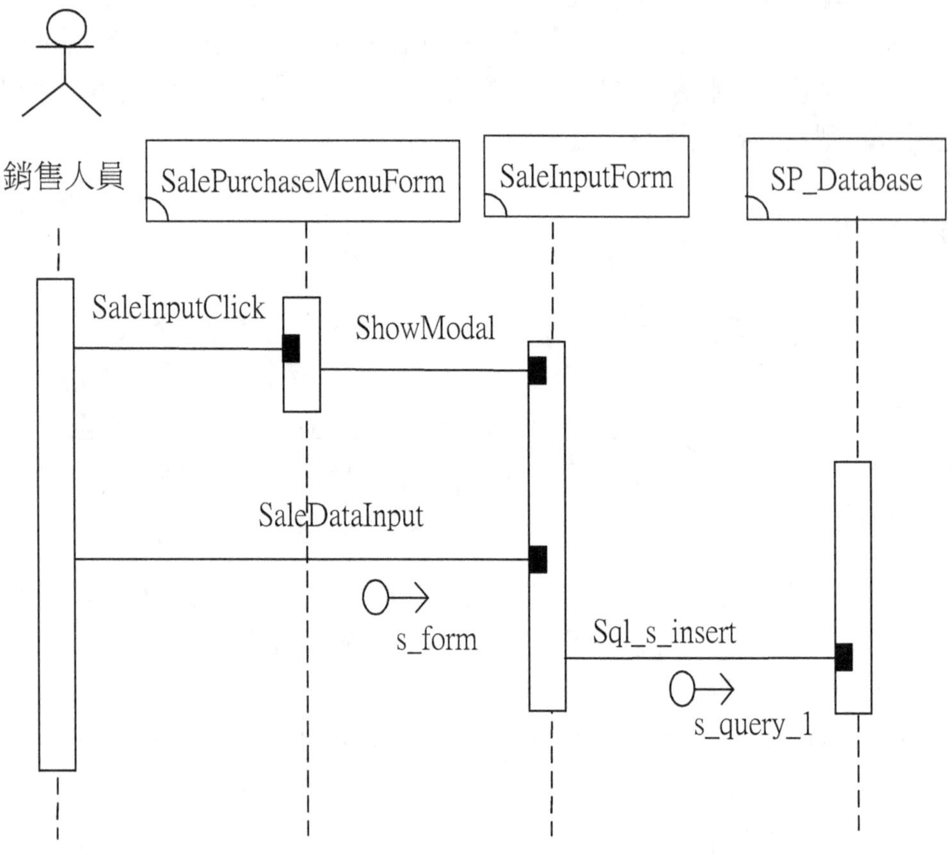

圖 17-23. 「銷售輸入」行為的互動流程圖

圖 17-24 說明「銷售列印」行為的互動流程圖。首先，外界環境「銷售人員」和「SalePurchaseMenuForm」構件發生「SalePrintClick」操作呼叫的互動。接著，「SalePurchaseMenuForm」構件和「SalePrintForm」構件發生「ShowModal」操作呼叫。繼續，外界環境「銷售人員」和「SalePrintForm」構件發生「SalePrintButtonClick」操作呼叫、並帶著「sDate」和「sNo」輸入參數的互動。再來，「SalePrintForm」構件和「SP_Database」構件會發生「Sql_s_select」操作呼叫、並帶著「sDate」和「sNo」輸入參數以及「s_query_2」輸出參數的互動。最後，外界環境「銷售人員」和「SalePrintForm」構件發生「SalePrintButtonClick」操作傳回、並帶著「s_report」輸出參數的互動的互動。

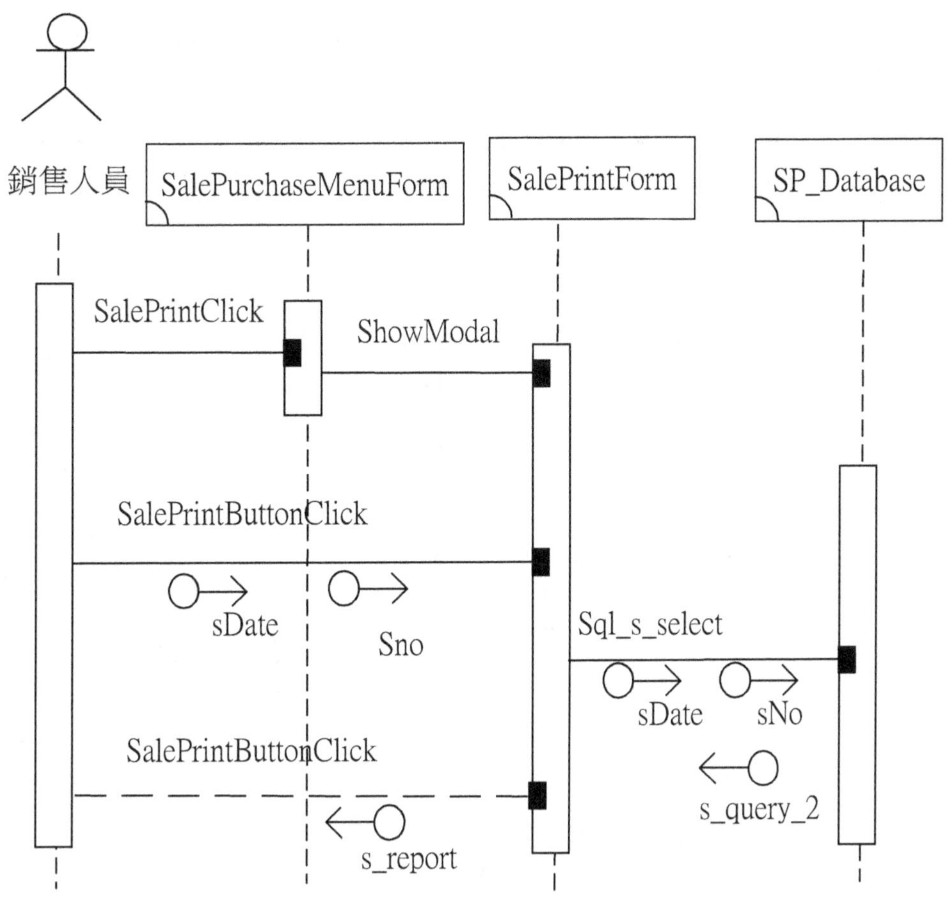

圖 17-24.　「銷售列印」行為的互動流程圖

圖 17-25 說明「進貨輸入」行為的互動流程圖。首先，外界環境「進貨人員」和「SalePurchaseMenuForm」構件發生「SaleInputClick」操作呼叫的互動。接著，「SalePurchaseMenuForm」構件和「PurchaseInputForm」構件發生「ShowModal」操作呼叫的互動。再來，外界環境「進貨人員」和「PurchaseInputForm」構件發生「PurchaseDataInput」操作呼叫、並帶著「p_form」輸入參數的互動。最後，「PurchaseInputForm」構件和「SP_Database」構件會發生「Sql_p_insert」操作呼叫、並帶著「p_query_1」輸入參數的互動。

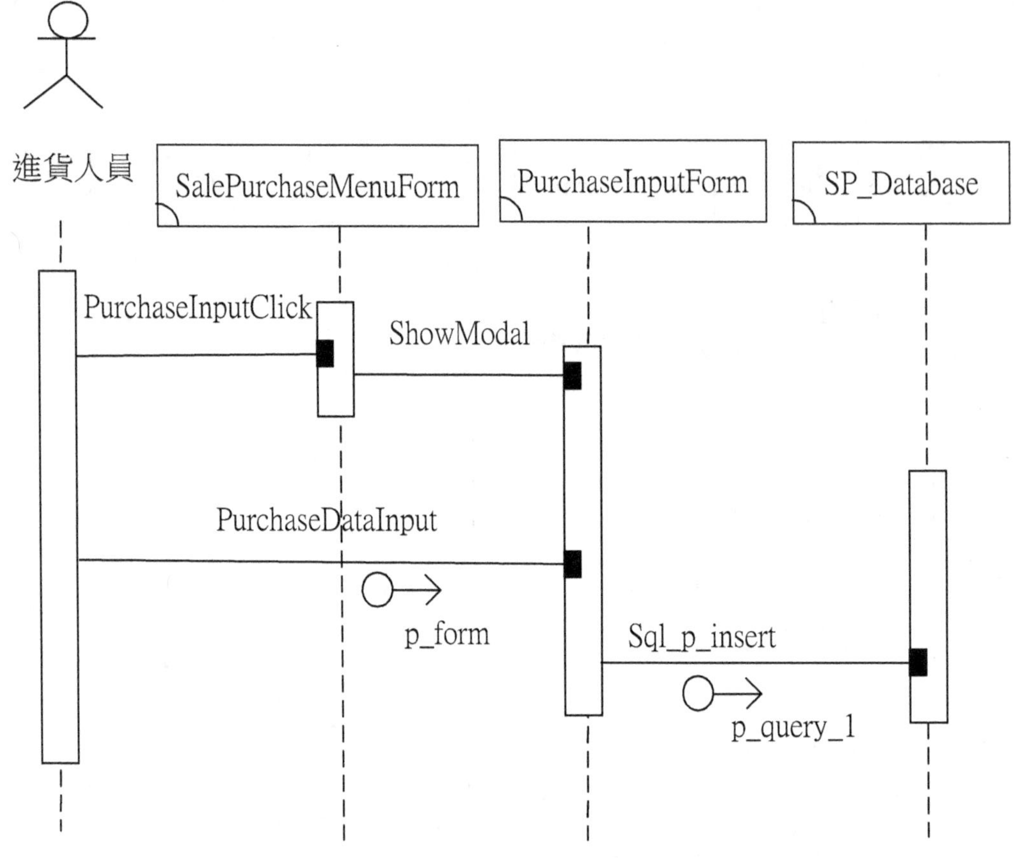

圖 17-25. 「進貨輸入」行為的互動流程圖

圖 17-26 說明「進貨列印」行為的互動流程圖。首先，外界環境「進貨人員」和「SalePurchaseMenuForm」構件發生「PurchasePrintClick」操作呼叫的互動。接著，「SalePurchaseMenuForm」構件和「PurchasePrintForm」構件發生「ShowModal」操作呼叫的互動。繼續，外界環境「進貨人員」和「PurchasePrintForm」構件發生「PurchasePrintButtonClick」操作呼叫、並帶著「pDate」和「pNo」輸入參數的互動。再來，「PurchasePrintForm」構件和「SP_Database」構件會發生「Sql_p_select」操作呼叫、並帶著「pDate」和「pNo」輸入參數以及「p_query_2」輸出參數的互動。最後，外界環境「進貨人員」和「PurchasePrintForm」構件發生「PurchasePrintButtonClick」操作傳回、並帶著「p_report」輸出參數的互動的互動。

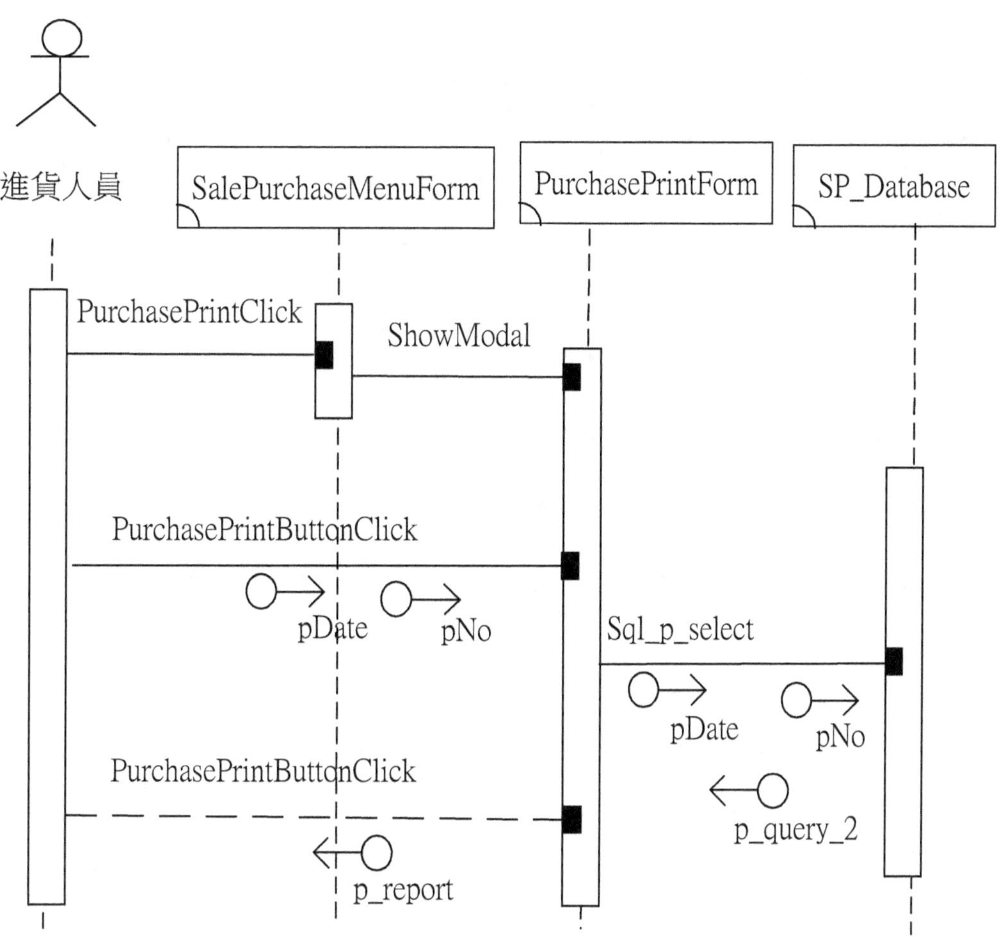

圖 17-26. 「進貨列印」行為的互動流程圖

第 18 章 接龍遊戲的系統架構

「接龍遊戲」在微軟公司視窗作業系統 Window3.0 問世時，就是人人熟習的一個遊戲系統。「接龍遊戲」的作用之一是提供一個「接龍表單」畫面讓外界環境「接龍玩家」進行「牌局」行為集合，內含「發牌」行為、「復原」行為、「紙牌花色」行為、「選項」行為、「結束」行為，如圖 18-1 所示。

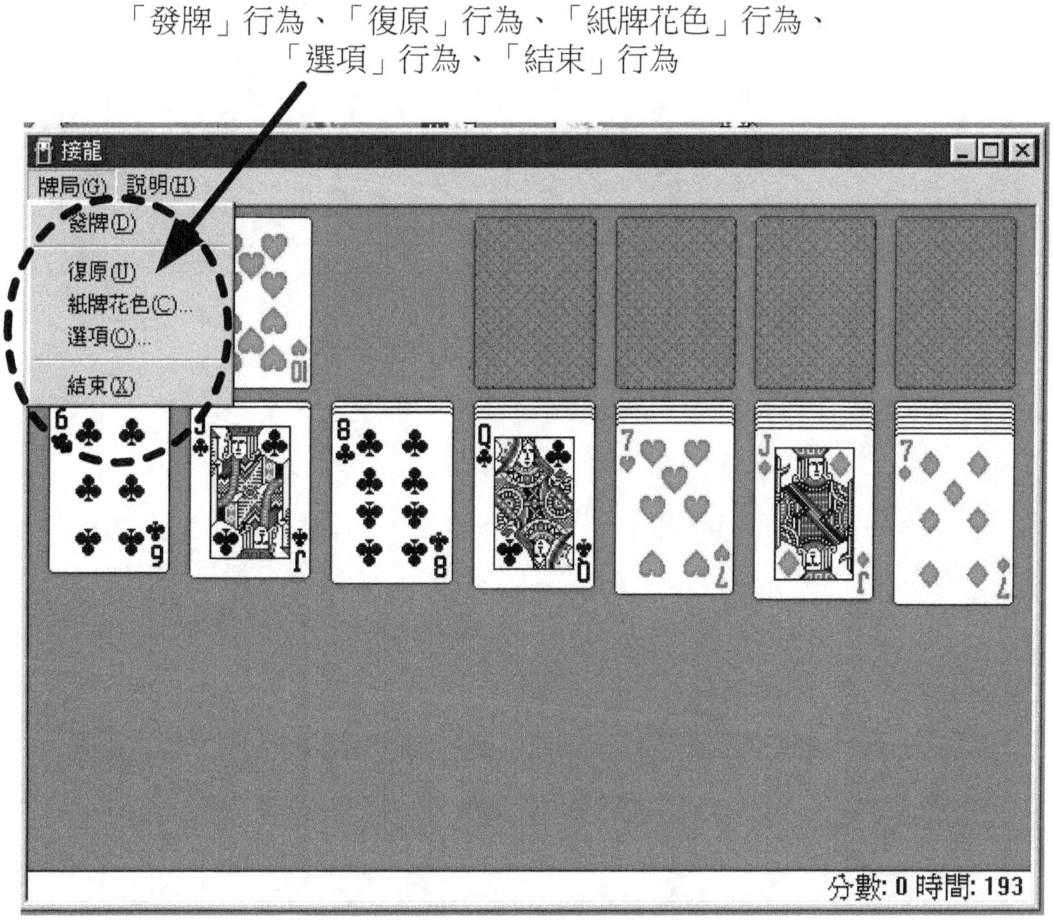

「發牌」行為、「復原」行為、「紙牌花色」行為、
「選項」行為、「結束」行為

接龍
牌局(G) 說明(H)
發牌(D)
復原(U)
紙牌花色(C)...
選項(O)...
結束(X)
分數: 0 時間: 193

圖 18-1. 「牌局」行為集合

「接龍遊戲」的作用之二是續用前述的「接龍表單」畫面讓外界環境「接龍玩家」進行「說明」行為集合，內含「說明主題」行為、「關於接龍」行為，如圖 18-2 所示。

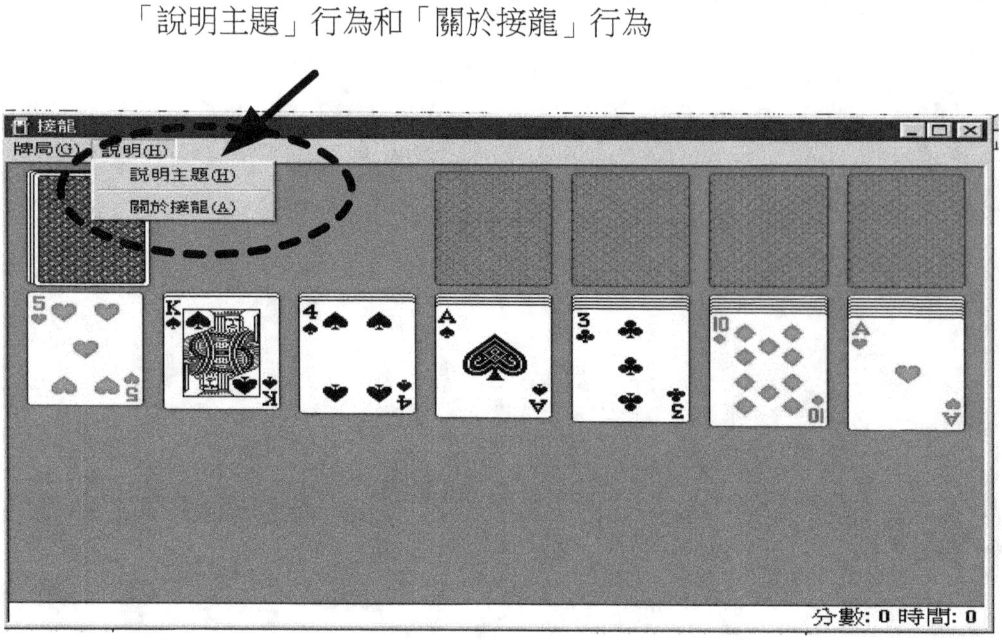

「說明主題」行為和「關於接龍」行為
接龍
牌局(G)
說明(H)
說明主題(H)
關於接龍(A)
分數: 0 時間: 0

圖 18-2. 「說明」行為集合

在「發牌」行為裡，我們直接利用「接龍表單」畫面來完成重新發牌的作用，如圖 18-3 所示。

重新發牌
接龍
牌局(G)
說明(H)
發牌(D)
復原(U)
紙牌花色(C)...
選項(O)...
結束(X)

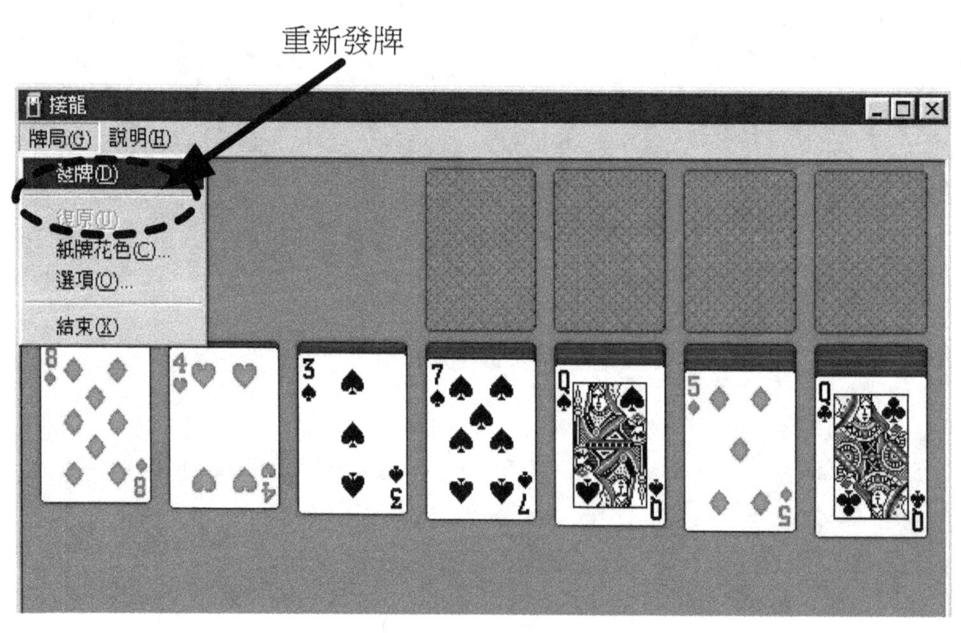

圖 18-3. 「發牌」行為

在「復原」行為裡，我們也是直接利用「接龍表單」畫面來達到復原的作用，如圖 18-4 所示。

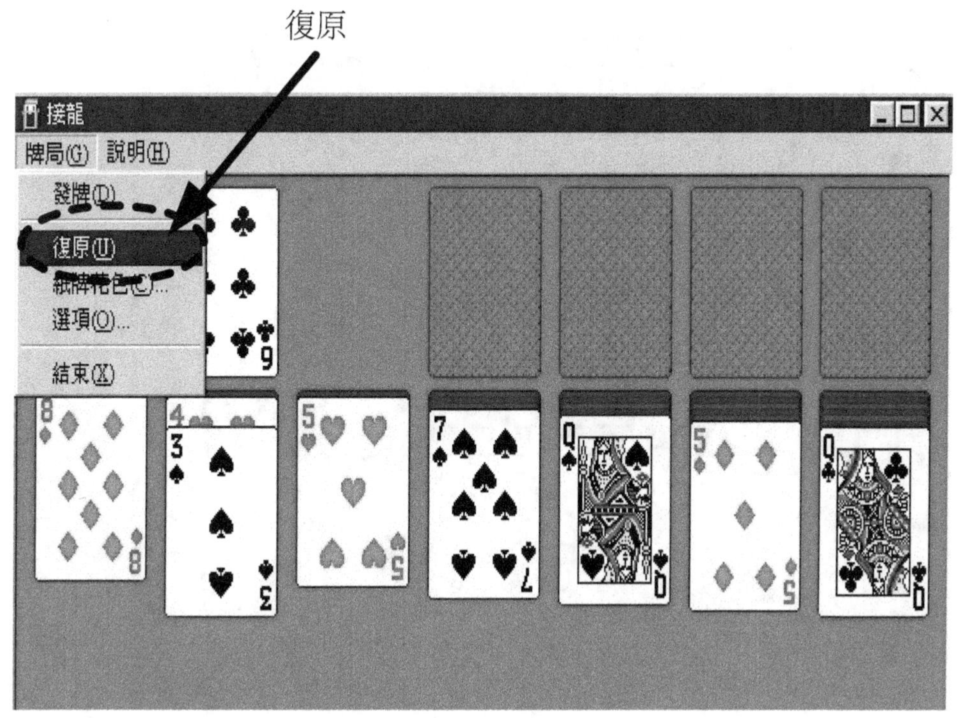

圖 18-4.　「復原」行為

在「紙牌花色」行為裡，我們利用「選取紙牌花色表單」畫面來讓玩家選取紙牌花色，如圖 18-5 所示。

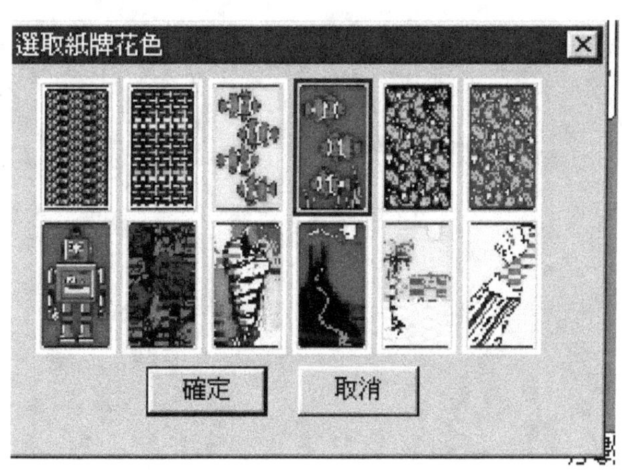

圖 18-5.　選取紙牌花色表單

在「選項」行為裡，我們利用「選項表單」畫面來讓玩家完成各種選項的輸入，如圖 18-6 所示。

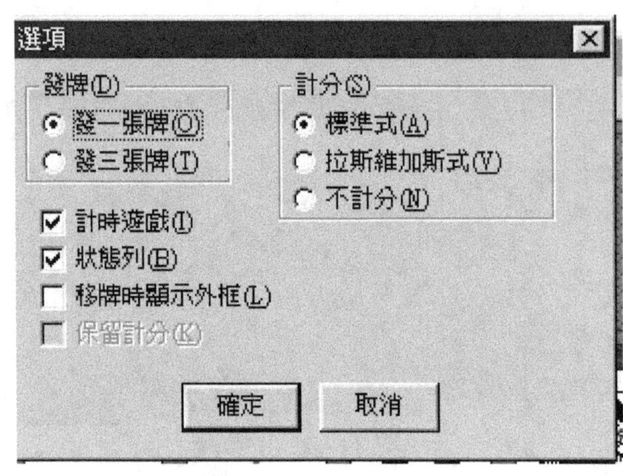

圖 18-6.　選項表單

在「結束」行為裡，我們再次直接利用「接龍表單」畫面來結束「接龍遊戲」，如圖 18-7 所示。

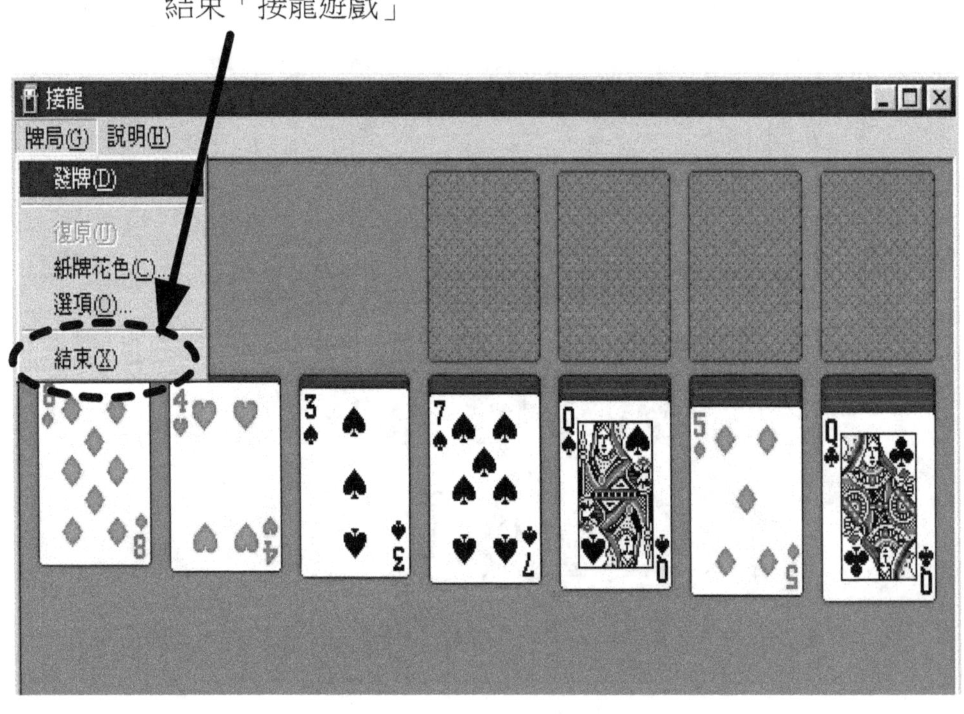

圖 18-7.　「結束」行為

在「說明主題」行為裡，我們利用「接龍說明表單」畫面來讓玩家閱讀各類說明事項，如圖 18-8 所示。

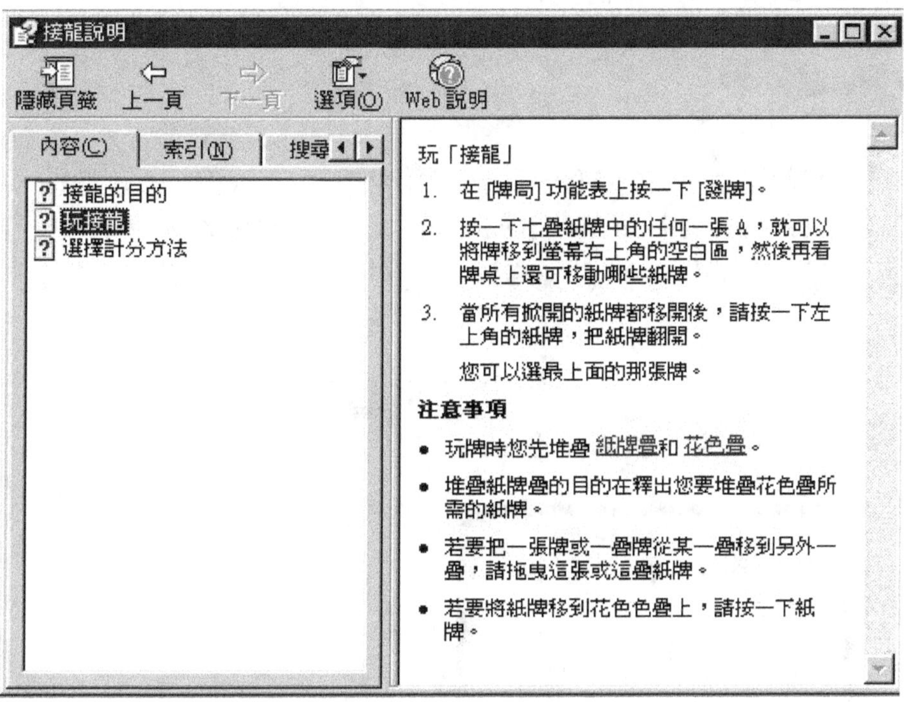

圖 18-8.　接龍說明表單

在「關於接龍」行為裡，我們利用「關於接龍表單」畫面來介紹接龍遊戲是一個怎麼樣的系統，如圖 18-9 所示。

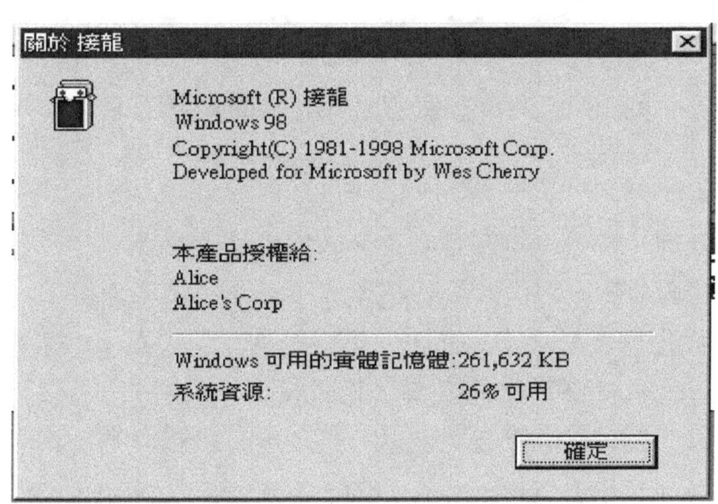

圖 18-9.　關於接龍表單

在本章「接龍遊戲」的範例裡，我們將依序使用 SBC 架構描述語言(SBC Architecture Description Language)的六大金圖：(A)架構階層圖、(B)框架圖、(C)構件操作圖、(D)構件連結圖、(E)結構行為合一圖、(F)互動流程圖，來完成此「接龍遊戲」的系統架構。

18-1 架構階層圖

首先，我們使用多階層(Multi-Level)分解和組合方式將「接龍遊戲」的架構階層圖(Architecture Hierarchy Diagram，簡稱為 AHD)繪製出來，如圖 18-10 所示。(架構階層圖是達到系統架構學的「結構行為合一」第一個金圖。)

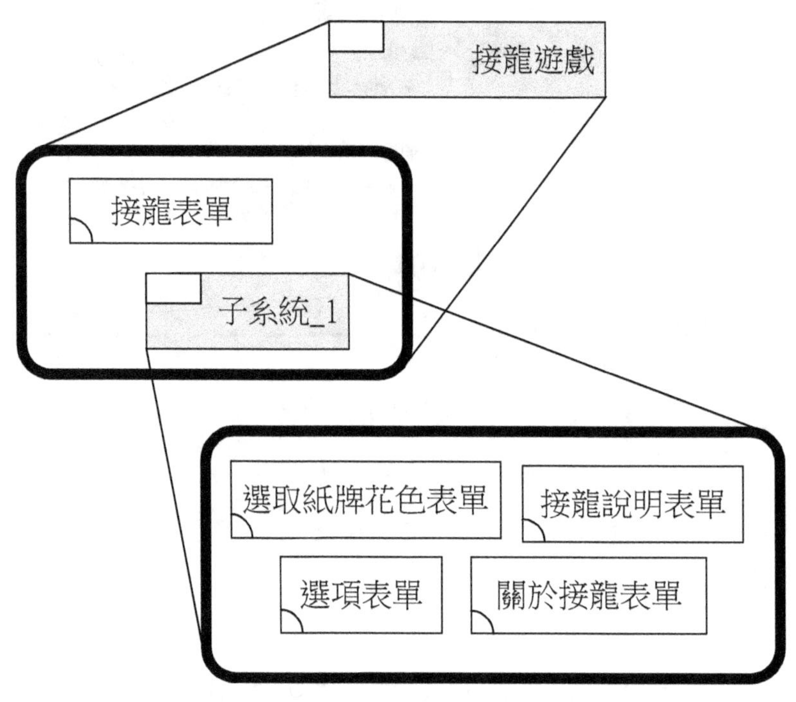

圖 18-10. 「接龍遊戲」的架構階層圖

在圖 18-10 裡，首先「接龍遊戲」分解出「接龍表單」和「子系統 1」，然後「子系統 1」再分解出「選取紙牌花色表單」、「選項表單」、「接龍說明表單」和「關於接龍表單」；反之，「選取紙牌花色表單」、「選項表單」、「接龍說明表單」和「關於接龍表單」先組成「子系統 1」，然後「接龍表單」和「子系統 1」再組成「接龍遊戲」。其中，「接龍遊戲」和「子系統 1」為聚合系統(Aggregated System)，「接龍表單」、「選取紙牌花色表單」、「選項表單」、「接龍說明表單」和「關於接龍表單」為非聚合系統(Non-Aggregated System)。

18-2 框架圖

我們使用框架圖來多層級(Multi-Layer)或者多層次(Multi-Tier)分解和組合一個系統。圖 18-11 顯示在「接龍遊戲」的框架圖裡，「Application_SubLayer_2」層包含「接龍表單」一個構件，「Application_SubLayer_1」層包含「選取紙牌花色表單」、「選項表單」、「接龍說明表單」和「關於接龍表單」等四個構件。 (框架圖是達到系統架構學的「結構行為合一」第二個金圖。)

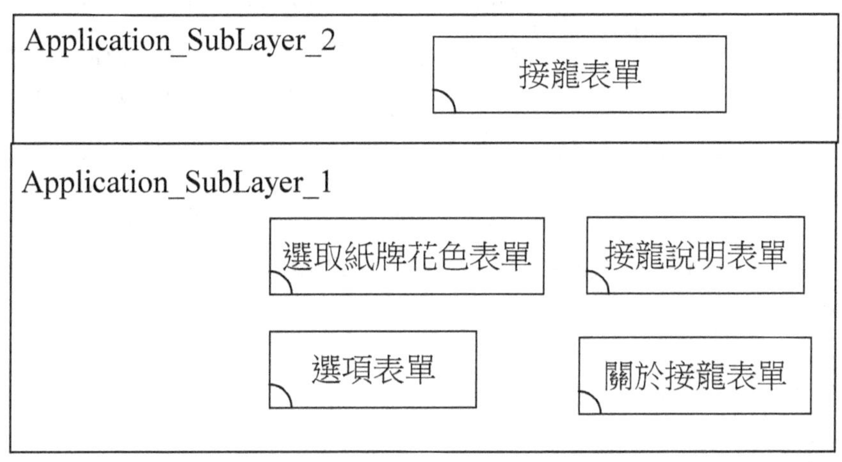

圖 18-11. 「接龍遊戲」的框架圖

18-3 構件操作圖

另外，我們也會建置出「接龍遊戲」所有構件的操作。圖 18-12 使用構件操作圖來顯示「接龍遊戲」五個構件的操作。其中，「接龍表單」構件有「發牌 Click」、「復原 Click」、「紙牌花色 Click」、「選項 Click」、「結束 Click」、「說明主題 Click」、「關於接龍 Click」等七個操作，「選取紙牌花色表單」構件有「ShowModal」、「確定/取消」等二個操作，「選項表單」構件有「ShowModal」、「確定/取消」 等二個操作，「接龍說明表單」構件有「ShowModal」一個操作，「關於接龍表單」構件有「ShowModal」、「確定」等二個操作。(構件操作圖是達到系統架構學的「結構行為合一」第三個金圖。)

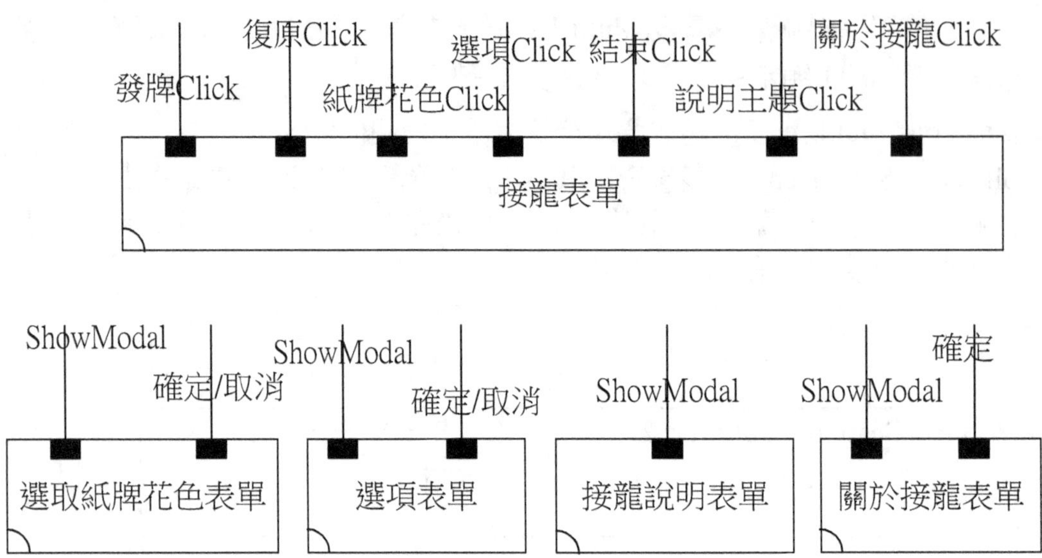

圖 18-12. 「接龍遊戲」的構件操作圖

18-4 構件連結圖

完成「接龍遊戲」的構件與操作後，我們可以開始繪製「接龍遊戲」構件的連結。「接龍遊戲」除了「接龍表單」、「選取紙牌花色表單」、「選項表單」、「接龍說明表單」、「關於接龍表單」等構件外，尚有一個名稱為「接龍玩家」的外界環境。

圖 18-13 使用構件連結圖來顯示在「接龍遊戲」裡，外界環境「接龍玩家」和「接龍表單」、「選取紙牌花色表單」、「選項表單」、「接龍說明表單」、「關於接龍表單」等構件之間的連結。(構件連結圖是達到系統架構學的「結構行為合一」第四個金圖。)

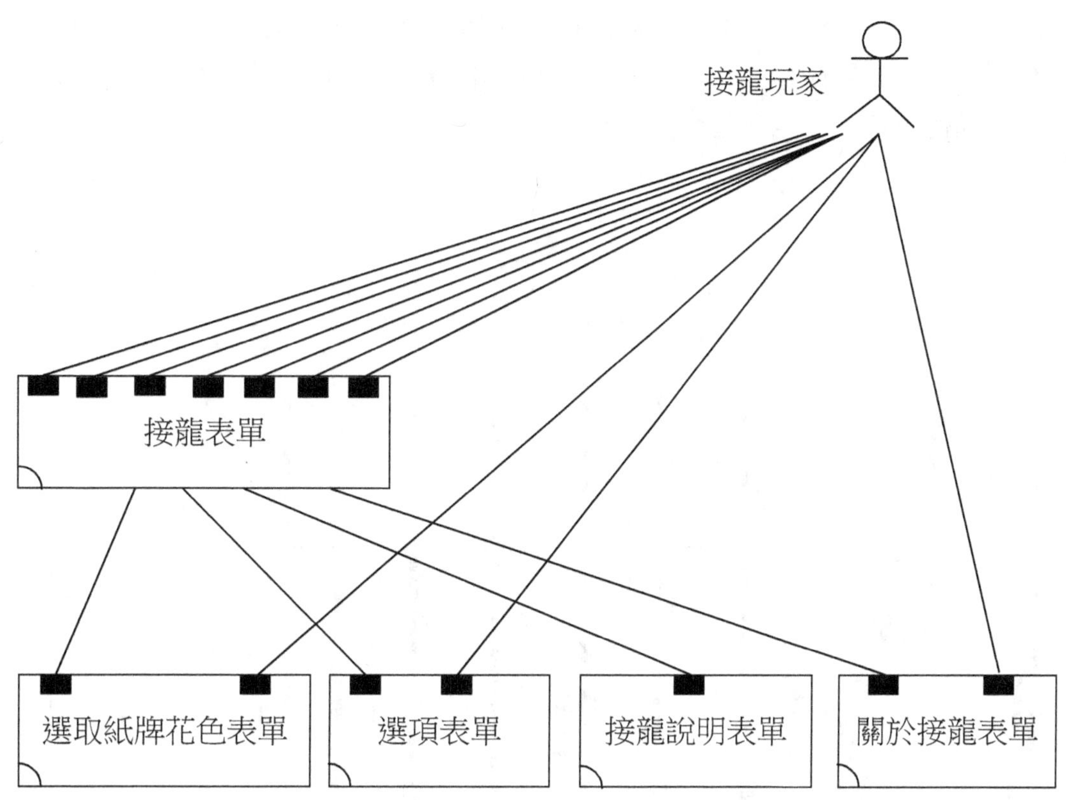

圖 18-13. 「接龍遊戲」的構件連結圖

在圖 18-13 中，外界環境「接龍玩家」和「接龍表單」、「選取紙牌花色表單」、「選項表單」、「接龍說明表單」、「關於接龍表單」等構件都有連結，「接龍表單」構件和、「選取紙牌花色表單」、「選項表單」、「接龍說明表單」、「關於接龍表單」等構件也都有有連結。

有了構件連結圖以後，「接龍遊戲」的樣式會呈現出來，因而「接龍遊戲」的結構觀點會變得更清晰。

18-5 結構行為合一圖

在「接龍遊戲」裡，外界環境和它五個構件之間的互動，會產生「接龍遊戲」的系統行為。如圖 18-14 所示，外界環境「接龍玩家」和「接龍表單」構件產生「發牌」行為；外界環境「接龍玩家」和「接龍表單」構件產生「復原」行為；外界環境「接龍玩家」和「接龍表單」、「選取紙牌花色表單」等構件產生「紙牌花色」行為；外界環境「接龍玩家」和「接龍表單」、「選項表單」等構件產生「選項」行為；外界環境「接龍玩家」和「接龍表單」構件產生「結束」行為；外界環境「接龍玩家」和「接龍表單」、「接龍說明表單」等構件產生「接龍說明」行為；外界環境「接龍玩家」和「接龍表單」、「關於接龍表單」等構件產生「關於接龍」行為。(結構行為合一圖是達到系統架構學的「結構行為合一」第五個金圖。)

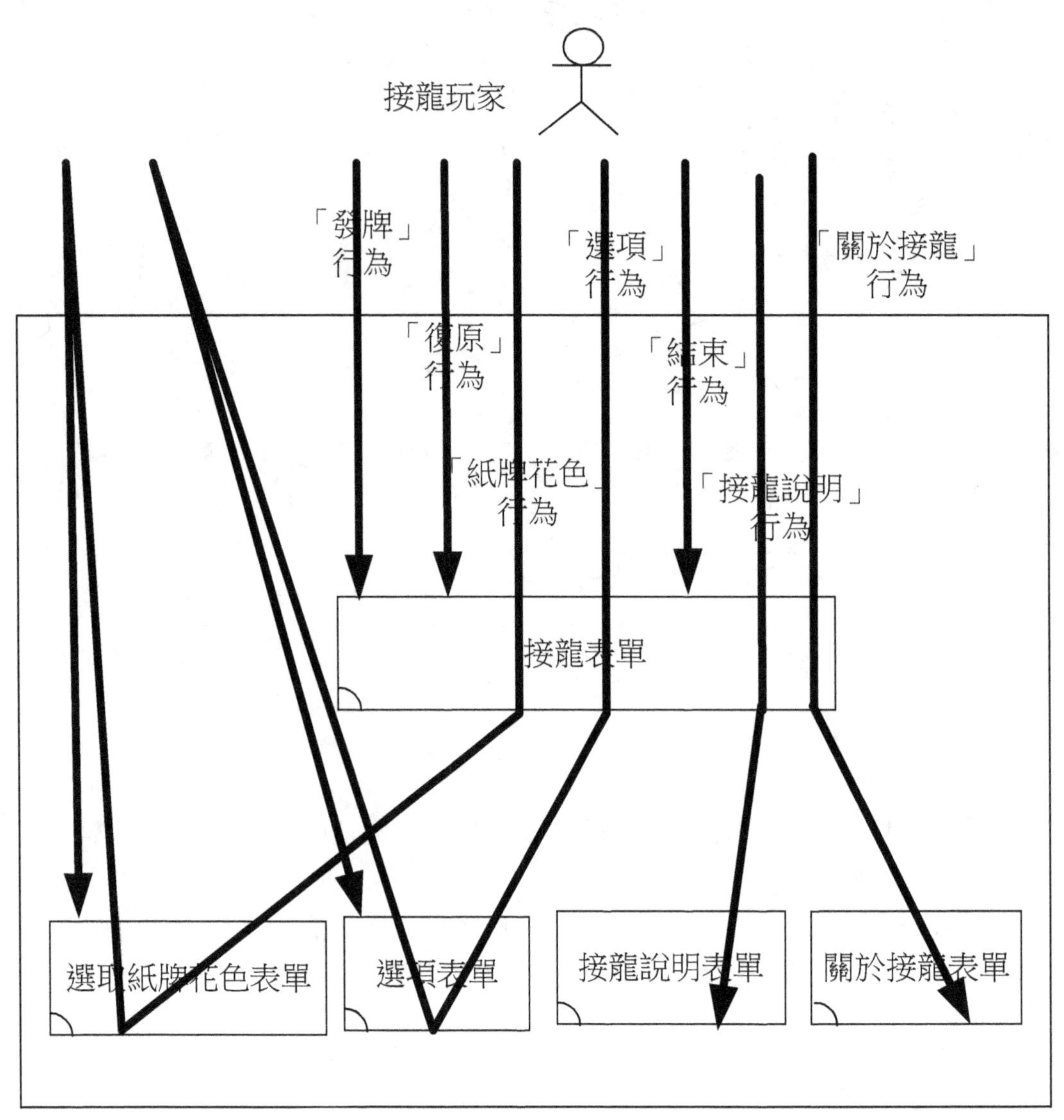

圖 18-14.　「接龍遊戲」的結構行為合一圖

一個系統的行為乃是其個別的行為總合起來。例如，「接龍遊戲」的整體系統行為包括「發牌」、「復原」、「紙牌花色」、「選項」、「結束」、「接龍說明」、「關於接龍」七個個別的行為。換句話說，「發牌」、「復原」、「紙牌花色」、「選項」、「結束」、「接龍說明」、「關於接龍」等七個個別的行為總合起來就等於「接龍遊戲」的整體系統行為。「發牌」行為、「復原」行為、「紙牌花色」行為、「選項」 行為、「結束」行為、「接龍說明」行為、「關於接龍」行為七者彼此之間是相互獨立，沒有任何牽連的。由於它們彼此之間沒有任何瓜葛，因而這七個行為可以同時交錯進行(Concurrently Execute)，互不干擾[Hoar85，Miln89，Miln99]。

採用系統架構學，最主要的目標就是只會有一個整合性全體的系統，而不會有各自分離的系統結構和系統行為。在圖 18-14 中，我們可以看到，「接龍遊戲」的系統結構和系統行為都一起存在其整合性全體的系統裡面。換句話說，在「接龍遊戲」整合性全體的系統裡，我們不但看到它的系統結構，也同時看到它的系統行為。

18-6 互動流程圖

一個系統的整體行為包括許多個別的行為。每一個個別的行為代表系統一個情境(Scenario)的執行路徑。每個執行路徑可以說就是一個互動流程圖。執行路徑可以說是將系統的內部細節互動串接起來。互動流程圖強調的是這些串接起來的互動之先後次序。(互動流程圖是達成系統架構學的「結構行為合一」第六個金圖。)

「接龍遊戲」的互動流程圖共有七個，我們會將它們分別繪製出來。圖 18-15 說明「發牌」行為的互動流程圖。外界環境「接龍玩家」和「接龍表單」發生「發牌 Click」操作呼叫的互動。

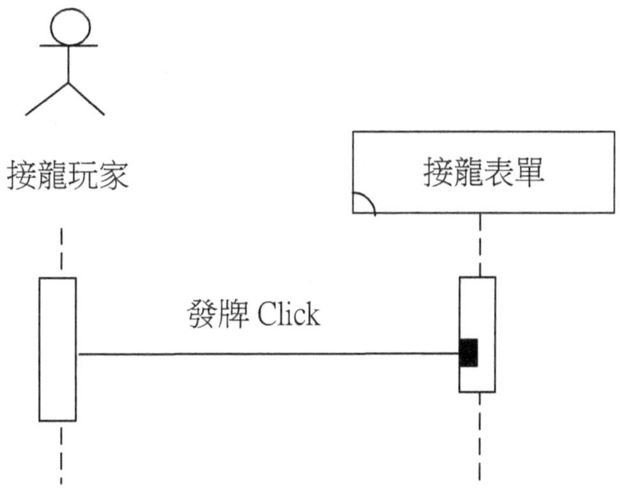

圖 18-15.　「發牌」行為的互動流程圖

圖 18-16 說明「復原」行為的互動流程圖。外界環境「接龍玩家」和「接龍表單」會發生「復原 Click」操作呼叫的互動。

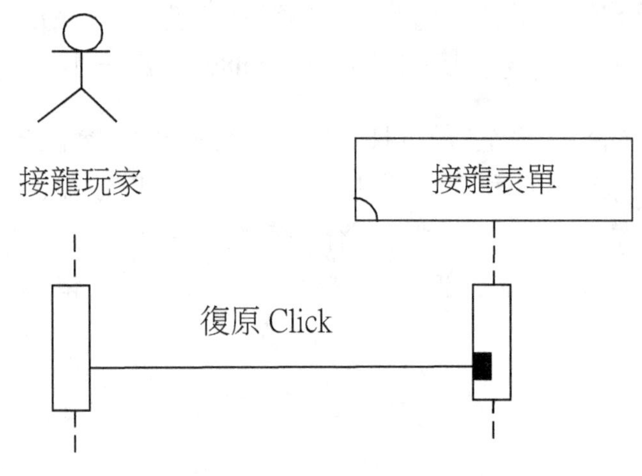

圖 18-16.　「復原」行為的互動流程圖

圖 18-17 說明「紙牌花色」行為的互動流程圖。首先，外界環境「接龍玩家」和「接龍表單」發生「紙牌花色 Click」操作呼叫的互動。接著，「接龍表單」構件和「選取紙牌花色表單」構件發生「ShowModal」操作呼叫的互動。最後，外界環境「接龍玩家」和「確定/取消」發生「選取紙牌花色表單」操作呼叫的互動。

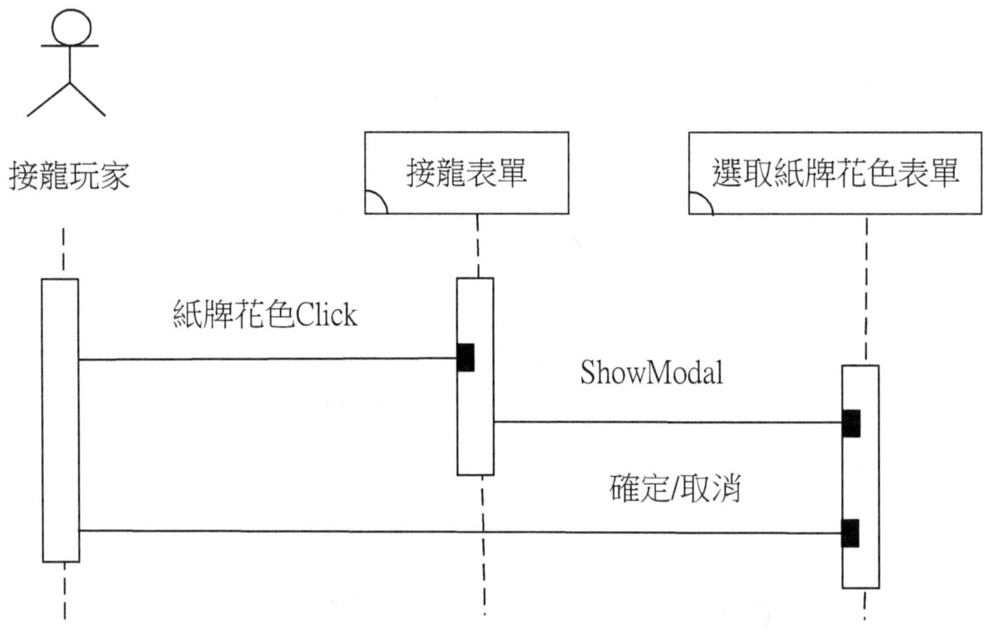

圖 18-17.　「紙牌花色」行為的互動流程圖

圖 18-18 說明「選項」行為的互動流程圖。首先，外界環境「接龍玩家」和「接龍表單」發生「選項 Click」操作呼叫的互動。接著，「接龍表單」構件和「選項表單」構件發生「ShowModal」操作呼叫的互動。最後，外界環境「接龍玩家」和「選項表單」發生「確定/取消」操作呼叫的互動。

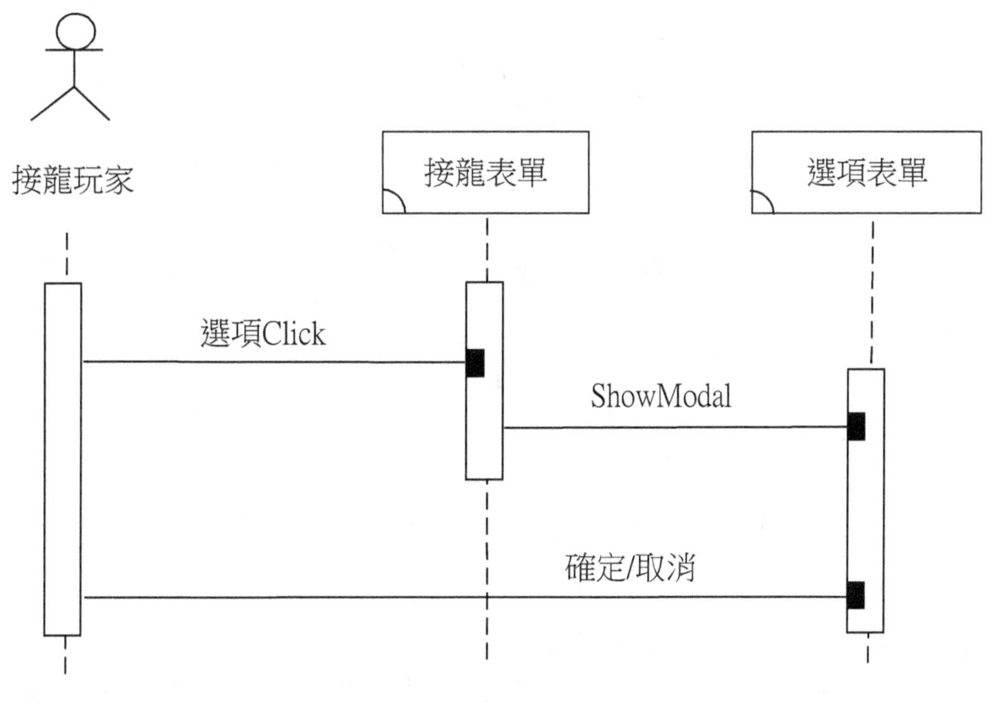

圖 18-18.　「選項」行為的互動流程圖

圖 18-19 說明「結束」行為的互動流程圖。外界環境「接龍玩家」和「接龍表單」發生「結束 Click」操作呼叫的互動。

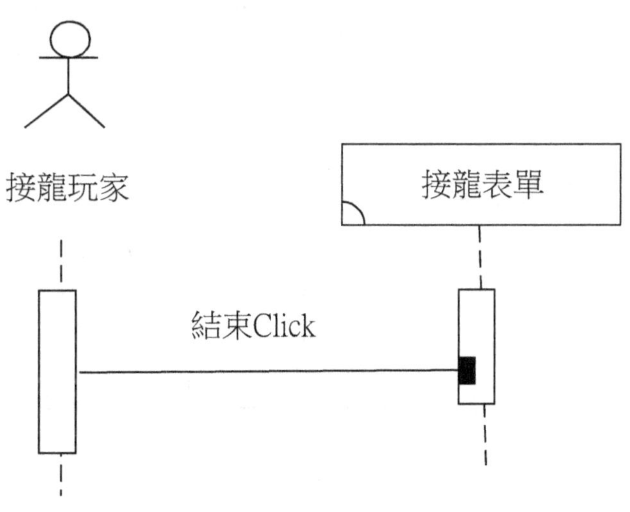

圖 18-19.　「結束」行為的互動流程圖

圖 18-20 說明「說明主題」行為的互動流程圖。首先，外界環境「接龍玩家」和「接龍表單」發生「說明主題 Click」操作呼叫的互動。接著，「接龍表單」構件和「接龍說明表單」構件發生「ShowModal」操作呼叫的互動。

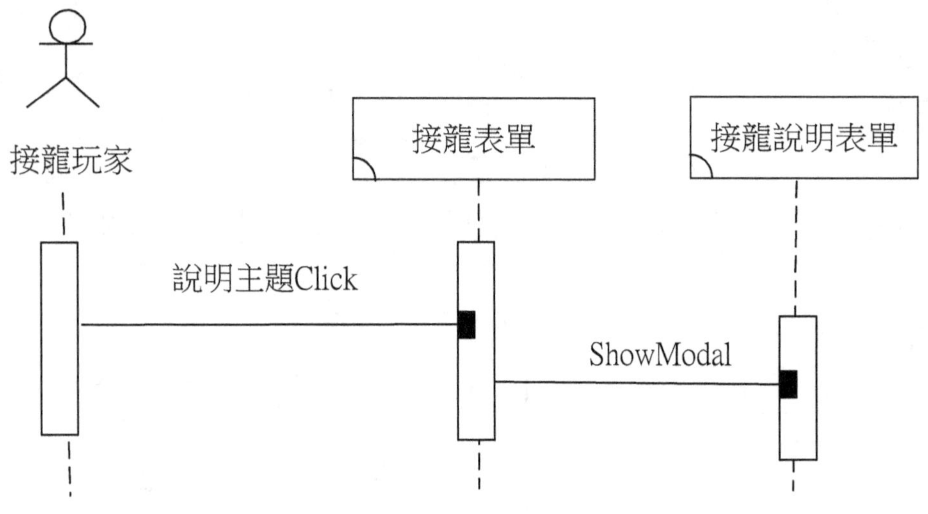

圖 18-20. 「說明主題」行為的互動流程圖

圖 18-21 說明「關於接龍」行為的互動流程圖。首先，外界環境「接龍玩家」和「接龍表單」發生「關於接龍 Click」操作呼叫的互動。接著，「接龍表單」構件和「關於接龍表單」構件發生「ShowModal」操作呼叫的互動。最後，外界環境「接龍玩家」和「選項表單」發生「確定」操作呼叫的互動。

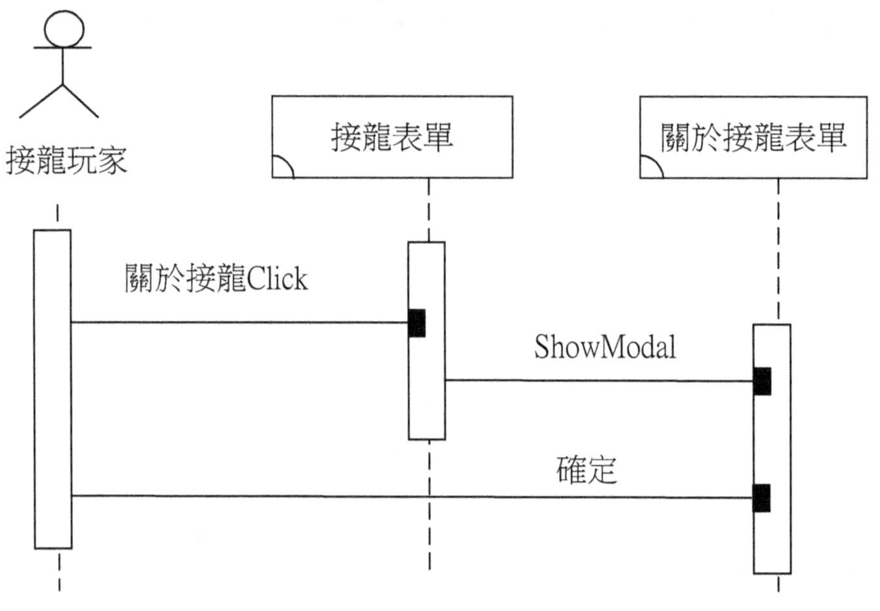

圖 18-21. 「關於接龍」行為的互動流程

第 19 章 智慧食安物聯網的系統架構

近期食安問題，造成民眾對餐飲業者信心喪失。「智慧食安物聯網」的目標在於建立民眾對食安問題的正確認知，消除無謂的疑慮與不安，進而提升在地餐飲營收。「智慧食安物聯網」系統主要是提供「食材登錄與認證」、「消費者查詢食安」以及「食安狀態列印」等三個行為。透過這三個行為，外界環境「廠商」、「食材」、「消費者」以及「管理者」會和此「智慧食安物聯網」系統產生互動，如圖 19-1 所示。

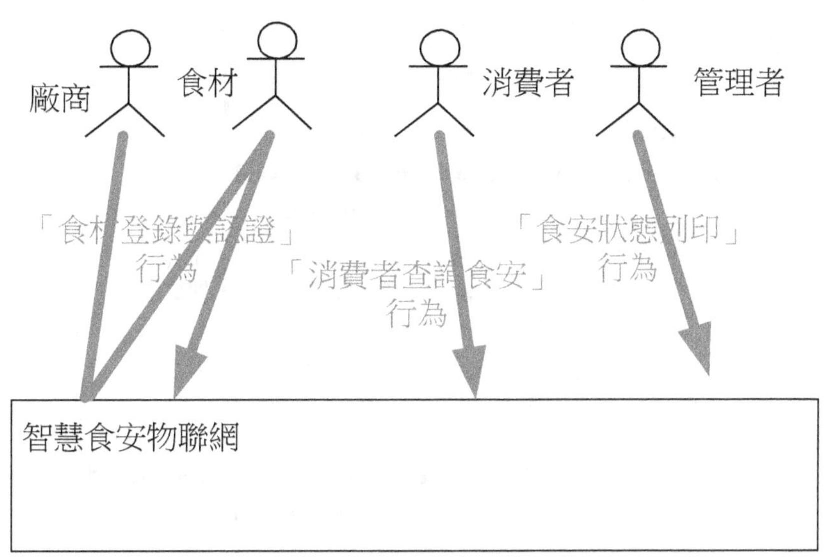

圖 19-1. 「智慧食安物聯網」的行為

在本章「智慧食安物聯網」的範例裡，我們將依序使用 SBC 架構描述語言(SBC Architecture Description Language)的六大金圖：(A)架構階層圖、(B)框架圖、(C)構件操作圖、(D)構件連結圖、(E)結構行為合一圖、(F)互動流程圖，來完成此「智慧食安物聯網」的系統架構。

19-1 架構階層圖

首先，我們使用多階層(Multi-Level)分解和組合方式將「智慧食安物聯網」的架構階層圖(Architecture Hierarchy Diagram，簡稱為 AHD)繪製出來，如圖 19-2 所示。(架構階層圖是達到系統架構學的「結構行為合一」第一個金圖。)

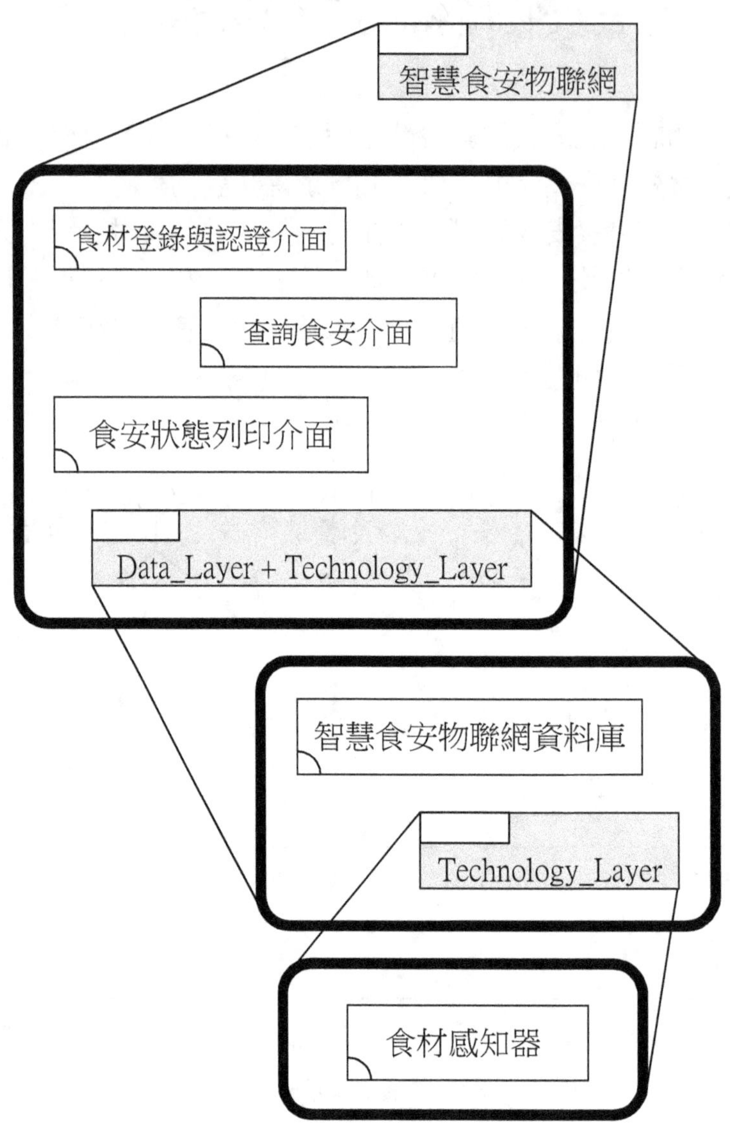

圖 19-2. 「智慧食安物聯網」的架構階層圖

在圖 19-2 裡，「智慧食安物聯網」分解出「食材登錄與認證介面」、「查詢食安介面」、「食安狀態列印介面」和「Data_Layer + Technology_Layer」，「Data_Layer + Technology_Layer」分解出「智慧食安物聯網資料庫」和「Technology_Layer」，「Technology_Layer」分解出「食材感知器」；反之，「食材感知器」組成「Technology_Layer」，「智慧食安物聯網資料庫」和「Technology_Layer」組成「Data_Layer + Technology_Layer」，「食材登錄與認證介面」、「查詢食安介面」、「食安狀態列印介面」和「Data_Layer + Technology_Layer」組成「智慧食安物聯網」。其中，「智慧食安物聯網」、「Data_Layer + Technology_Layer」、「Technology_Layer」為聚

合系統(Aggregated System)，「食材登錄與認證介面」、「查詢食安介面」、「食安狀態列印介面」、「智慧食安物聯網資料庫」和「食材感知器」為非聚合系統(Non-Aggregated System)。

19-2 框架圖

我們使用框架圖來多層級(Multi-Layer)或者多層次(Multi-Tier)分解和組合一個系統。圖 19-3 顯示在「智慧食安物聯網」系統的框架圖裡，「Application_Layer」層包含「食材登錄與認證介面」、「查詢食安介面」、「食安狀態列印介面」等三個構件，「Data_Layer」層包含「智慧食安物聯網資料庫」一個構件，「Technology_Layer」層包含「食材感知器」一個構件。(框架圖是達到系統架構學的「結構行為合一」第二個金圖。)

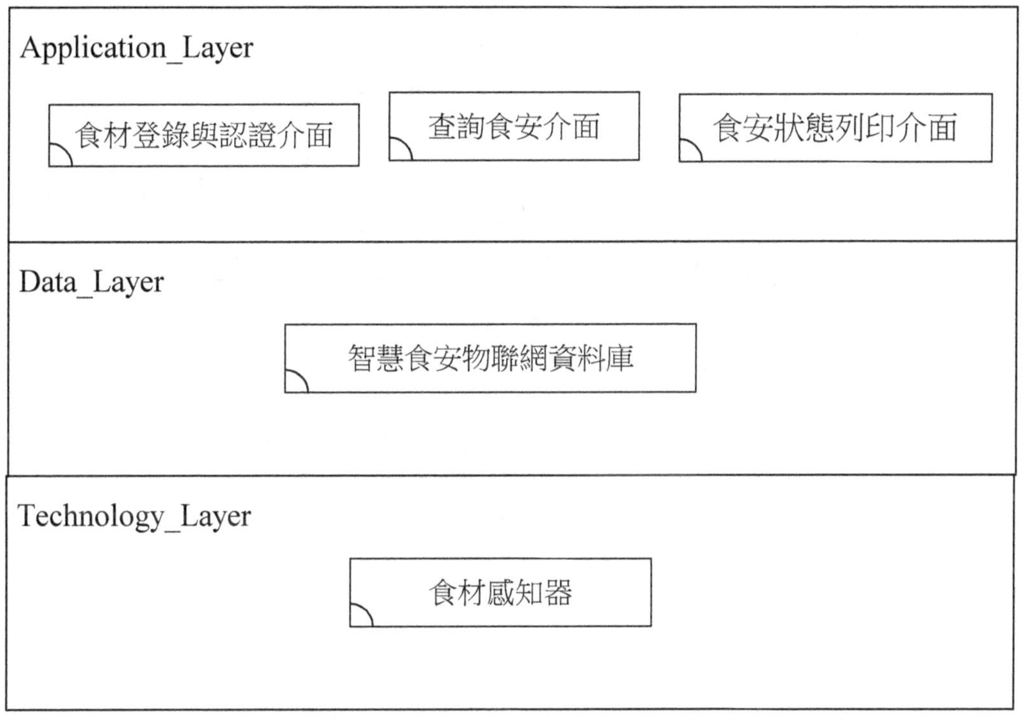

圖 19-3. 「智慧食安物聯網」的框架圖

19-3 構件操作圖

另外，我們也會建置出「智慧食安物聯網」所有構件的操作。圖 19-4 使用構件操作圖來顯示「智慧食安物聯網」五個構件的操作。其中，「食材登錄與認證介面」構件有「啟動感測」一個操作；「查詢食安介面」構件有「查詢」

一個操作；「食安狀態列印介面」構件有「列印」一個操作；「智慧食安物聯網資料庫」構件有「SQL_Insert_001」、「SQL_Select_001」、「SQL_Select_002」等三個操作；「食材感知器」構件有「食材感測偵測」、「食材感測資料回傳」等二個操作。(構件操作圖是達到系統架構學的「結構行為合一」第三個金圖。)

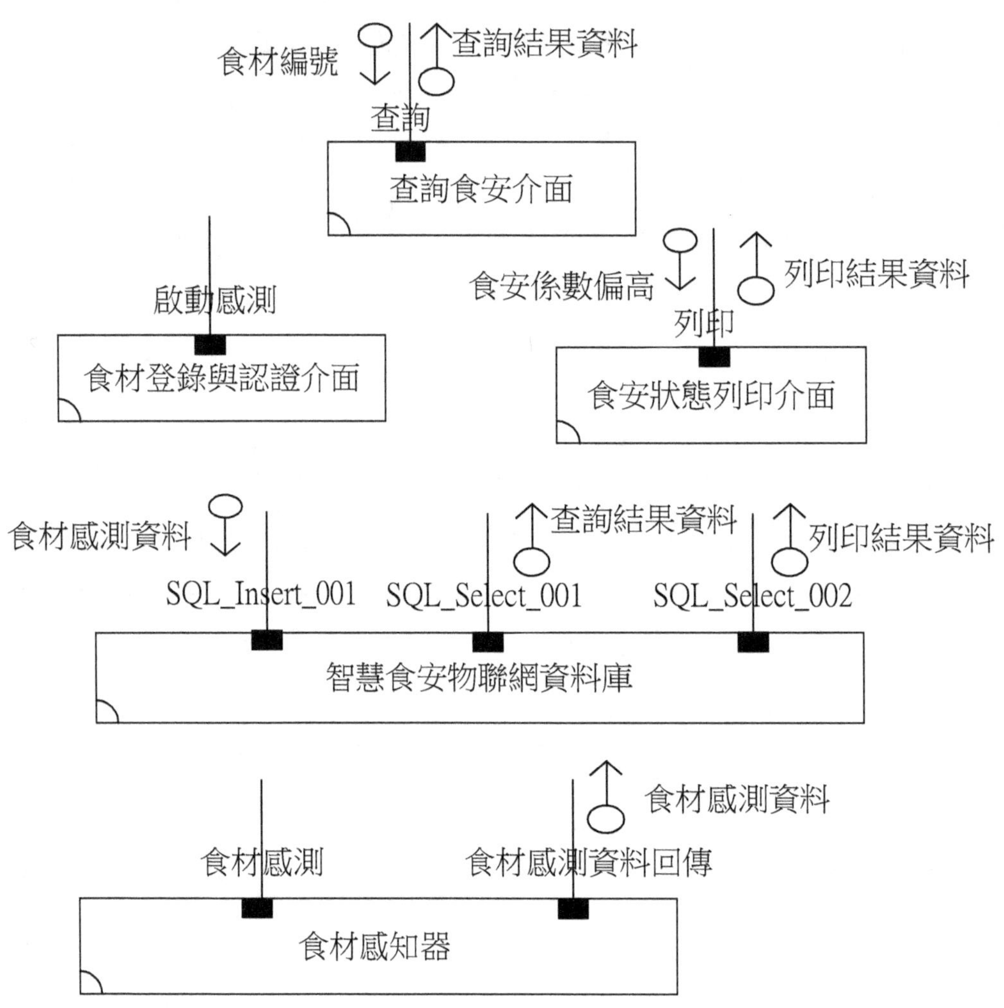

圖 19-4. 「智慧食安物聯網」的構件操作圖

「查詢」的操作式子為查詢(In 食材編號; Out 查詢結果資料)，「列印」的操作式子為列印(In 食安係數偏高; Out 列印結果資料)，「SQL_Insert_001」的操作式子為 SQL_Insert_001(In 食材感測資料)，「SQL_Select_001」的操作式子為 SQL_Select_001(Out 查詢結果資料)，「SQL_Select_002」的操作式子為 SQL_Select_002(Out 列印結果資料)，「食材感測資料回傳」的操作式子為食材感測資料回傳(Out 食材感測資料)。

圖 19-5 顯示參數「食材編號」、「食安係數偏高」等等的基本資料型態

(Primitive Data Type)的規格。

參數	資料型態	範例
食材編號	Text	ABS00001, CDG12345, XYZ98765,
食安係數偏高	Real	0.001, 0.002, 0.003,

圖 19-5. 基本資料型態的規格

圖 19-6 顯示在操作式子查詢(In 食材編號; Out 查詢結果資料)以及操作式子 SQL_Select_001(Out 查詢結果資料)裡的輸出參數「查詢結果資料」的複合資料型態(Composite Data Type)的規格。

參數	查詢結果資料
資料型態	TABLE of 食材編號 : Text 食材名稱 : Text 食安係數 : Real End TABLE ;
範例	<table><tr><td>食材編號</td><td>食材名稱</td><td>食安係數</td></tr><tr><td>ABS00001</td><td>美國牛肉</td><td>0.003</td></tr></table>

圖 19-6. 「查詢結果資料」複合資料型態的規格

圖 19-7 顯示在操作式子列印(In 食安係數偏高; Out 列印結果資料)以及操作式子 SQL_Select_002(Out 列印結果資料)裡的輸出參數「列印結果資料」的

複合資料型態(Composite Data Type)的規格。

<table>
<tr><td>參數</td><td>列印結果資料</td></tr>
<tr><td>資料型態</td><td>TABLE of
  食材編號 : Text
  食材名稱 : Text
End TABLE ;</td></tr>
<tr><td>範例</td><td><table><tr><td>食材編號</td><td>食材名稱</td></tr><tr><td>ABS00001</td><td>美國牛肉</td></tr><tr><td>UGK23401</td><td>日本豬肉</td></tr></table></td></tr>
</table>

圖 19-7. 「列印結果資料」複合資料型態的規格

圖 19-8 顯示在操作式子食材感測資料回傳(Out 食材感測資料)裡的輸出參數以及操作式子 SQL_Insert_001(In 食材感測資料)裡的輸入參數「食材感測資料」的複合資料型態(Composite Data Type)的規格。

<table>
<tr><td>參數</td><td>食材感測資料</td></tr>
<tr><td>資料型態</td><td>TABLE of
  食材編號 : Text
  食安係數 : Real
End TABLE ;</td></tr>
<tr><td>範例</td><td><table><tr><td>食材編號</td><td>食安係數</td></tr><tr><td>ABS00001</td><td>0.003</td></tr></table></td></tr>
</table>

圖 19-8. 「食材感測資料」複合資料型態的規格

19-4 構件連結圖

完成「智慧食安物聯網」的構件與操作後，我們可以開始繪製「智慧食安物聯網」內所有構件的連結。「智慧食安物聯網」除了「食材登錄與認證介面」、「查詢食安介面」、「食安狀態列印介」、「智慧食安物聯網資料庫」和「食材感知器」等構件外，尚有四個名稱為「廠商」、「食材」、「消費者」和「管理者」的外界環境。

圖 19-9 使用構件連結圖來顯示在「智慧食安物聯網」裡，「廠商」、「食材」、「消費者」、「管理者」外界環境和「食材登錄與認證介面」、「查詢食安介面」、「食安狀態列印介面」、「智慧食安物聯網資料庫」、「食材感知器」等構件彼此之間的連結。(構件連結圖是達到系統架構學的「結構行為合一」第四個金圖。)

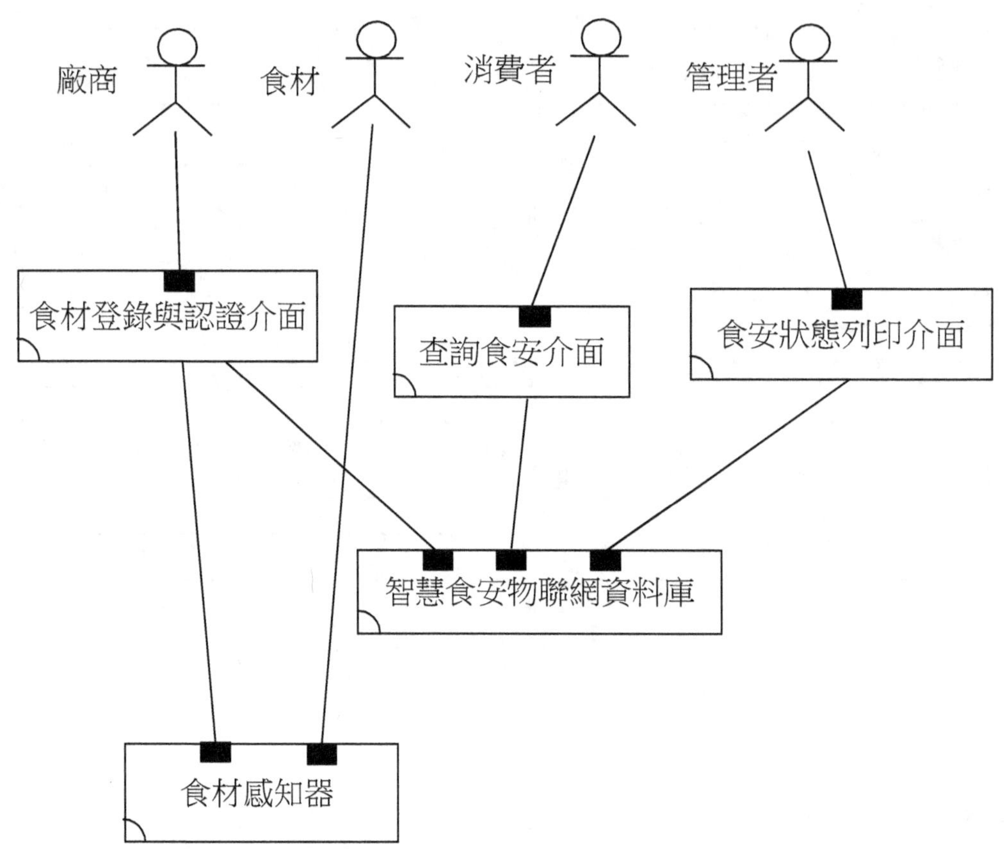

圖 19-9. 「智慧食安物聯網」的構件連結圖

在圖 19-9 中，外界環境「廠商」和「食材登錄與認證介面」構件有連結，外界環境「食材」和「食材感知器」構件有連結，外界環境「消費者」和「查詢食安介面」構件有連結，外界環境「管理者」和「食安狀態列印介面」構件有連結，「食材登錄與認證介面」構件和「食材感知器」構件有連結，「食材登錄與認證介面」、「查詢食安介面」、「食安狀態列印介面」等構件和「智慧食安物聯網資料庫」構件有連結。

有了構件連結圖以後，「智慧食安物聯網」的樣式會呈現出來，因而「智慧食安物聯網」的結構觀點會變得更清晰。

19-5 結構行為合一圖

在「智慧食安物聯網」裡，外界環境和它五個構件之間的互動，會產生「智慧食安物聯網」的系統行為。如圖 19-10 所示，外界環境「廠商」、「食材」和「食材登錄與認證介面」、「智慧食安物聯網資料庫」、「食材感知器」等構件互動產生「食材登錄與認證」行為，外界環境「消費者」和「查詢食安介面」、「智慧食安物聯網資料庫」等構件互動產生「消費者查詢食安」行為，外界環境「管理者」和「食安狀態列印介面」、「智慧食安物聯網資料庫」等構件互動產生「食安狀態列」行為。　　(結構行為合一圖是達到系統架構學的「結構行為合一」第五個金圖。)

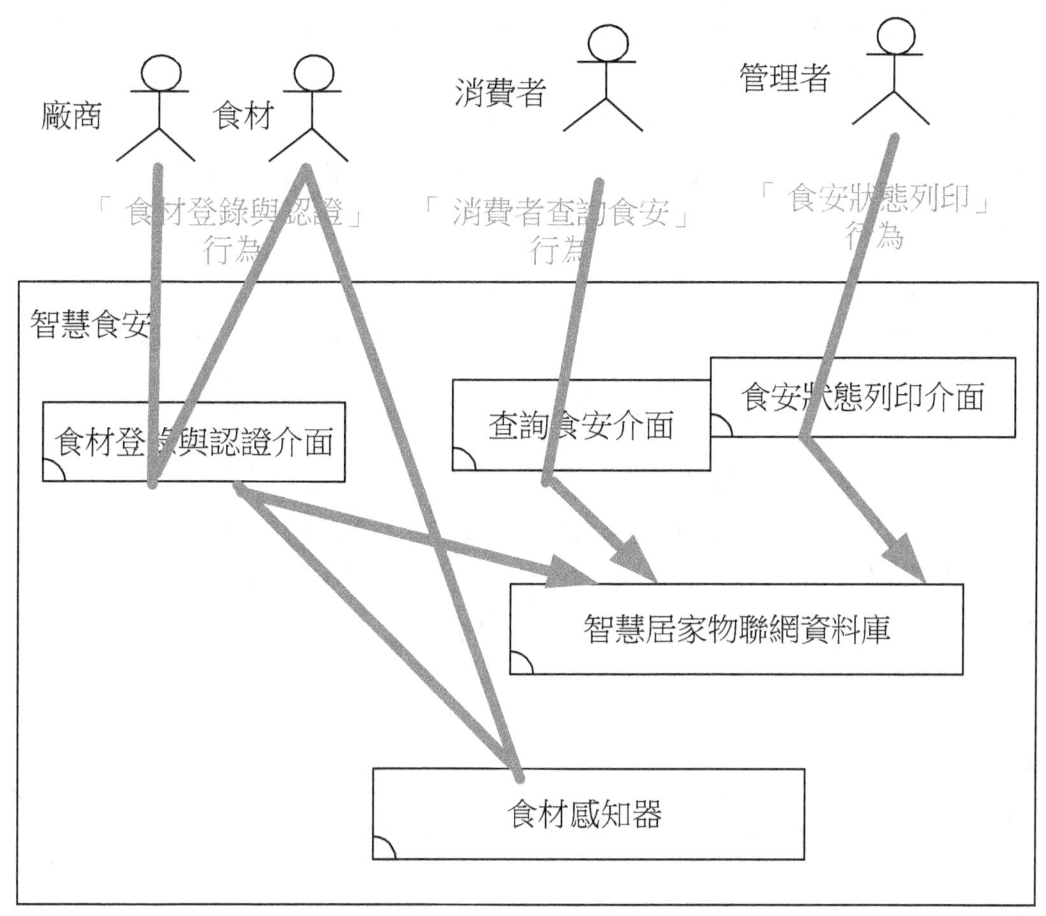

圖 19-10.　「智慧食安物聯網」的結構行為合一圖

一個系統的行為乃是其個別的行為總合起來。例如，「智慧食安物聯網」的整體系統行為包括「食材登錄與認證」、「消費者查詢食安」、「食安狀態列印」等三個個別的行為。換句話說，「食材登錄與認證」、「消費者查詢食安」、「食安狀態列印」等三個個別的行為總合起來就等於「智慧食安物聯網」的整體系統行為。「食材登錄與認證」行為、「消費者查詢食安」行為、「食安狀態列印」行為三者彼此之間是相互獨立，沒有任何牽連的。由於它們彼此之間沒有任何瓜葛，因而這三個行為可以同時交錯進行(Concurrently Execute)，互不干擾[Hoar85，Miln89，Miln99]。

採用系統架構學，最主要的目標就是只會有一個整合性全體的系統，而不會有各自分離的系統結構和系統行為。在圖 19-10 中，我們可以看到，「智慧食安物聯網」的系統結構和系統行為都一起存在其整合性全體的系統裡面。換句話說，在「智慧食安物聯網」整合性全體的系統裡，我們不但看到它的系統結構，也同時看到它的系統行為。

19-6 互動流程圖

一個系統的整體行為包括許多個別的行為。每一個個別的行為代表系統一個情境(Scenario)的執行路徑。每個執行路徑可以說就是一個互動流程圖。執行路徑可以說是將系統的內部細節互動串接起來。互動流程圖強調的是這些串接起來的互動之先後次序。(互動流程圖是達成系統架構學的「結構行為合一」第六個金圖。)

「智慧食安物聯網」的互動流程圖共有三個，我們會將它們分別繪製出來。圖 19-11 說明「食材登錄與認證」行為的互動流程圖。首先，外界環境「廠商」和「食材登錄與認證介面」構件發生「啟動感測」操作呼叫的互動。接著，外界環境「食材」和「食材感知器」構件發生「食材感測」操作呼叫的互動。再來，「食材登錄與認證介面」構件和「食材感知器」構件發生「食材感測資料回傳」操作呼叫、並帶著「食材感測資料」輸出參數的互動。最後，「食材登錄與認證介面」構件和「智慧食安物聯網資料庫」構件發生「SQL_Insert_001」操作呼叫、並帶著「食材感測資料」輸入參數的互動。

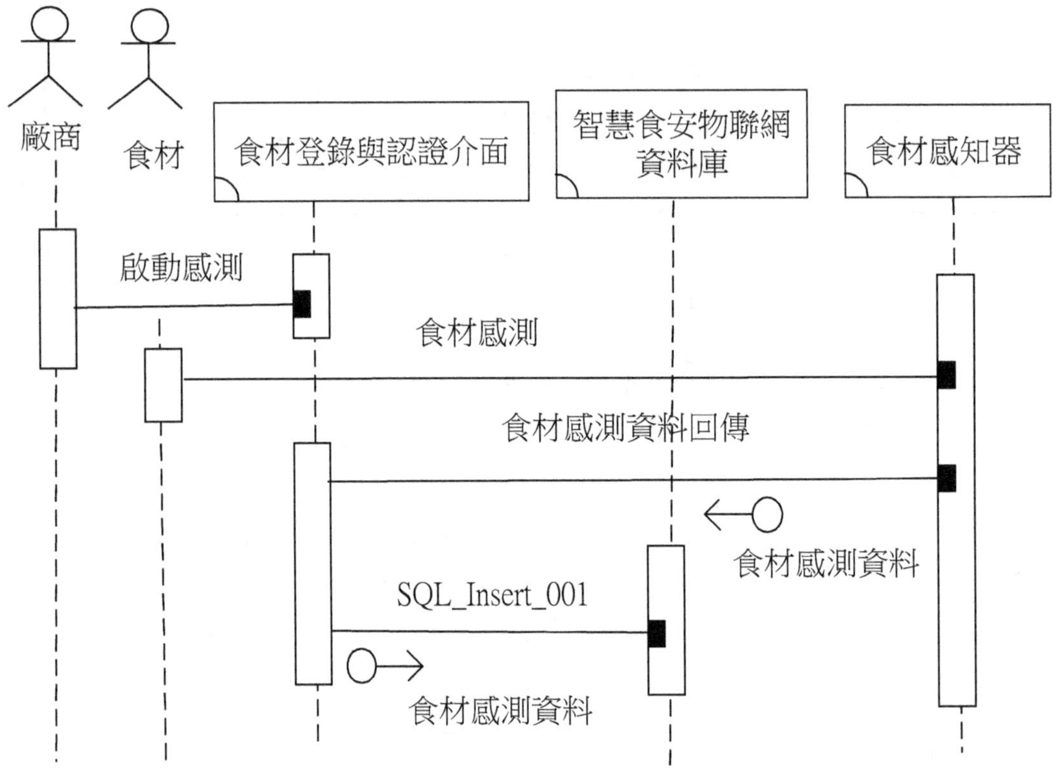

圖 19-11.　「食材登錄與認證」行為的互動流程圖

圖 19-12 說明「消費者查詢食」行為的互動流程圖。首先，外界環境「消費者」和「查詢食安介面」構件發生「查詢」操作呼叫、並帶著「食材編號」輸入參數的互動。接著，「查詢食安介面」構件和「智慧食安物聯網資料庫」構件發生「SQL_Select_001」操作呼叫、並帶著「查詢結果資料」輸出參數的互動。最後，外界環境「消費者」和「查詢食安介面」構件發生「查詢」操作傳回、並帶著「查詢結果資料」輸出參數的互動。

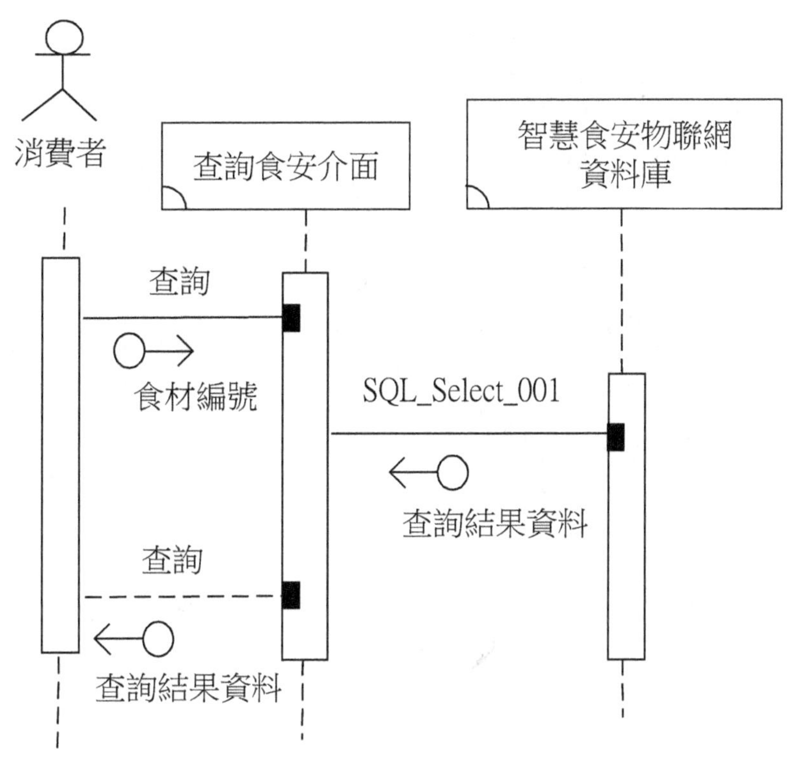

圖 19-12.　「消費者查詢食安」行為的互動流程圖

圖 19-13 說明「食安狀態列印」行為的互動流程圖。首先，外界環境「管理者」和「食安狀態列印介面」構件發生「列印」操作呼叫、並帶著「食安係數偏高」輸入參數的互動。接著，「食安狀態列印介面」構件和「智慧食安物聯網資料庫」構件發生「SQL_Select_002」操作呼叫、並帶著「列印結果資料」輸出參數的互動。最後，外界環境「管理者」和「食安狀態列印介面」構件發生「列印」操作傳回、並帶著「列印結果資料」輸出參數的互動。

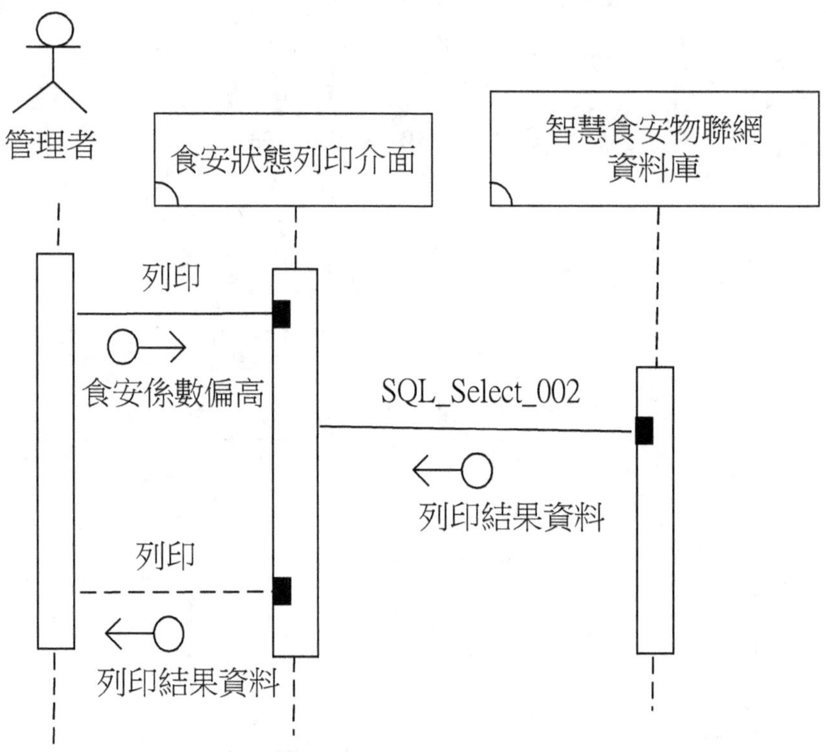

圖 19-13.　「食安狀態列印」行為的互動流程圖

第 20 章 居家照護物聯網的系統架構

「居家照護物聯網」系統(Home Care Cloud Applications and Services IoT System，簡稱為 HCCASIS)透過無線感知器自動偵測，可了解長輩在家中活動及平安狀況。若有緊急事情，照護人員亦可以馬上處理。其實長輩都有自主生活管理的尊嚴，不希望子女花太多心力來照顧自己，但子女又擔心父母親在家會發生事情，這時候「居家照護物聯網」系統就可發揮效用，而且是在無感生活中得到有感服務。

「居家照護物聯網」系統要是提供「Registering_Home_Account」、「Sensing_Resident_Position」、「Alerts_Notifying」、「Recording_Emergency_Responses」、以及「Printing_Monthly_Statistics」等五個行為。透過這五個行為，外界環境「Homecare_Provider」、「Server_Root」、「One_Minute_Interval」、以及「Senior_Residents」會和此「居家照護物聯網」系統產生互動，如圖 20-1 所示。

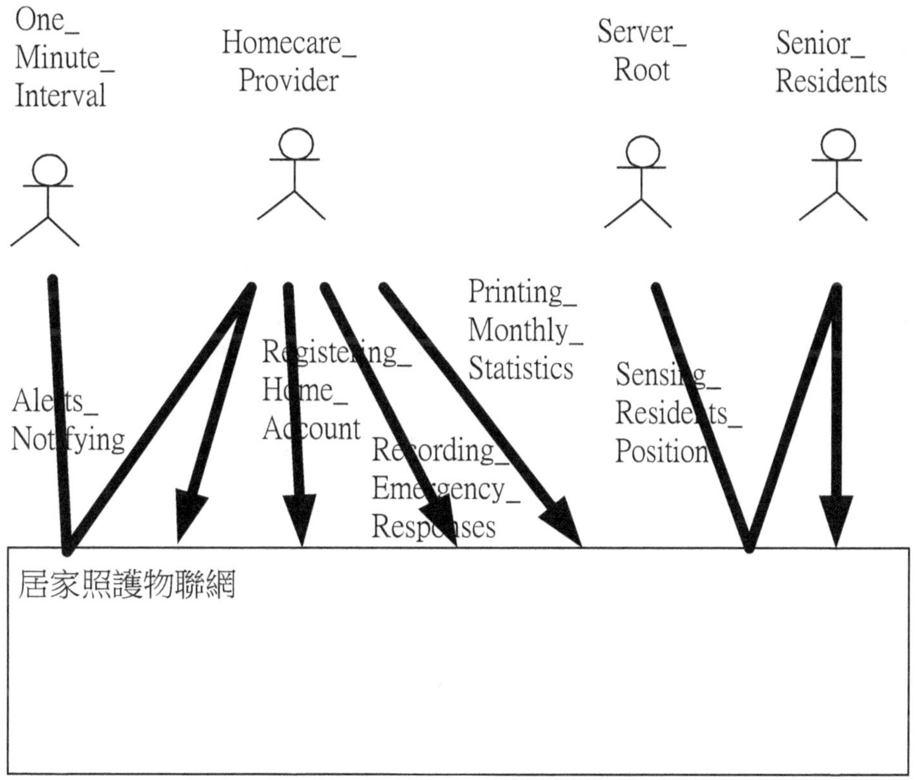

圖 20-1. 「居家照護物聯網」的行為

在本章「居家照護物聯網」的範例裡，我們將依序使用 SBC 架構描述語言(SBC Architecture Description Language)的六大金圖：(A)架構階層圖、(B)框架圖、(C)構件操作圖、(D)構件連結圖、(E)結構行為合一圖、(F)互動流程圖，來完成此「居家照護物聯網」的系統架構。

20-1 架構階層圖

首先，我們使用多階層(Multi-Level)分解和組合方式將「居家照護物聯網」系統的架構階層圖(Architecture Hierarchy Diagram，簡稱為 AHD)繪製出來，如圖 20-2 所示。(架構階層圖是達到系統架構學的「結構行為合一」第一個金圖。)

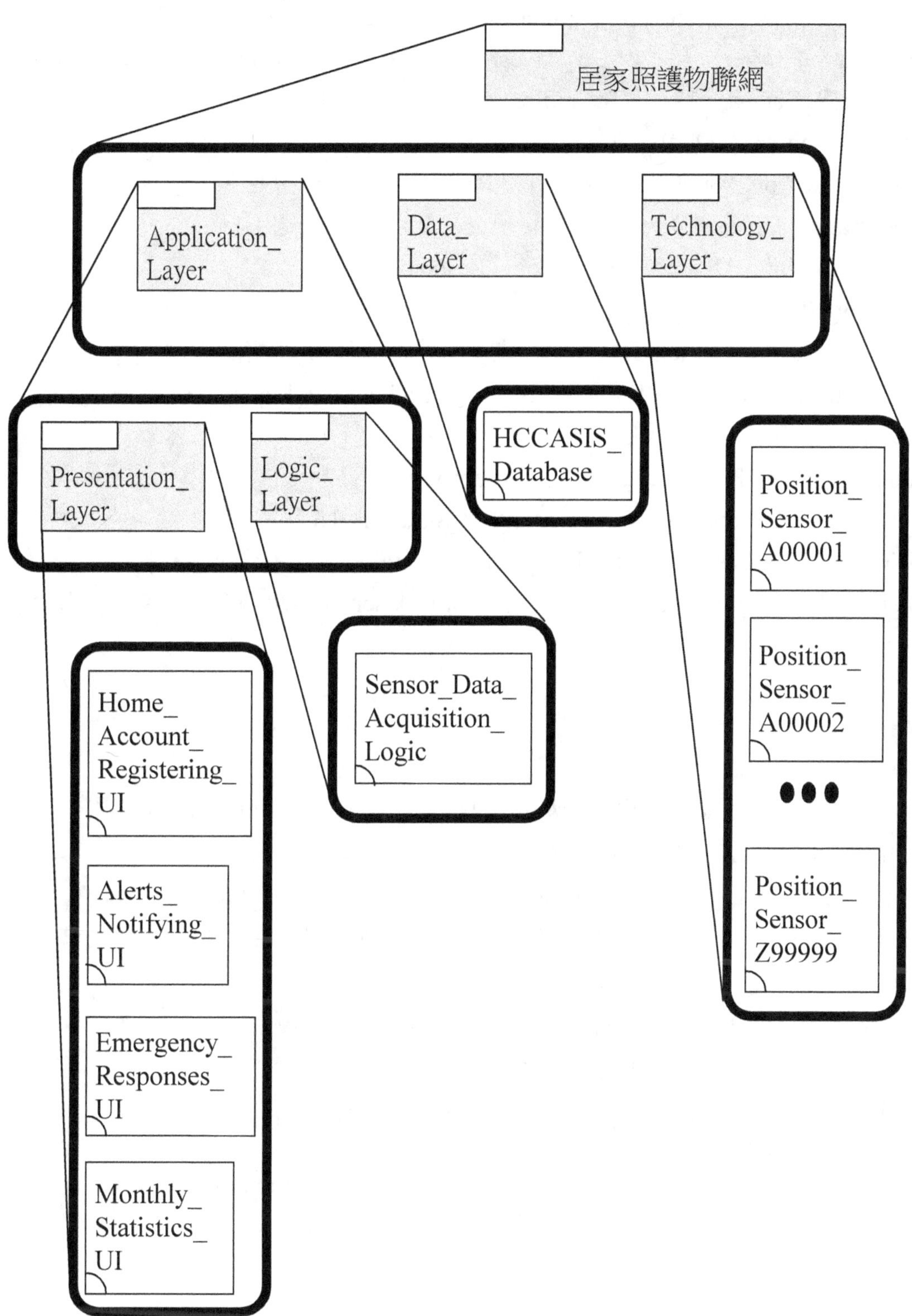

圖 20-2. 「居家照護物聯網」的架構階層圖

在圖 20-2 裡，「居家照護物聯網」分解出「Application_Layer」、「Data_Layer」、「Technology_Layer」，「Application_Layer」分解出「Presentation_Layer」和「Logic_Layer」，「Data_Layer」分解出「HCCASIS_Database」，「Technology_Layer」分解出「Position_Sensor_A00001」、「Position_Sensor_A00002」、‧‧‧‧「Position_Sensor_Z99999」等等，「Presentation_Layer」分解出「Home_Account_Registering_UI」、「Alerts_Notifying_UI」、「Emergency_Responses_UI」、「Monthly_Statistics_UI」，「Logic_Layer」分解出「Sensor_Data_Acquisition_Logic」。其中，「居家照護物聯網」、「Application_Layer」、「Data_Layer」、「Technology_Layer」、「Presentation_Layer」、「Logic_Layer」為聚合系統，「Home_Account_Registering_UI」、「Alerts_Notifying_UI」、「Emergency_Responses_UI」、「Monthly_Statistics_UI」、「HCCASIS_Database」、「Position_Sensor_A00001」、「Position_Sensor_A00002」、‧‧‧‧「Position_Sensor_Z99999」等等為非聚合系統。

20-2 框架圖

我們使用框架圖來多層級(Multi-Layer)或者多層次(Multi-Tier)分解和組合一個系統。圖 20-3 顯示在「居家照護物聯網」系統的框架圖裡，「Application_Layer」層有「Presentation_Layer」和「Logic_Layer」二個子層，「Presentation_Layer」子層包含「Home_Account_Registering_UI」、「Alerts_Notifying_UI」、「Emergency_Responses_UI」、Monthly_Statistics_UI」等四個構件，「Logic_Layer」子層包含「Sensor_Data_Acquisition_Logic」一個構件，「Data_Layer」層包含「HCCASIS_Database」一個構件，「Technology_Layer」層包含「Position_Sensor_A00001」、「Position_Sensor_A00002」、‧‧‧‧「Position_Sensor_Z99999」等許多個構件。(框架圖是達到系統架構學的「結構行為合一」第二個金圖。)

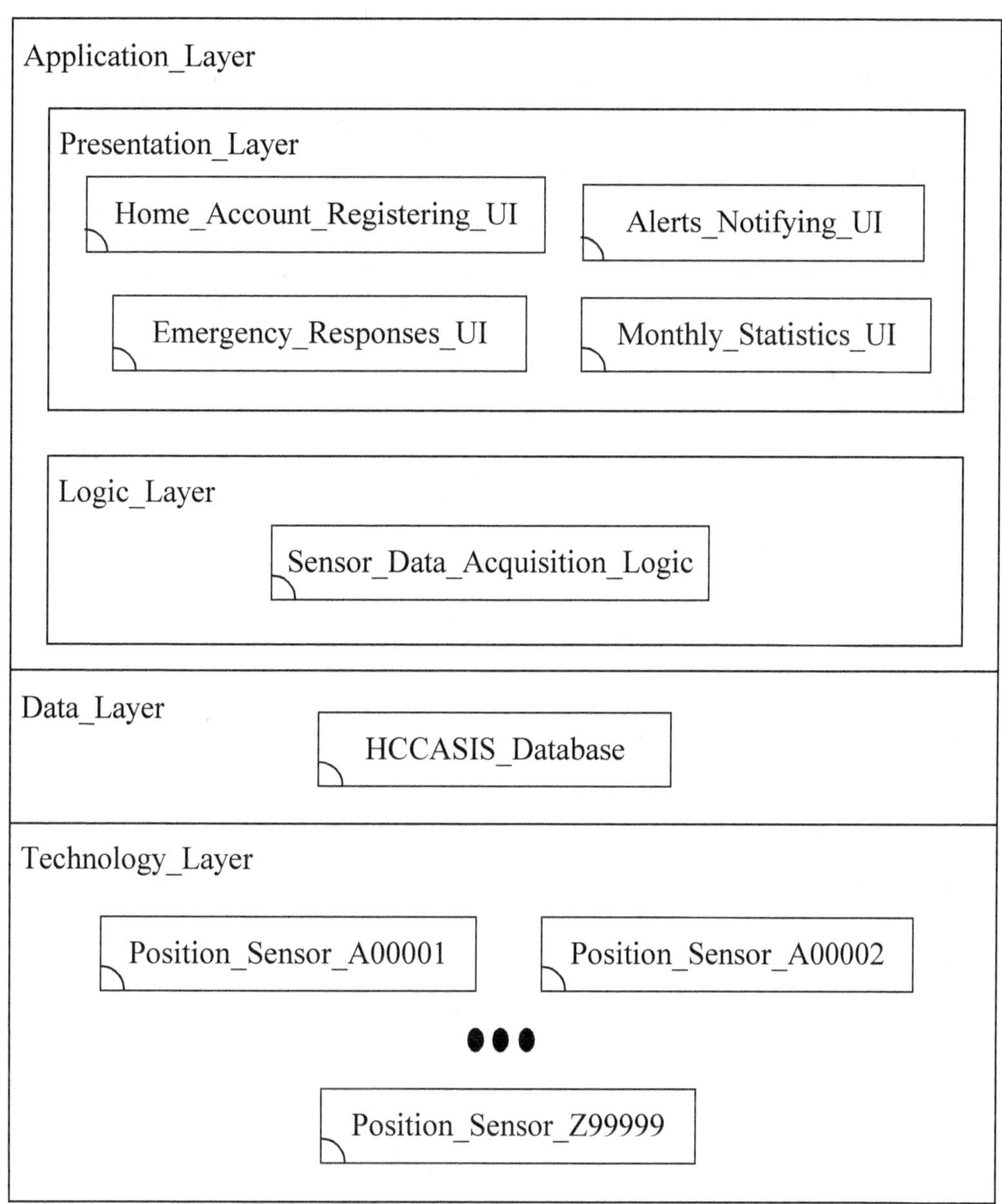

圖 20-3. 「居家照護物聯網」的框架圖

20-3 構件操作圖

另外，我們也會建置出「居家照護物聯網」所有構件的操作。圖 20-4 使用構件操作圖來顯示「居家照護物聯網」所有構件的操作。其中，「Home_Account_Registering_UI」構件有「Input_Home_Data」一個操作；「Alerts_Notifying_UI」構件有「Showing_All_Alerts」、Displaying_Alerts」等二個操作；「Emergency_Responses_UI」構件有「Input_Emergency_Responses」一個操作；「Monthly_Statistics_UI」構件有「PrintButton_Click」一個操作；「Sensor_Data_Acquisition_Logic」構件有「Fork_SDAL_Process」一個操作；「HCCASIS_Database」構件有「SQL_Insert_Home_Data」、「SQL_Insert_3-Dimensional_Locations」、「SQL_Select_3-Dimensional_Locations_for_Alerts_Analysis」、「SQL_Insert_Emergency_Responses」、「SQL_Select_Monthly_Statistics」等五個操作；「Position_Sensor_N (N = A00001 to Z99999)」構件有「Sensing_Position」、「Returning_Position」等二個操作。(構件操作圖是達到系統架構學的「結構行為合一」第三個金圖。)

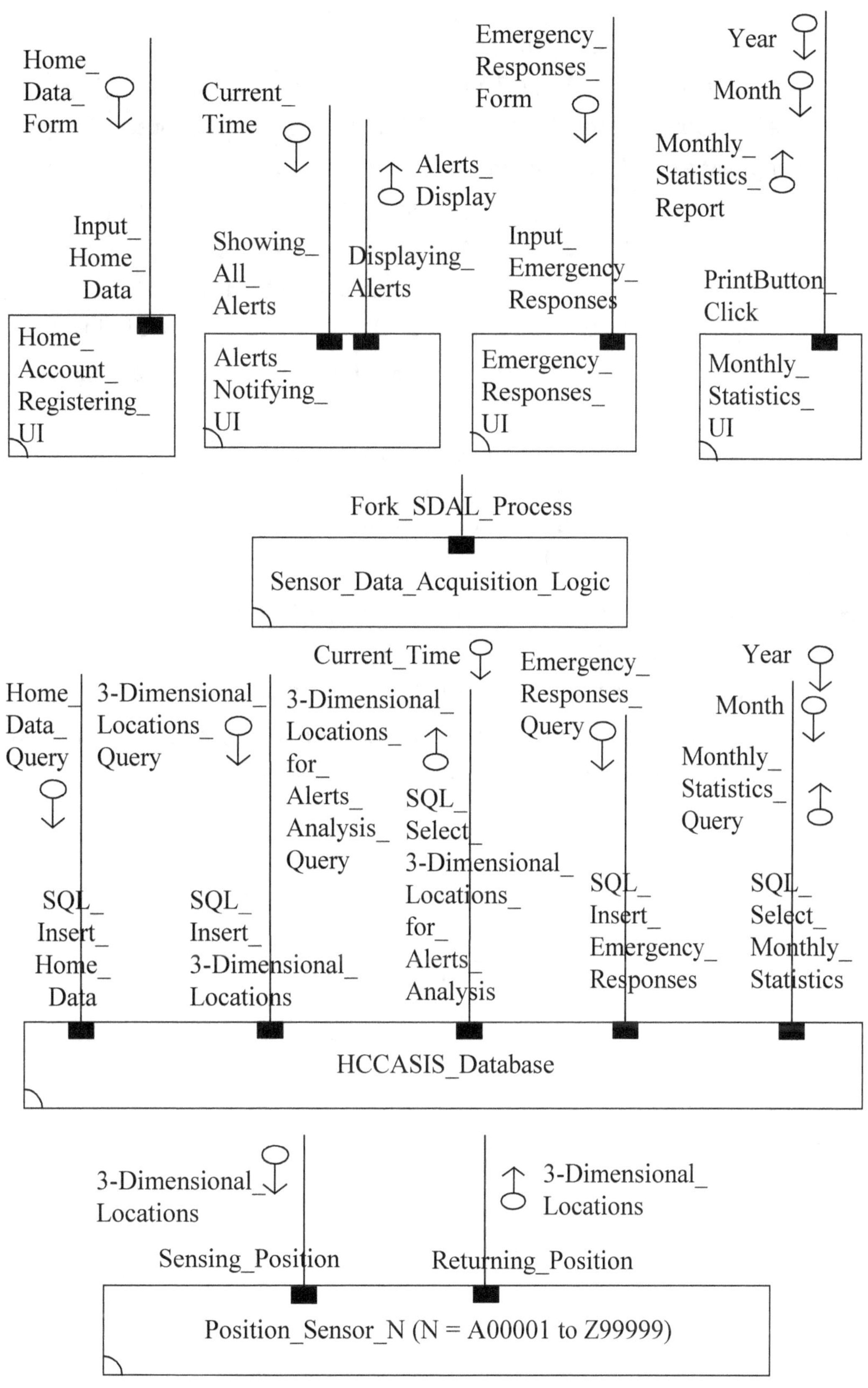

圖 20-4. 「居家照護物聯網」的構件操作圖

「Input_Home_Data」的操作式子為 Input_Home_Data(In Home_Data_Form)，「Showing_All_Alerts」的操作式子為 Showing_All_Alerts(In Current_Time)，「Displaying_Alerts」的操作式子為 Displaying_Alerts(Out Alerts_Display)，「Input_Emergency_Responses」的操作式子為 Input_Emergency_Responses(In Emergency_Responses_Form)，「PrintButton_Click」的操作式子為 PrintButton_Click(In Year, Month; Out Monthly_Statistics_Report)，「Fork_SDAL_Process」的操作式子為 Fork_SDAL_Process，「SQL_Insert_Home_Data」的操作式子為 SQL_Insert_Home_Data(In Home_Data_Query)，「SQL_Insert_3-Dimensional_Locations」的操作式子為 SQL_Insert_3-Dimensional_Locations(In 3-Dimensional_Locations_Query)，「SQL_Select_3-Dimensional_Locations_for_Alerts_Analysis」的操作式子為 SQL_Select_3-Dimensional_Locations_for_Alerts_Analysis(In Current_Time; Out 3-Dimensional_Locations_for_Alerts_Analysis_Query)，「SQL_Insert_Emergency_Responses」的操作式子為 SQL_Insert_Emergency_Responses(In Emergency_Responses_Query)，「SQL_Select_Monthly_Statistics」的操作式子為 SQL_Select_Monthly_Statistics(In Year, Month; Out Monthly_Statistics_Query)，「Sensing_Position」的操作式子為 Sensing_Position(In 3-Dimensional_Locations)，「Returning_Position」的操作式子為 Returning_Position(Out 3-Dimensional_Locations)。

圖 20-5 顯示在操作式子「Input_Home_Data(In Home_Data_Form) 」裡的輸入參數「Home_Data_Form」的複合資料型態(Composite Data Type)的規格。

Parameter	*Home_Data_Form*
Data Type	TABLE of Home_No: Text Address: Text Relative Name: Text Relative Phone: Text First_Name: Text Last_Name: Text Age: Integer End TABLE ;
Instances	**Home Data Form** Home_No: A00001 Address: 8417 Lorna Rd, Birmingham, AL 35216 Relative Name: Tom Hutchison Relative Phone : (205) 786-4328 First_Name Last_Name Age Grace Hutchison 82 John Hutchison 83

圖 20-5. 「Home_Data_Form」複合資料型態的規格

圖 20-6 顯示參數「Current_Time」、「Year」、「Month」等等的基本資料型態(Primitive Data Type)的規格。

Parameter	Data Type	Instances
Current_Time	Text	20150612231759
Year	Text	2015
Month	Text	06

圖 20-6.　基本資料型態的規格

圖 20-7 顯示在操作式子「Displaying_Alerts(Out　Alerts_Display)」裡的輸出參數「Alerts_Display」的複合資料型態(Composite Data Type)的規格。

<table>
<tr><td>Parameter</td><td>Alerts_Display</td></tr>
<tr><td>Data Type</td><td>TABLE of
  Current_Time: Text
  Home_No: Text
  Alert_Code: Text
  Emergency_Response: Text
End TABLE ;</td></tr>
<tr><td>Instances</td><td>Alerts Display
2015/06/12, 14:17 PM
<table><tr><th>Home_No</th><th>Alert_Code</th><th>Emergency_Response</th></tr><tr><td>A00231</td><td>01</td><td>YES</td></tr><tr><td>B34502</td><td>01</td><td>NOT YET</td></tr><tr><td>Q34567</td><td>03</td><td>YES</td></tr><tr><td>S17896</td><td>01</td><td>NOT YET</td></tr></table></td></tr>
</table>

圖 20-7.　「Alerts_Display」複合資料型態的規格

圖 20-8 顯示在操作式子「Input_Emergency_Responses(In Emergency_Responses_Form)」裡的輸入參數「Emergency_Responses_Form」的複合資料型態(Composite Data Type)的規格。

Parameter	*Emergency_Responses_Form*

Data Type	TABLE of
	  Home_No: Text
	  Time_to_Respond: Text
	  Actions_Taken_to_Respond: Text
	End TABLE ;

Instances	**Emergency Responses Form** Home_No: A12345 Time_to_Respond: 20150607134000 Actions_Taken_to_Respond Send people there Nofify the relatives

圖 20-8. 「Emergency_Responses_Form」複合資料型態的規格

圖 20-9 顯示在操作式子「PrintButton_Click(In Year, Month; Out Monthly_Statistics_Report)」裡的輸出參數「Monthly_Statistics_Report」的複合資料型態(Composite Data Type)的規格。

<table>
<tr><td>Parameter</td><td>Monthly_Statistics_Report</td></tr>
<tr><td>Data Type</td><td>TABLE of
  Home_No: Text
  Alert_Code: Text
  Alert_Occurrence_Number: Integer
End TABLE ;</td></tr>
<tr><td>Instances</td><td>Monthly Statistics Report
<table>
<tr><th>Home_No</th><th>Alert_Code</th><th>Alert_Occurrence_Number</th></tr>
<tr><td>A11111</td><td>01</td><td>1</td></tr>
<tr><td>A11111</td><td>02</td><td>1</td></tr>
<tr><td>A22222</td><td>03</td><td>2</td></tr>
<tr><td>A33333</td><td>01</td><td>1</td></tr>
</table>
</td></tr>
</table>

圖 20-9. 「Monthly_Statistics_Report」複合資料型態的規格

圖 20-10 顯示在操作式子「SQL_Insert_Home_Data(In Home_Data_Query)」裡的輸入參數「Home_Data_Query」的複合資料型態(Composite Data Type)的規格。

<table>
<tr><td>Parameter</td><td>Home_Data_Query</td></tr>
<tr><td>Data Type</td><td>TABLE of
Home_No: Text
Address: Text
Relative Name: Text
Relative Phone: Text
First_Name: Text
Last_Name: Text
Age: Integer
End TABLE ;</td></tr>
<tr><td>Instances</td><td>Home_No: A00001
Address: 8417 Lorna Rd, Birmingham, AL 35216
Relative Name: Tom Hutchison
Relative Phone : (205) 786-4328
<table>
<tr><th>First_Name</th><th>Last_Name</th><th>Age</th></tr>
<tr><td>Grace</td><td>Hutchison</td><td>82</td></tr>
<tr><td>John</td><td>Hutchison</td><td>83</td></tr>
</table></td></tr>
</table>

圖 20-10. 「Home_Data_Query」複合資料型態的規格

圖 20-11 顯示在操作式子「SQL_Insert_3-Dimensional_Locations(In 3-Dimensional_Locations_Query)」裡的輸入參數「3-Dimensional_Locations_Query」的複合資料型態(Composite Data Type)的規格。

<table>
<tr><td>Parameter</td><td>3-Dimensional_Locations_Query</td></tr>
<tr><td>Data Type</td><td>TABLE of
  Home_No: Text
  Recorded_Time: Text
  X-coordinate: Real
  Y-coordinate: Real
  Z-coordinate: Real
End TABLE ;</td></tr>
<tr><td>Instances</td><td>Home_No: A12345
Recorded_Time: 20150606142500
<table><tr><th>X-coordinate</th><th>Y-coordinate</th><th>Z-coordinate</th></tr><tr><td>240</td><td>120</td><td>38</td></tr><tr><td>200</td><td>150</td><td>31</td></tr></table></td></tr>
</table>

圖 20-11. 「3-Dimensional_Locations_Query」複合資料型態的規格

圖 20-12 顯示在操作式子「SQL_Select_3-Dimensional_Locations_for_Alerts_Analysis(In Current_Time; Out 3-Dimensional_Locations_for_Alerts_Analysis_Query)」裡的輸出參數「3-Dimensional_Locations_for_Alerts_Analysis_Query」的複合資料型態(Composite Data Type)的規格。

<table>
<tr><td>Parameter</td><td>3-Dimensional_Locations_for_Alerts_Analysis_Query</td></tr>
<tr><td>Data Type</td><td>TABLE of
  Home_No: Text
  Recorded_Time: Text
  X-coordinate: Real
  Y-coordinate: Real
  Z-coordinate: Real
End TABLE ;</td></tr>
<tr><td>Instances</td><td>
<table>
<tr><th>Home_ No</th><th>Recorded_ Time</th><th>X-coordinate</th><th>Y-coordinate</th><th>Z-coordinate</th></tr>
<tr><td>A11111</td><td>20150606142500</td><td>200</td><td>150</td><td>38</td></tr>
<tr><td>A11111</td><td>20150606142530</td><td>180</td><td>140</td><td>38</td></tr>
<tr><td>A22222</td><td>20150606142500</td><td>100</td><td>250</td><td>30</td></tr>
<tr><td>A22222</td><td>20150606142530</td><td>100</td><td>240</td><td>30</td></tr>
</table>
</td></tr>
</table>

圖 20-12. 「3-Dimensional_Locations_for_Alerts_Analysis_Query」複合資料型態的規格

圖 20-13 顯示在操作式子「SQL_Insert_Emergency_Responses(In Emergency_Responses_Query)」裡的輸入參數「Emergency_Responses_Query」的複合資料型態(Composite Data Type)的規格。

<table>
<tr><td>Parameter</td><td>Emergency_Responses_Query</td></tr>
<tr><td>Data Type</td><td>TABLE of
  Home_No: Text
  Time_to_Respond: Text
  Actions_Taken_to_Respond: Text
End TABLE ;</td></tr>
<tr><td>Instances</td><td>
<table>
<tr><th>Home_No</th><th>Time_to_Respond</th></tr>
<tr><td>A12345</td><td>2015/06/12, 14:15</td></tr>
</table>
<table>
<tr><th>Actions_Taken_to_Respond</th></tr>
<tr><td>Send people there</td></tr>
<tr><td>Nofify the relatives</td></tr>
</table>
</td></tr>
</table>

圖 20-13. 「Emergency_Responses_Query」複合資料型態的規格

圖 20-14 顯示在操作式子「SQL_Select_Monthly_Statistics(In Year, Month; Out Monthly_Statistics_Query)」裡的輸出參數「Monthly_Statistics_Query」的複合資料型態(Composite Data Type)的規格。

Parameter	*Monthly_Statistics_Query*

Data Type	TABLE of
	  Home_No: Text
	  Alert_Occurrence_Time: Text
	  Alert_Code: Text
	End TABLE ;

Instances	(see table below)

Home_No	Alert_Occurrence_Time	Alert_Code
A11111	20150603142500	01
A11111	20150606091200	02
A22222	20150602183030	03
A33333	20150606142500	01

圖 20-14. 「Monthly_Statistics_Query」複合資料型態的規格

圖 20-15 顯示在操作式子「Sensing_Position(In 3-Dimensional_Locations)」裡的輸入參數以及操作式子「Returning_Position(Out 3-Dimensional_Locations)」裡的輸出參數「3-Dimensional_Locations」的複合資料型態(Composite Data Type)的規格。

Parameter	*3-Dimensional_Locations*
Data Type	TABLE of X-coordinate: Real Y-coordinate: Real Z-coordinate: Real End TABLE ;
Instances	(see table below)

X-coordinate	Y-coordinate	Z-coordinate
240	120	37
200	150	30

圖 20-15. 「3-Dimensional_Locations」複合資料型態的規格

20-4 構件連結圖

完成「居家照護物聯網」系統的構件與操作後，我們可以開始繪製「居家照護物聯網」系統內所有構件的連結。「居家照護物聯網」除了「Alerts_Notifying_UI」、「Home_Account_Registering_UI」、「Emergency_Responses_UI」、「Monthly_Statistics_UI」、「Sensor_Data_Acquisition_Logic」、「HCCASIS_Database」、「Position_Sensor_N (N = A00001 to Z99999)」等構件外，尚有四個名稱為「One_Minute_Interval」、「Homecare_Provider」、「Server_Root」、「Senior_Residents」的外界環境。

圖 20-16 使用構件連結圖來顯示在「居家照護物聯網」系統裡，「One_Minute_Interval」、「Homecare_Provider」、「Server_Root」等外界環境和「Alerts_Notifying_UI」、「Home_Account_Registering_UI」、「Emergency_Responses_UI」、「Monthly_Statistics_UI」、「Sensor_Data_Acquisition_Logic」、「HCCASIS_Database」、「Position_Sensor_N (N = A00001 to Z99999)」等構件彼此之間的連結。(構件連結圖是達到系統架構學的「結構行為合一」第四個金圖。)

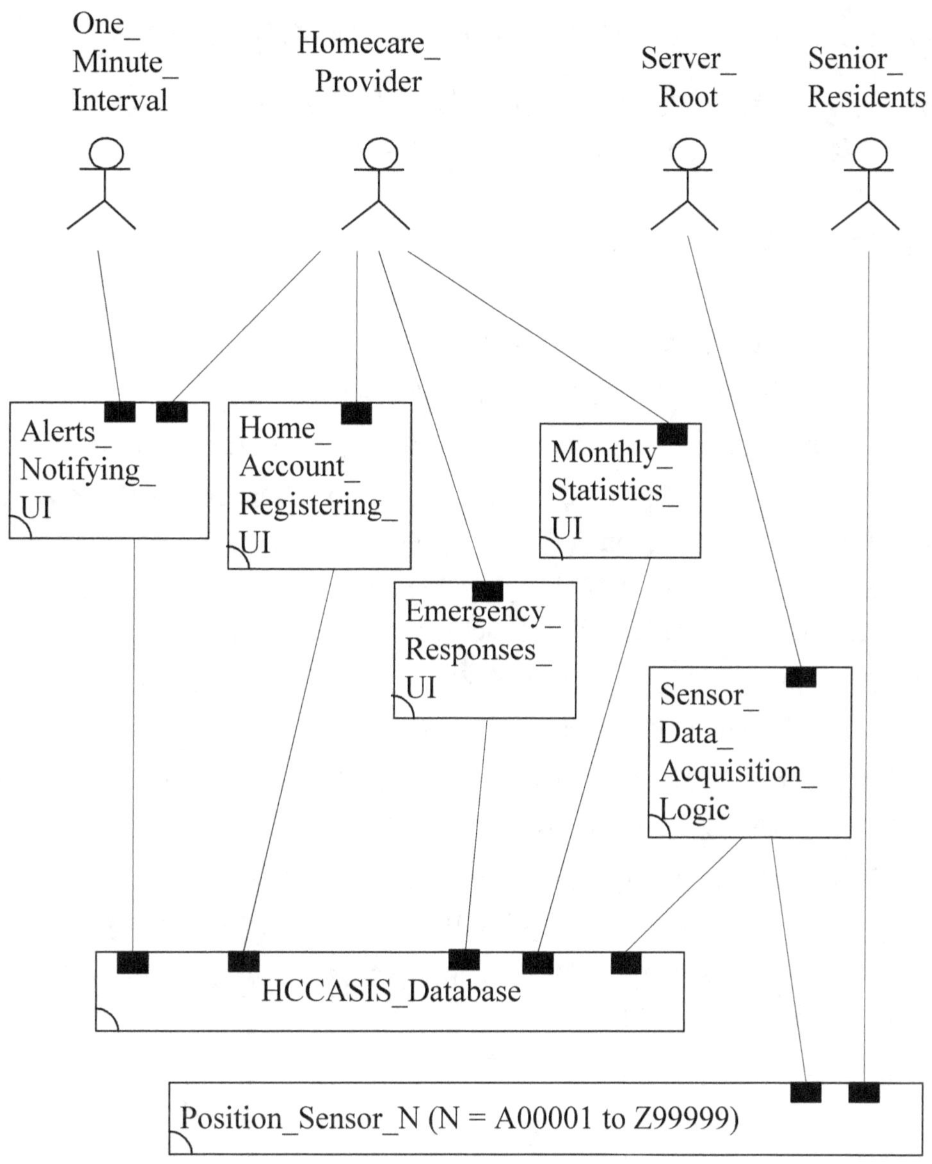

圖 20-16. 「居家照護物聯網」的構件連結圖

在圖 20-16 中，外界環境「One_Minute_Interval」和「Alerts_Notifying_UI」構件有連結，外界環境「Homecare_Provider」和「Alerts_Notifying_UI」、「Home_Account_Registering_UI」、「Emergency_Responses_UI」、「Monthly_Statistics_UI」等構件都有連結，外界環境「Server_Root」和「Sensor_Data_Acquisition_Logic」構件有連結，外界環境「Senior_Residents」和「Position_Sensor_N (N = A00001 to Z99999)」構件有連結，「Alerts_Notifying_UI」、「Home_Account_Registering_UI」、「Emergency_Responses_UI」、「Monthly_Statistics_UI」等構件和

「HCCASIS_Database」構件都有連結，構件「Sensor_Data_Acquisition_Logic」和「HCCASIS_Database」、「Position_Sensor_N (N = A00001 to Z99999)」等構件都有連結。

有了構件連結圖以後，「居家照護物聯網」系統的樣式會呈現出來，因而「居家照護物聯網」系統的結構觀點會變得更清晰。

20-5 結構行為合一圖

在「居家照護物聯網」系統裡，外界環境和它七個構件之間的互動，會產生「居家照護物聯網」的系統行為。如圖 20-17 所示，外界環境「One_Minute_Interval」、「Homecare_Provider」和「Alerts_Notifying_UI 」、「HCCASIS_Database」等構件互動產生「Alerts_Notifying」行為，外界環境「Homecare_Provider」和「Home_Account_Registering_UI」、「HCCASIS_Database」等構件互動產生「Registering_Home_Account」行為，外界環境「Homecare_Provider」和「Emergency_Responses_UI」、「HCCASIS_Database」等構件互動產生「Recording_Emergency_Responses」行為，外界環境「Homecare_Provider」和「Monthly_Statistics_UI」、「HCCASIS_Database」等構件互動產生 Printing_Monthly_Statistics」行為，外界環境「Server_Root」、「Senior_Residents」和「Sensor_Data_Acquisition_Logic」、「HCCASIS_Database」、「Position_Sensor_N (N = A00001 to Z99999)」等構件互動產生「Sensing_Residents_Position」行為。 (結構行為合一圖是達到系統架構學的「結構行為合一」第五個金圖。)

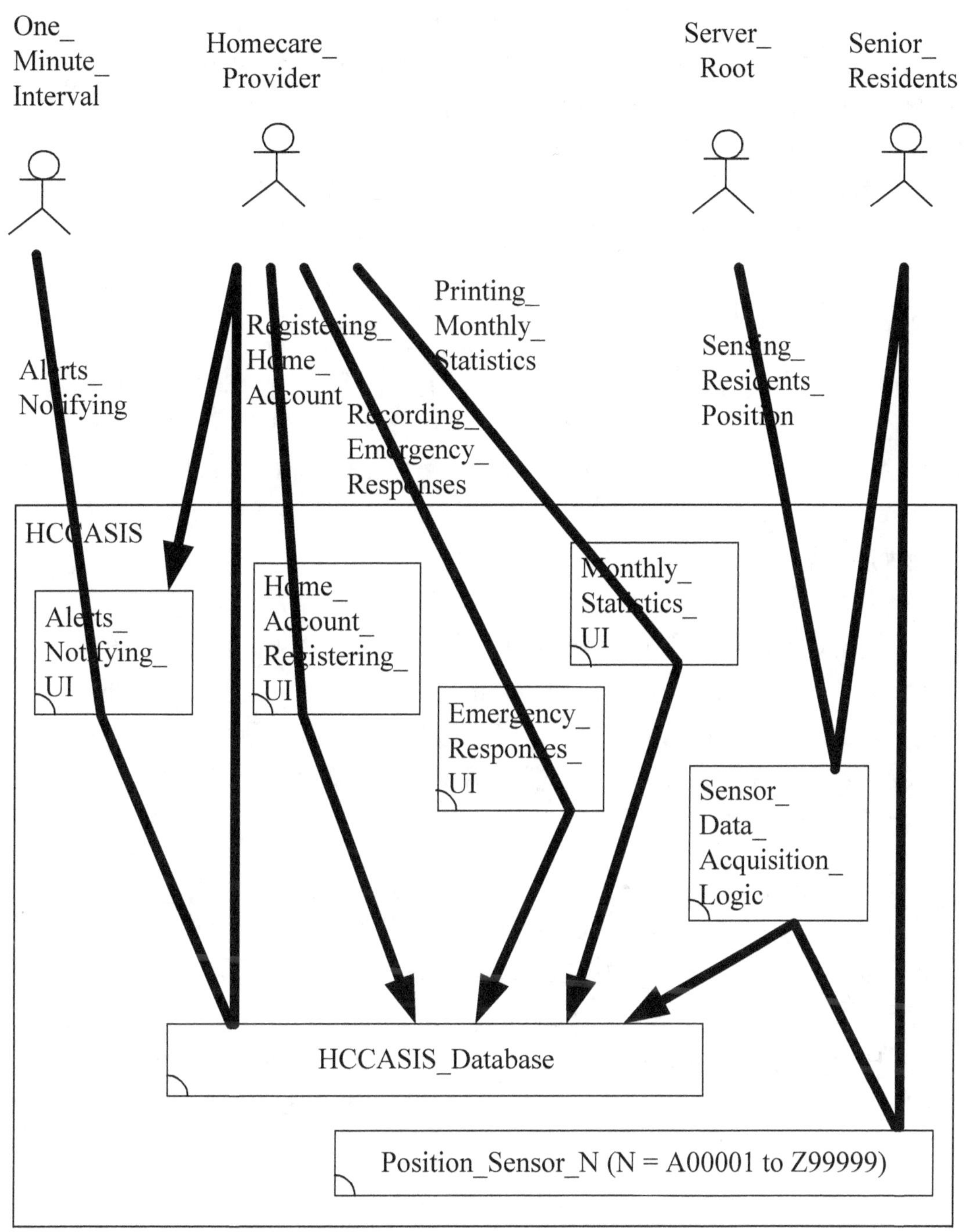

圖 20-17. 「居家照護物聯網」的結構行為合一圖

一個系統的行為乃是其個別的行為總合起來。例如，「居家照護物聯網」的整體系統行為包括「Registering_Home_Account」、「Sensing_Resident_Position」、「Alerts_Notifying」、「Recording_Emergency_Responses」、「Printing_Monthly_Statistics」等五個個別的行為。換句話說，「Registering_Home_Account」、「Sensing_Resident_Position」、「Alerts_Notifying」、

「Recording_Emergency_Responses」、「Printing_Monthly_Statistics」等五個個別的行為總合起來就等於「居家照護物聯網」的整體系統行為。

「Registering_Home_Account」行為、「Sensing_Resident_Position」行為、「Alerts_Notifying」行為、「Recording_Emergency_Responses」行為、「Printing_Monthly_Statistics」行為五者彼此之間是相互獨立，沒有任何牽連的。由於它們彼此之間沒有任何瓜葛，因而這三個行為可以同時交錯進行(Concurrently Execute)，互不干擾[Hoar85，Miln89，Miln99]。

採用系統架構學，最主要的目標就是只會有一個整合性全體的系統，而不會有各自分離的系統結構和系統行為。在圖 20-17 中，我們可以看到，「居家照護物聯網」的系統結構和系統行為都一起存在其整合性全體的系統裡面。換句話說，在「居家照護物聯網」整合性全體的系統裡，我們不但看到它的系統結構，也同時看到它的系統行為。

20-6 互動流程圖

一個系統的整體行為包括許多個別的行為。每一個個別的行為代表系統一個情境(Scenario)的執行路徑。每個執行路徑可以說就是一個互動流程圖。執行路徑可以說是將系統的內部細節互動串接起來。互動流程圖強調的是這些串接起來的互動之先後次序。(互動流程圖是達成系統架構學的「結構行為合一」第六個金圖。)

「居家照護物聯網」的互動流程圖共有五個，我們會將它們分別繪製出來。圖 20-18 說明「Registering_Home_Account」行為的互動流程圖。首先，外界環境「Homecare_Provider」和「Home_Account_Registering_UI」構件發生「Input_Home_Data」操作呼叫、並帶著「Home_Data_Form」輸入參數的互動。最後，「Home_Account_Registering_UI」構件和「HCCASIS_Database」構件發生「SQL_Insert_Home_Data」操作呼叫、並帶著「Home_Data_Query」輸入參數的互動。

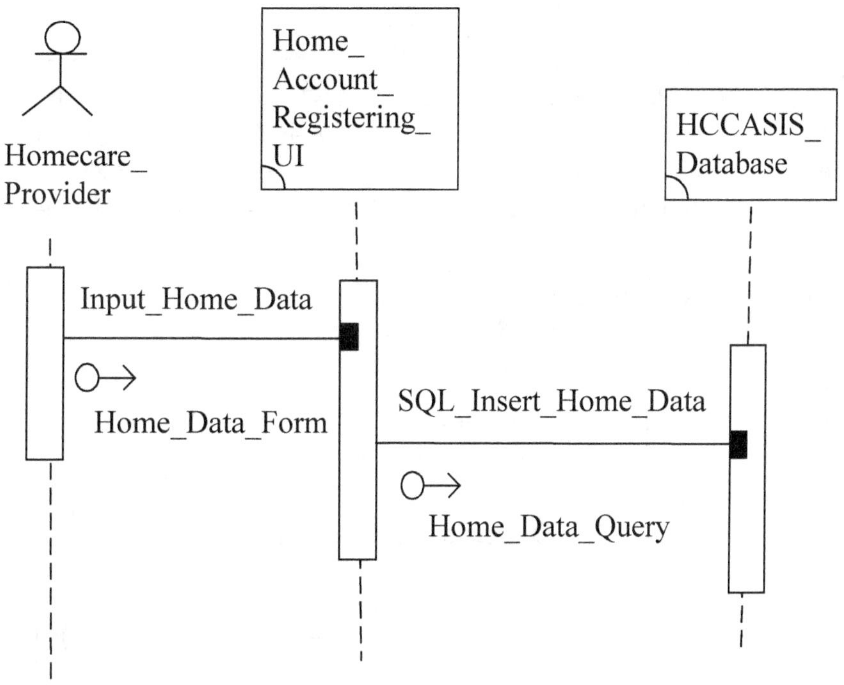

圖 20-18. 「Registering_Home_Account 」行為的互動流程圖

圖 20-19 說明「Sensing_Residents_Position」行為的互動流程圖。首先，外界環境「Server_Root」和「Sensor_Data_Acquisition_Logic」構件發生「Fork_SDAL_Process」操作呼叫的互動。接著，外界環境「Senior_Residents」和「Position_Sensor_N (N = A00001 to Z99999)」構件發生「Sensing_Position」操作呼叫、並帶著「3-Dimensional_Locations」輸入參數的互動。再來，「Sensor_Data_Acquisition_Logic」構件和「Position_Sensor_N (N = A00001 to Z99999)」構件發生「Returning_Position」操作呼叫、並帶著「3-Dimensional_Locations」輸出參數的互動。最後，「Sensor_Data_Acquisition_Logic」構件和「HCCASIS_Database」構件發生「SQL_Insert_3-Dimensional_Locations」操作呼叫、並帶著「3-Dimensional_Locations_Query」輸入參數的互動。

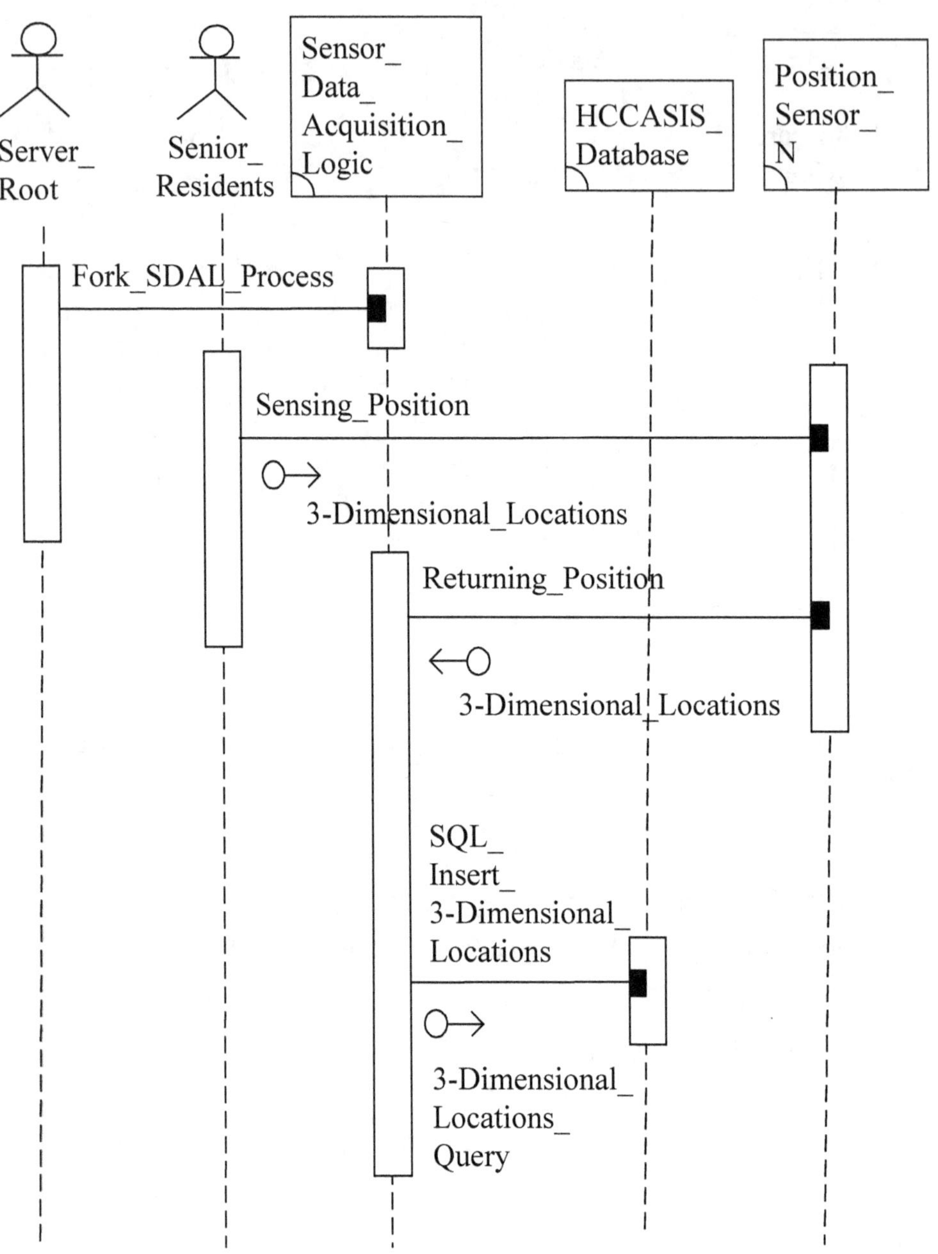

圖 20-19. 「Sensing_Residents_Position」行為的互動流程圖

圖 20-20 說明「Alerts_Notifying」行為的互動流程圖。首先，外界環境「One_Minute_Interval」和「Alerts_Notifying_UI」構件發生「Showing_All_Alerts」操作呼叫、並帶著「Current_Time」輸入參數的互動。接著，「Alerts_Notifying_UI」構件和「HCCASIS_Database」構件發生「SQL_Select_3-Dimensional_Locations_for_Alerts_Analysis」操作呼叫、並帶著「Current_Time」輸入參數以及「3-Dimensional_Locations_for_Alerts_Analysis_Query」輸出參數的互動。最後，外界環境「Homecare_Provider」和「Alerts_Notifying_UI」構件發生「Displaying_Alerts」操作呼叫、並帶著「Alerts_Display」輸出參數的互動。

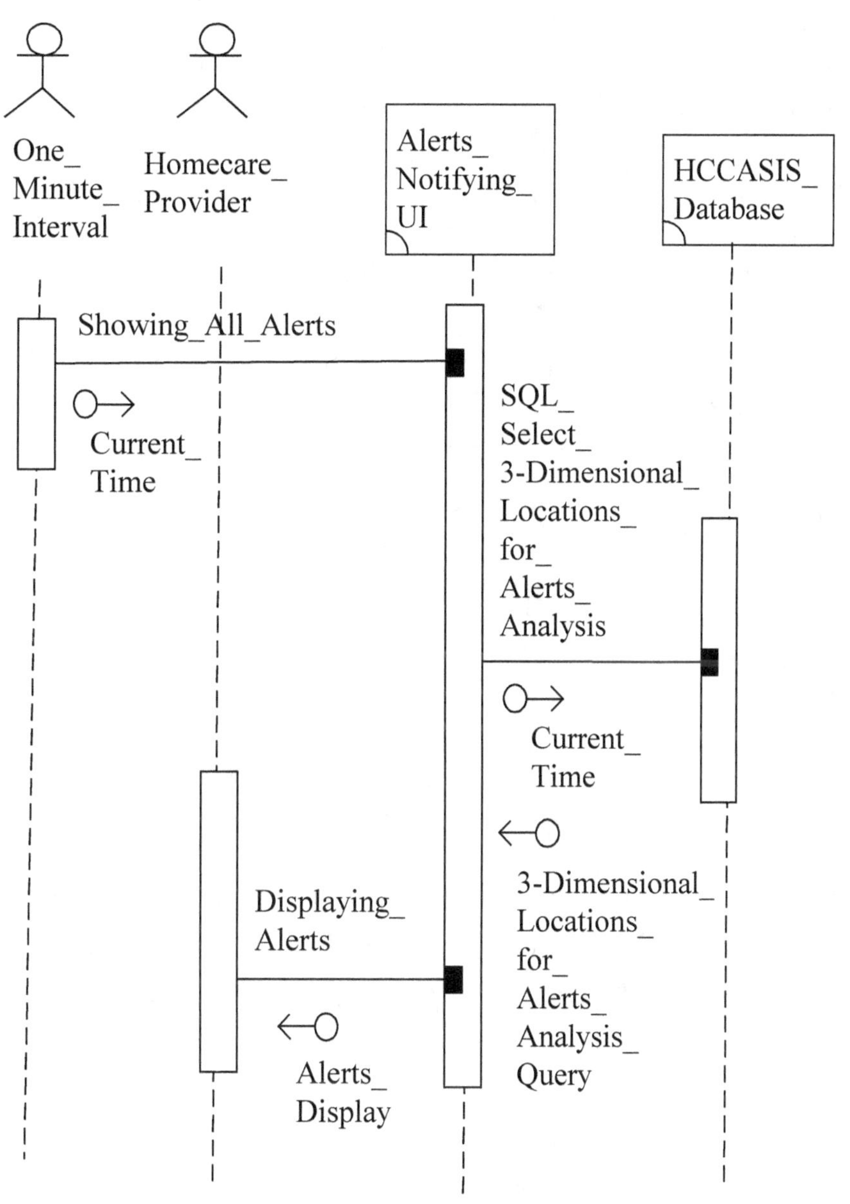

圖 20-20. 「Alerts_Notifying」行為的互動流程圖

圖 20-21 說明「Recording_Emergency_Responses」行為的互動流程圖。首先，外界環境「Homecare_Provider」和「Emergency_Responses_UI」構件發生「Input_Emergency_Responses」操作呼叫、並帶著「Emergency_Responses_Form」輸入參數的互動。最後，「Emergency_Responses_UI」構件和「HCCASIS_Database」構件發生「SQL_Insert_Emergency_Responses」操作呼叫、並帶著「Emergency_Responses_Query」輸入參數的互動。

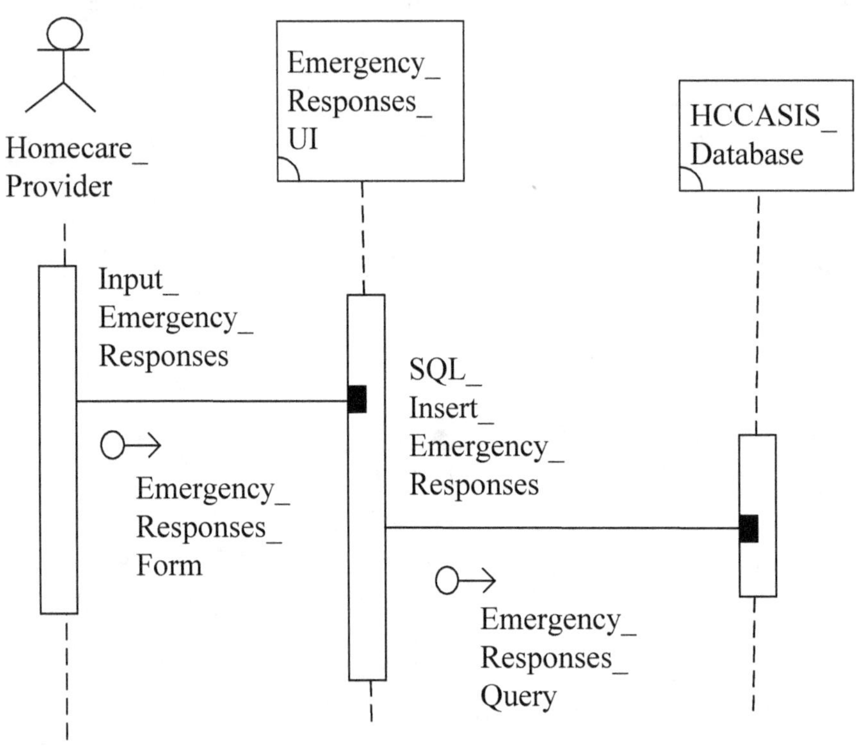

圖 20-21.　　「Recording_Emergency_Responses」行為的互動流程圖

圖 20-22 說明「Printing_Monthly_Statistics」行為的互動流程圖。首先，外界環境「Homecare_Provider」和「Monthly_Statistics_UI」構件發生「PrintButton_Click」操作呼叫、並帶著「Year」和「Month」輸入參數的互動。接著，「Monthly_Statistics_UI」構件和「HCCASIS_Database」構件發生「SQL_Select_Monthly_Statistics_」操作呼叫、並帶著「Year」和「Month」輸入參數以及「Monthly_Statistics_Query」輸出參數的互動。最後，外界環境「Homecare_Provider」和「Monthly_Statistics_UI」構件發生「PrintButton_Click」操作傳回、並帶著「Monthly_Statistics_Report」輸出參數的互動。

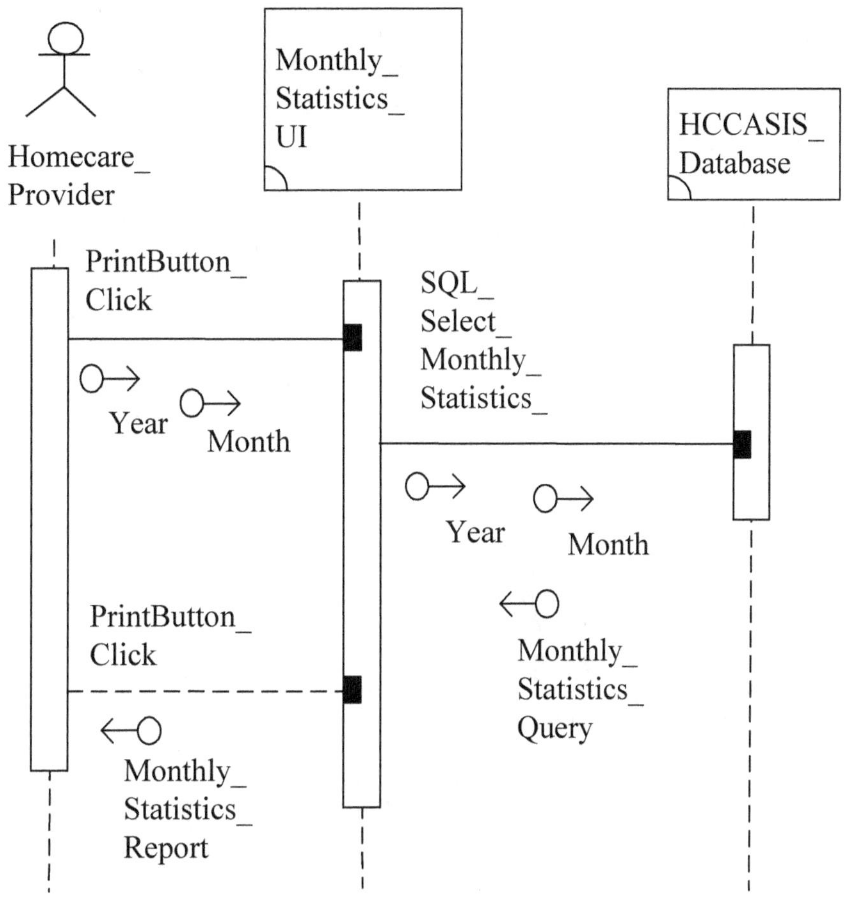

圖 20-22.　「Printing_Monthly_Statistics」行為的互動流程圖

第 21 章 智慧旅遊城市物聯網的系統架構

智慧旅遊城市(Smart City Tourism)的概念出自於智慧城市(Smart City)的發展。隨著物聯網(Internet of Things，簡稱為 IoT)技術的雲網絡被嵌入的所有組織和實體，旅遊城市將利用無所不在的感知技術和他們的社會組成部分之間的協同作用，支持旅遊經驗的豐富。智慧城市的策略是在全球所有城市的未來發展的必然趨勢。智慧旅遊城市是智慧城市的重要組成部分和策略實踐。這種智慧城市策略會嘗試將物聯網雲端計算技術與智慧旅遊產業和智慧旅遊城市的發展結合起來。

「智慧旅遊城市物聯網」系統(Smart Tourism City Cloud Applications and Services IoT System，簡稱為 STCCASIS)將我們的生活帶入數字時代。它改善了人們的生活環境，切實提升人們的生活品質。旅遊者通過「智慧旅遊城市物聯網」系統的手機駁接工具，獲得全面的導遊講解服務；制定私人旅遊線路，合理地安排個人日程，最大化地利用旅遊時間。獲得網上旅遊諮詢服務，旅遊者能夠根據自己的需要選擇性消費。同時，「智慧旅遊城市物聯網」系統的發展也將帶動相關產業的發展，促進資訊技術產業的創新，創造更多的經濟效益。

「智慧旅遊城市物聯網」系統主要是提供「Creating_New_Account」、「Showing_Nearby_Attractions_CityMap」、「Extracting_Attraction_Details」、「Planning_Personalized_Itinerary」、「Scenic_Spot_Checking_In_And_Recommending」等五個行為。透過這五個行為，外界環境「Tourist」會和此「智慧旅遊城市物聯網」系統產生互動，如圖 21-1 所示。

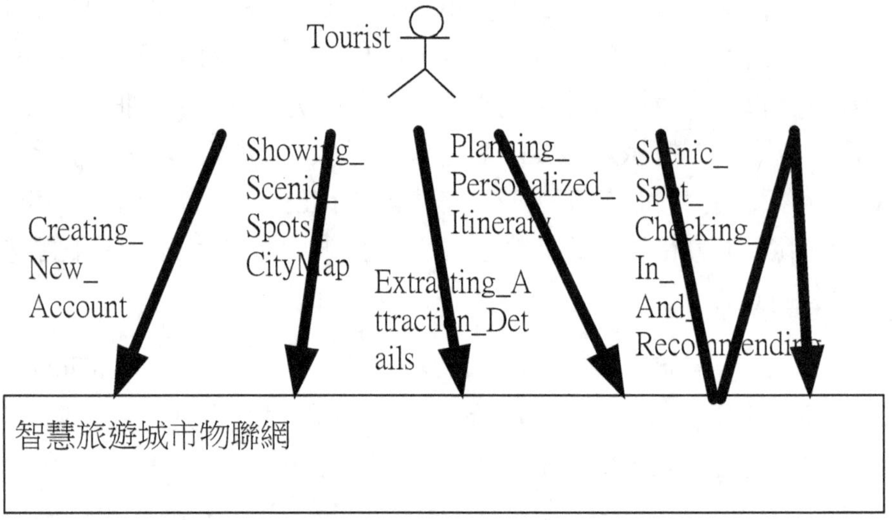

圖 21-1. 「智慧旅遊城市物聯網」的行為

在本章「智慧旅遊城市物聯網」的範例裡，我們將依序使用 SBC 架構描述語言(SBC Architecture Description Language)的六大金圖：(A)架構階層圖、(B)框架圖、(C)構件操作圖、(D)構件連結圖、(E)結構行為合一圖、(F)互動流程圖，來完成此「智慧旅遊城市物聯網」的系統架構。

21-1 架構階層圖

首先，我們使用多階層(Multi-Level)分解和組合方式將「智慧旅遊城市物聯網」的架構階層圖(Architecture Hierarchy Diagram，簡稱為 AHD)繪製出來，如圖 21-2 所示。(架構階層圖是達到系統架構學的「結構行為合一」第一個金圖。)

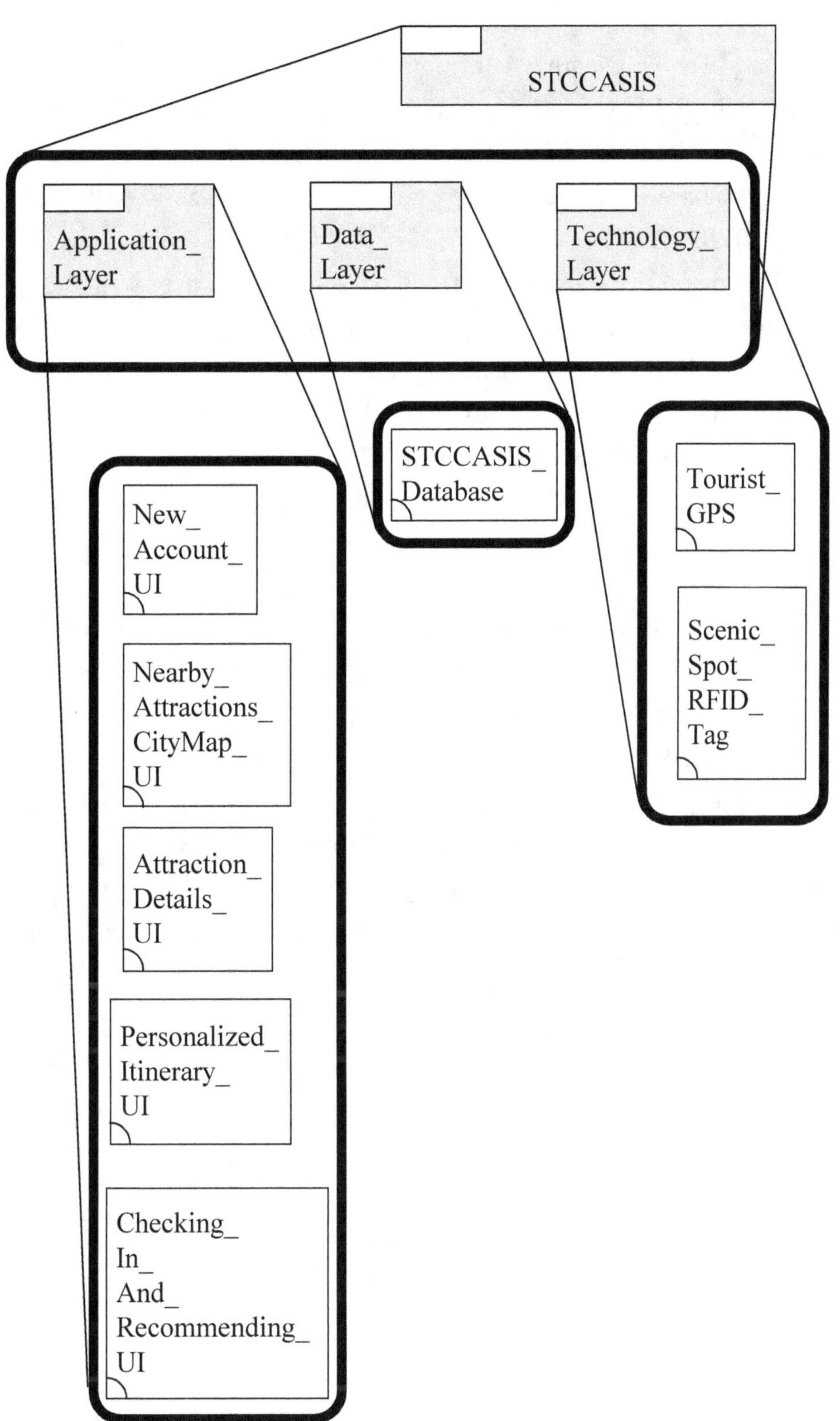

圖 21-2.　「智慧旅遊城市物聯網」的架構階層圖

在圖 21-2 裡，「智慧旅遊城市物聯網」分解出「Application_Layer」、「Data_Layer」和「Technology_Layer」，「Application_Layer」分解出「New_Account_UI」、「Nearby_Attractions_CityMap_UI」、「Attraction_Details_UI」、「Personalized_Itinerary_UI」、和「Checking_In_And_Recommending_UI」，「Data_Layer」分解出「STCCASIS_Database」，「Technology_Layer」分解出「Tourist_GPS」和「Scenic_Spot_RFID_Tag」。其中，「智慧旅遊城市物聯網」、「Application_Layer」」、「Data_Layer」、「Technology_Layer」為聚合系統，「New_Account_UI」、「Nearby_Attractions_CityMap_UI」、「Attraction_Details_UI」、「Personalized_Itinerary_UI」、「Checking_In_And_Recommending_UI」、「STCCASIS_Database」、「Tourist_GPS」和「Scenic_Spot_RFID_Tag」為非聚合系統。

21-2 框架圖

我們使用框架圖來多層級(Multi-Layer)或者多層次(Multi-Tier)分解和組合一個系統。圖 21-3 顯示在「智慧旅遊城市物聯網」系統的框架圖裡，「Application_Layer」層包含「New_Account_UI」、「Nearby_Attractions_CityMap_UI」、「Attraction_Details_UI」、「Personalized_Itinerary_UI」、「Checking_In_And_Recommending_UI」等五個構件，「Data_Layer」層包含「STCCASIS_Database」一個構件，「Technology_Layer」層包含「Tourist_GPS」、「Scenic_Spot_RFID_Tag」等二個構件。 (框架圖是達到系統架構學的「結構行為合一」第二個金圖。)

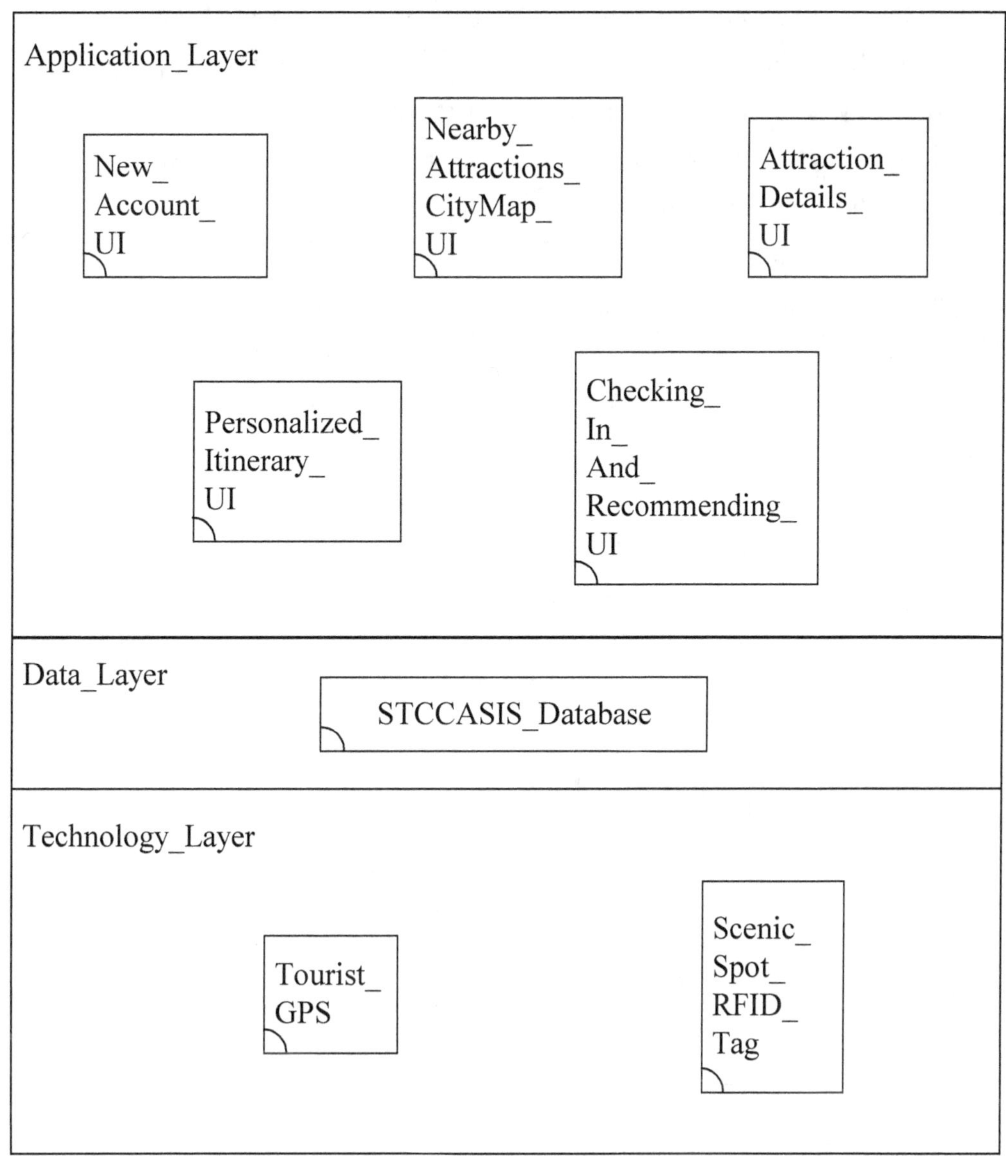

圖 21-3. 「智慧旅遊城市物聯網」的框架圖

21-3 構件操作圖

另外，我們也會建置出「智慧旅遊城市物聯網」所有構件的操作。圖 21-4 使用構件操作圖來顯示「智慧旅遊城市物聯網」八個構件的操作。其中，「New_Account_UI」構件有「Input_New_Account」一個操作；「Nearby_Attractions_CityMap_UI」構件有「Show_Nearby_Attractions_CityMap」一個操作；「Attraction_Details_UI」構件有「Show_Attraction_Details」一個操作；「Personalized_Itinerary_UI」構件

有「Input_Personalized_Itinerary」一個操作；
「Checking_In_And_Recommending_UI」構件有「Scenic_Spot_Check_In」、「Scenic_Spot_Recommend」等二個操作；「STCCASIS_Database」構件有「SQL_Insert_New_Account」、「SQL_Select_Nearby_Attractions」、「SQL_Select_Attraction_Details」、「SQL_Insert_Personalized_Itinerary」、「SQL_Insert_Checking_In_And_Recommending」等五個操作；「Tourist_GPS」構件有「「Tourist_GPS_Positioning」一個操作；Scenic_Spot_RFID_Tag」構件有「Scenic_Spot_RFID_Positioning」一個操作。(構件操作圖是達到系統架構學的「結構行為合一」第三個金圖。)

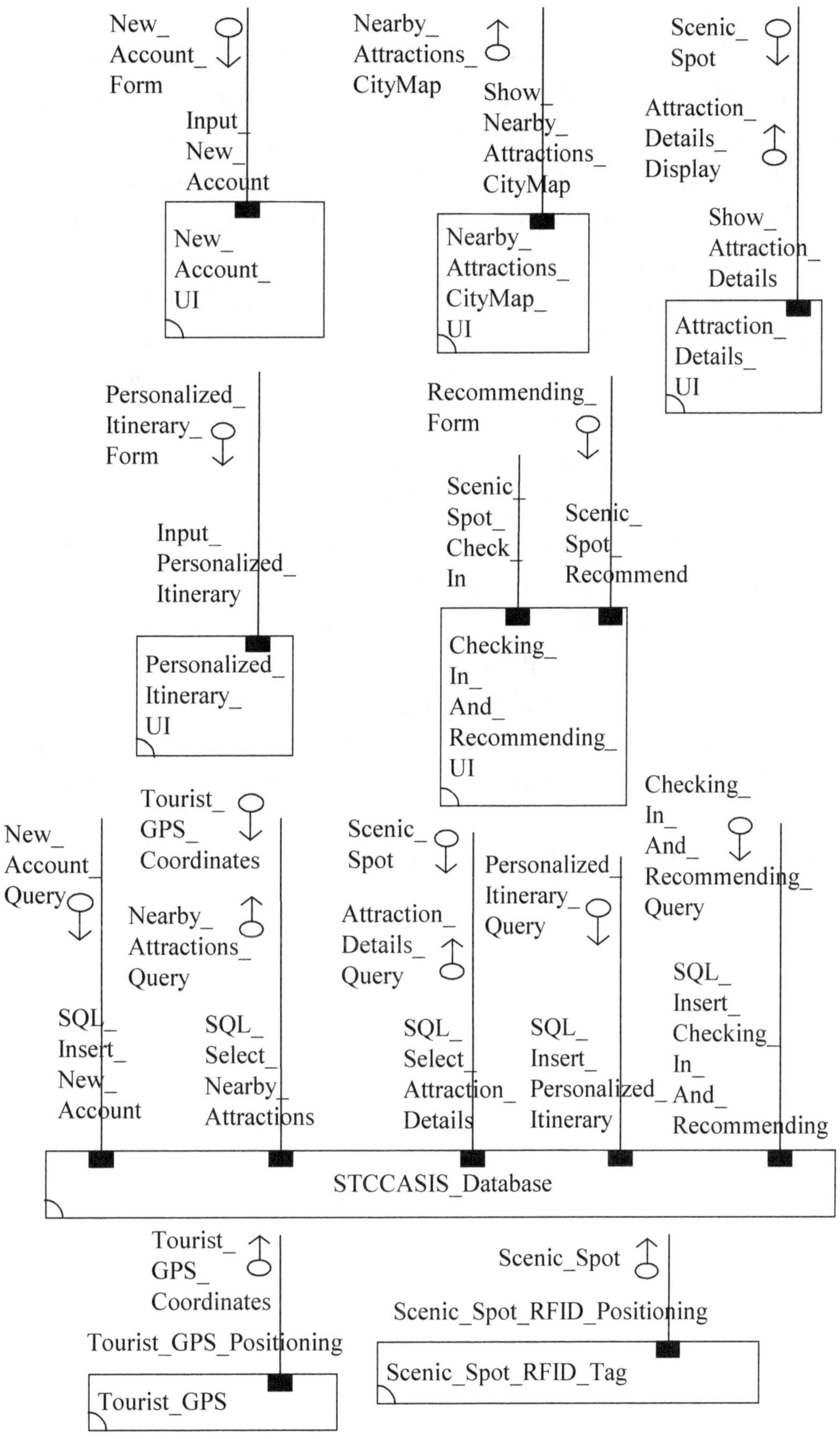

圖 21-4. 「智慧旅遊城市物聯網」的構件操作圖

「Input_New_Account」的操作式子為 Input_New_Account(In New_Account_Form)，「Show_Nearby_Attractions_CityMap」的操作式子為 Show_Nearby_Attractions_CityMap(Out Nearby_Attractions_CityMap)，「Show_Attraction_Details」的操作式子為 Show_Attraction_Details(In Scenic_Spot; Out Attraction_Details_Display)，「Input_Personalized_Itinerary」的操作式子為 Input_Personalized_Itinerary(In Personalized_Itinerary_Form)，「Scenic_Spot_Check_In」的操作式子為 Scenic_Spot_Check_In，「Scenic_Spot_Recommend」的操作式子為 Scenic_Spot_Recommend(In Recommending_Form)，「SQL_Insert_New_Account」的操作式子為 SQL_Insert_New_Account(In New_Account_Query)，「SQL_Select_Nearby_Attractions」的操作式子為 SQL_Select_Nearby_Attractions(In Tourist_GPS_Coordinates; Out Nearby_Attractions_Query)，「SQL_Select_Attraction_Details」的操作式子為 SQL_Select_Attraction_Details(In Scenic_Spot; Out Attraction_Details_Query)，「SQL_Insert_Personalized_Itinerary」的操作式子為 SQL_Insert_Personalized_Itinerary(In Personalized_Itinerary_Query)，「SQL_Insert_Checking_In_And_Recommending」的操作式子為 SQL_Insert_Checking_In_And_Recommending(In Checking_In_And_Recommending_Query)，「Tourist_GPS_Positioning」的操作式子為 Tourist_GPS_Positioning(Out Tourist_GPS_Coordinates)，「Scenic_Spot_RFID_Positioning」的操作式子為 Scenic_Spot_RFID_Positioning(Out Scenic_Spot)。

圖 21-5 顯示在操作式子「Input_New_Account(In New_Account_Form)」裡的輸入參數「New_Account_Form」的複合資料型態(Composite Data Type)的規格。

<table>
<tr><td>Parameter</td><td>New_Account_Form</td></tr>
<tr><td>Data Type</td><td>TABLE of
Username: Text
Email_Address: Text
First_Name: Text
Last_Name: Text
Address: Text
City: Text
State: Text
Country: Text
End TABLE ;</td></tr>
<tr><td>Instances</td><td>New Account Form

Username: A1B2C3D4
Email_Address: edgar6789@gmail.com
First_Name: Edgar
Last_Name: Ashworth
Address: 702 Ross Street
City: Dallas
State: Texas
Country: U.S.A.</td></tr>
</table>

圖 21-5. 「New_Account_Form」複合資料型態的規格

圖 21-6 顯示在操作式子「Show_Nearby_Attractions_CityMap(Out Nearby_Attractions_CityMap) 」裡的輸出參數「Nearby_Attractions_CityMap」的複合資料型態(Composite Data Type)的規格。

Parameter	*Nearby_Attractions_CityMap*
Data Type	TABLE of Tourist_GPS_Coordinates: Text Map: Image Scenic_Spot: Text Scenic_Spot_GPS_Coordinates: Text End TABLE ;
Instances	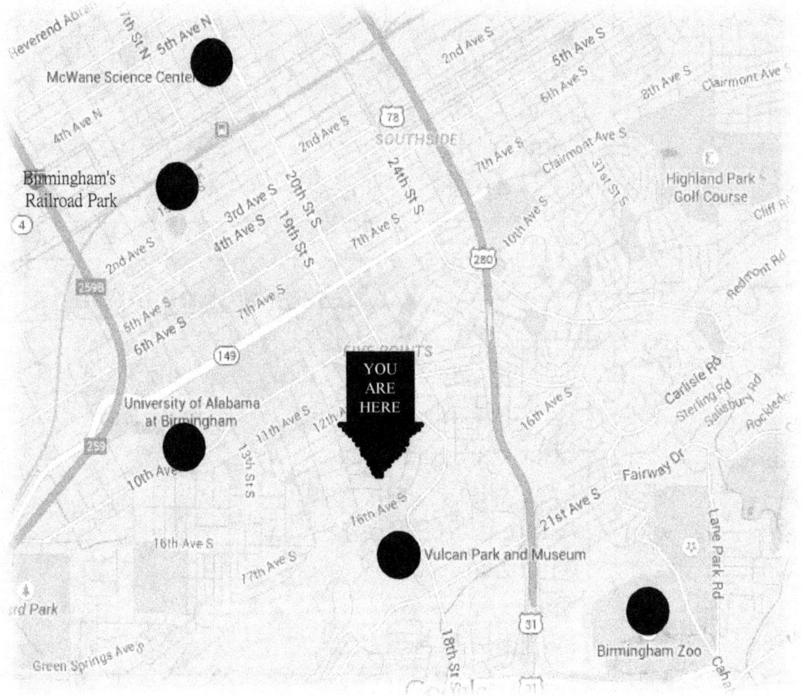

圖 21-6. 「Nearby_Attractions_CityMap」複合資料型態的規格

圖 21-7 顯示參數「Scenic_Spot」、「Tourist_GPS_Coordinates」等等的基本資料型態(Primitive Data Type)的規格。

Parameter	Data Type	Instances
Scenic_Spot	Text	Vulcan Park and Museum
Tourist_ GPS_ Coordinates	Text	33.490565,-86.794727

圖 21-7.　基本資料型態的規格

圖 21-8 顯示在操作式子「Show_Attraction_Details(In Scenic_Spot; Out Attraction_Details_Display)」裡的輸出參數「Attraction_Details_Display」的複合資料型態(Composite Data Type)的規格。

<table>
<tr><td>Parameter</td><td>Attraction_Details_Display</td></tr>
<tr><td>Data Type</td><td>TABLE of
Scenic_Spot: Text
Scenic_Spot_Address: Text
Description: Text
Main_Image: Image
End TABLE ;</td></tr>
<tr><td>Instances</td><td>Vulcan Park and Museum
1701 Valley View Dr, Birmingham, AL 35209, U.S.A.
<table><tr><th>Description</th><th>Main_Image</th></tr><tr><td>Vulcan is the world’s largest cast iron statue; made of 100,000 pounds of iron and 56 feet tall, he stands at the top of Red Mountain overlooking the city of Birmingham. But Vulcan is more than just a statue—Vulcan Park and Museum features spectacular views of Birmingham, an interactive history museum that examines Vulcan and Birmingham’s story, a premier venue for private events, and a beautiful public park for visitors and locals to enjoy. With an official information center operated by the Greater Birmingham Convention and Visitors Bureau, Vulcan Park and Museum serves as the first stop for visitors to the Birmingham area!
-- Courtesy of visitvulcan.com --</td><td></td></tr></table></td></tr>
</table>

圖 21-8.　「Attraction_Details_Display」複合資料型態的規格

圖 21-9 顯示在操作式子「Input_Personalized_Itinerary(In Personalized_Itinerary_Form) 」裡的輸入參數「Personalized_Itinerary_Form」的複合資料型態(Composite Data Type)的規格。

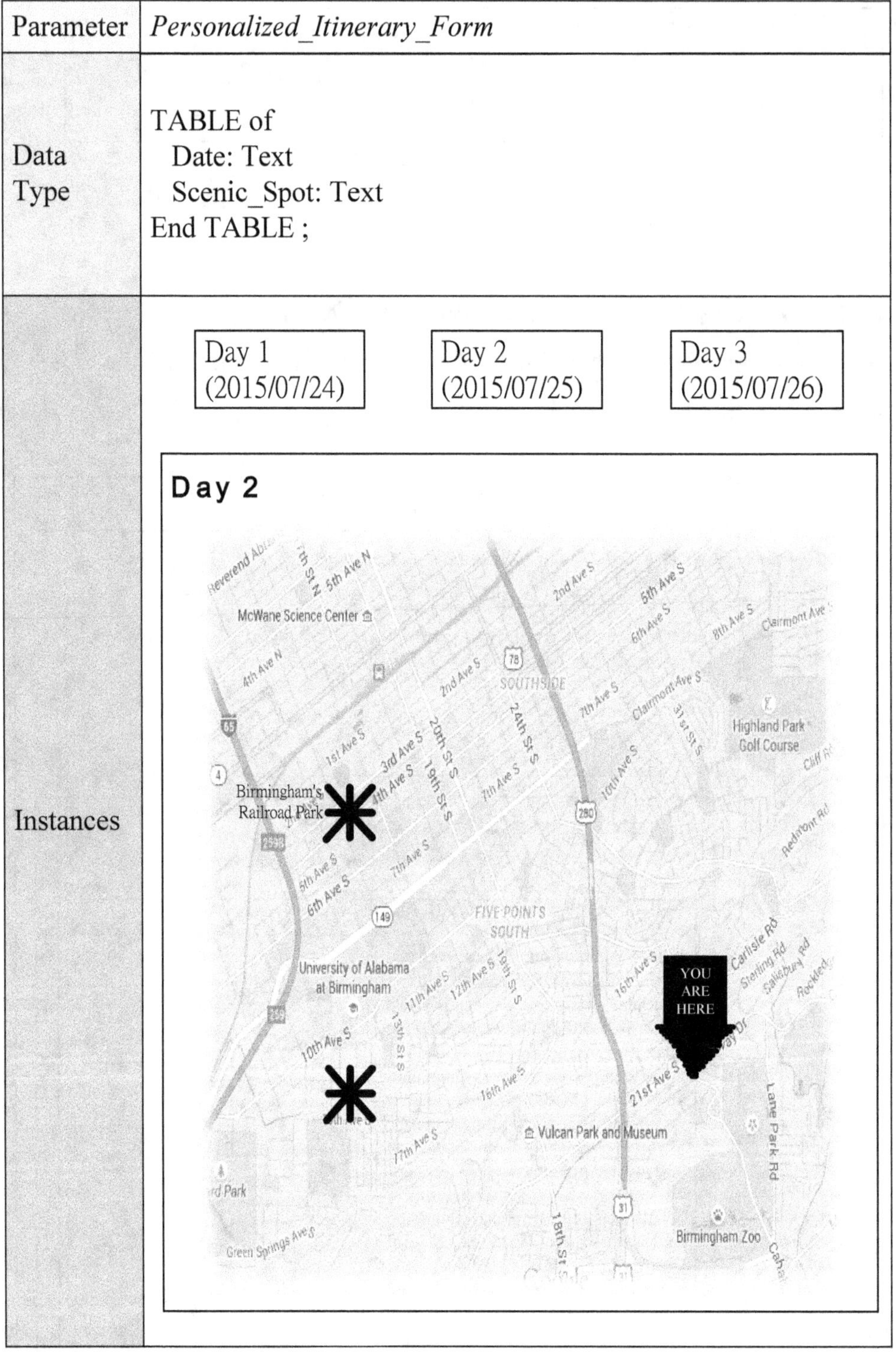

Parameter	*Personalized_Itinerary_Form*
Data Type	TABLE of Date: Text Scenic_Spot: Text End TABLE ;
Instances	Day 1 (2015/07/24) / Day 2 (2015/07/25) / Day 3 (2015/07/26) Day 2 (map)

圖 21-9. 「Personalized_Itinerary_Form」複合資料型態的規格

圖 21-10 顯示在操作式子「Scenic_Spot_Recommend(In Recommending_Form)　」裡的輸入參數「Recommending_For」的複合資料型態(Composite Data Type)的規格。

<table>
<tr><td>Parameter</td><td>Recommending_Form</td></tr>
<tr><td>Data Type</td><td>TABLE of
Stars: Integer
Comments: Text
End TABLE ;</td></tr>
<tr><td>Instances</td><td>Checking In And Recommending

Vulcan Park and Museum

<table>
<tr><th>Stars</th><th>Comments</th></tr>
<tr><td>1
2
3
4
5</td><td>The Vulcan is a statue that you can see from about anyplace in Birmingham. It's on a high hill. It is a $6 entry with a kid and senior citizen rate. There is a museum and an elevator that will take you to the top of the statue. See all of Birmingham from the top and there.</td></tr>
</table>
</td></tr>
</table>

圖 21-10.　「Recommending_Form」複合資料型態的規格

圖 21-11 顯示在操作式子「SQL_Insert_New_Account(In New_Account_Query) 」裡的輸入參數「New_Account_Query」的複合資料型態(Composite Data Type)的規格。

<table>
<tr><td>Parameter</td><td>New_Account_Query</td></tr>
<tr><td>Data Type</td><td>TABLE of
Username: Text
Email_Address: Text
First_Name: Text
Last_Name: Text
Address: Text
City: Text
State: Text
Country: Text
End TABLE ;</td></tr>
<tr><td>Instances</td><td>
<table>
<tr><th>Username</th><th>Email_ Address</th><th>First_ Name</th><th>Last_ Name</th><th>Address</th><th>City</th><th>State</th><th>Country</th></tr>
<tr><td>A1B2C3D4</td><td>adolph6789 @gmail.com</td><td>Adolph</td><td>Bryant</td><td>702 Ross Street</td><td>Dallas</td><td>TX</td><td>U.S.A.</td></tr>
</table>
</td></tr>
</table>

圖 21-11. 「New_Account_Query」複合資料型態的規格

圖 21-12 顯示在操作式子「SQL_Select_Nearby_Attractions(In Tourist_GPS_Coordinates; Out Nearby_Attractions_Query) 」裡的輸出參數「Nearby_Attractions_Query」的複合資料型態(Composite Data Type)的規格。

<table>
<tr><td>Parameter</td><td>Nearby_Attractions_Query</td></tr>
<tr><td>Data Type</td><td>TABLE of
  Scenic_Spot: Text
  Scenic_Spot_GPS_Coordinates: Text
End TABLE ;</td></tr>
<tr><td>Instances</td><td>
<table>
<tr><th>Scenic_Spot</th><th>Scenic_Spot_
GPS_Coordinates</th></tr>
<tr><td>Birmingham Zoo</td><td>33.48657862,
-86.77911758</td></tr>
<tr><td>Vulcan Park and Museum</td><td>33.490565,
-86.794727</td></tr>
<tr><td>McWane Science Center</td><td>33.51520752,
-86.80830002</td></tr>
<tr><td>Birmingham's Railroad Park</td><td>33.5099169,
-86.8084382</td></tr>
<tr><td>University of Alabama at Birmingham</td><td>33.49302095,
-86.80898666</td></tr>
</table>
</td></tr>
</table>

圖 21-12. 「Nearby_Attractions_Query」複合資料型態的規格

圖 21-13 顯示在操作式子「SQL_Select_Attraction_Details(In Scenic_Spot; Out Attraction_Details_Query)」裡的輸出參數「Attraction_Details_Query」的複合資料型態(Composite Data Type)的規格。

<table>
<tr><td>Parameter</td><td>Attraction_Details_Query</td></tr>
<tr><td>Data Type</td><td>TABLE of
  Scenic_Spot: Text
  Scenic_Spot_Address: Text
  Description: Text
  Main_Image: ImageData
End TABLE ;</td></tr>
<tr><td>Instances</td><td>
<table>
<tr><th>Scenic_Spot</th><th>Scenic_Spot_Address</th></tr>
<tr><td>Vulcan Park and Museum</td><td>1701 Valley View Dr,
Birmingham, AL 35209,
U.S.A.</td></tr>
</table>
<table>
<tr><th>Description</th><th>Main_Image</th></tr>
<tr><td>Vulcan is the world's largest cast iron statue; made of 100,000 pounds of iron and 56 feet tall, he stands at the top of Red Mountain overlooking the city of Birmingham. But Vulcan is more than just a statue—Vulcan Park and Museum features spectacular views of Birmingham, an interactive history museum that examines Vulcan and Birmingham's story, a premier venue for private events, and a beautiful public park for visitors and locals to enjoy. With an official information center operated by the Greater Birmingham Convention and Visitors Bureau, Vulcan Park and Museum serves as the first stop for visitors to the Birmingham area!
-- Courtesy of visitvulcan.com --</td><td>011101000010101010
010101001000000010
010010101001010010
101010010101001010
010010100101110100
001010101001010100
100000001001001010
100100101010010100
101010100101010010
100100101001011101
000010101010010101
001000000010010010
101001010010101010
010101001010010010
100101110100001010
101001010100100000</td></tr>
</table>
</td></tr>
</table>

圖 21-13. 「Attraction_Details_Query」複合資料型態的規格

圖 21-14 顯示在操作式子「SQL_Insert_Personalized_Itinerary(In Personalized_Itinerary_Query)」裡的輸入參數「Personalized_Itinerary_Query」的複合資料型態(Composite Data Type)的規格。

<table>
<tr><td>Parameter</td><td>Personalized_Itinerary_Query</td></tr>
<tr><td>Data Type</td><td>TABLE of
  Date: Text
  Scenic_Spot: Text
End TABLE ;</td></tr>
<tr><td>Instances</td><td>
<table>
<tr><th>Date</th><th>Scenic_Spot</th></tr>
<tr><td>20150724</td><td>Birmingham Zoo</td></tr>
<tr><td>20150724</td><td>Vulcan Park and Museum</td></tr>
<tr><td>20150725</td><td>McWane Science Center</td></tr>
<tr><td>20150725</td><td>Birmingham's Railroad Park</td></tr>
<tr><td>20150726</td><td>University of Alabama at Birmingham</td></tr>
</table>
</td></tr>
</table>

圖 21-14. 「Personalized_Itinerary_Query」複合資料型態的規格

圖 21-15 顯示在操作式子「SQL_Insert_Checking_In_And_Recommending(In Checking_In_And_Recommending_Query)」裡的輸入參數「Checking_In_And_Recommending_Query」的複合資料型態(Composite Data Type)的規格。

<table>
<tr><td>Parameter</td><td>Checking_In_And_Recommending_Query</td></tr>
<tr><td>Data Type</td><td>TABLE of
  Scenic_Spot: Text
  First_Name: Text
  Last_Name: Text
  Stars: Integer
  Comments: Text
End TABLE ;</td></tr>
<tr><td>Instances</td><td>
<table>
<tr><th>Scenic_Spot</th></tr>
<tr><td>Vulcan Park and Museum</td></tr>
</table>
<table>
<tr><th>First Name</th><th>Last Name</th><th>Stars</th><th>Comments</th></tr>
<tr><td>Edgar</td><td>Ashworth</td><td>4</td><td>The Vulcan is a statue that you can see from about anyplace in Birmingham. It's on a high hill. It is a $6 entry with a kid and senior citizen rate. There is a museum and an elevator that will take you to the top of the statue. See all of Birmingham from the top and there.</td></tr>
</table>
</td></tr>
</table>

圖 21-15. 「Checking_In_And_Recommending_Query」複合資料型態的規格

21-4 構件連結圖

完成「智慧旅遊城市物聯網」的構件與操作後，我們可以開始繪製「智慧旅遊城市物聯網」內所有構件的連結。「智慧旅遊城市物聯網」除了「New_Account_UI」、「Nearby_Attractions_CityMap_UI」、「Attraction_Details_UI」、「Personalized_Itinerary_UI」、

「Checking_In_And_Recommending_UI」、「STCCASIS_Database」、「Tourist_GPS」、「Scenic_Spot_RFID_Tag」等構件外，尚有個名稱為「Tourist」的外界環境。

圖 21-16 使用構件連結圖來顯示在「智慧旅遊城市物聯網」裡，「Tourist」外界環境和「New_Account_UI」、「Nearby_Attractions_CityMap_UI」、「Attraction_Details_UI」、「Personalized_Itinerary_UI」、「Checking_In_And_Recommending_UI」、「STCCASIS_Database」、「Tourist_GPS」、「Scenic_Spot_RFID_Tag」等構件彼此之間的連結。(構件連結圖是達到系統架構學的「結構行為合一」第四個金圖。)

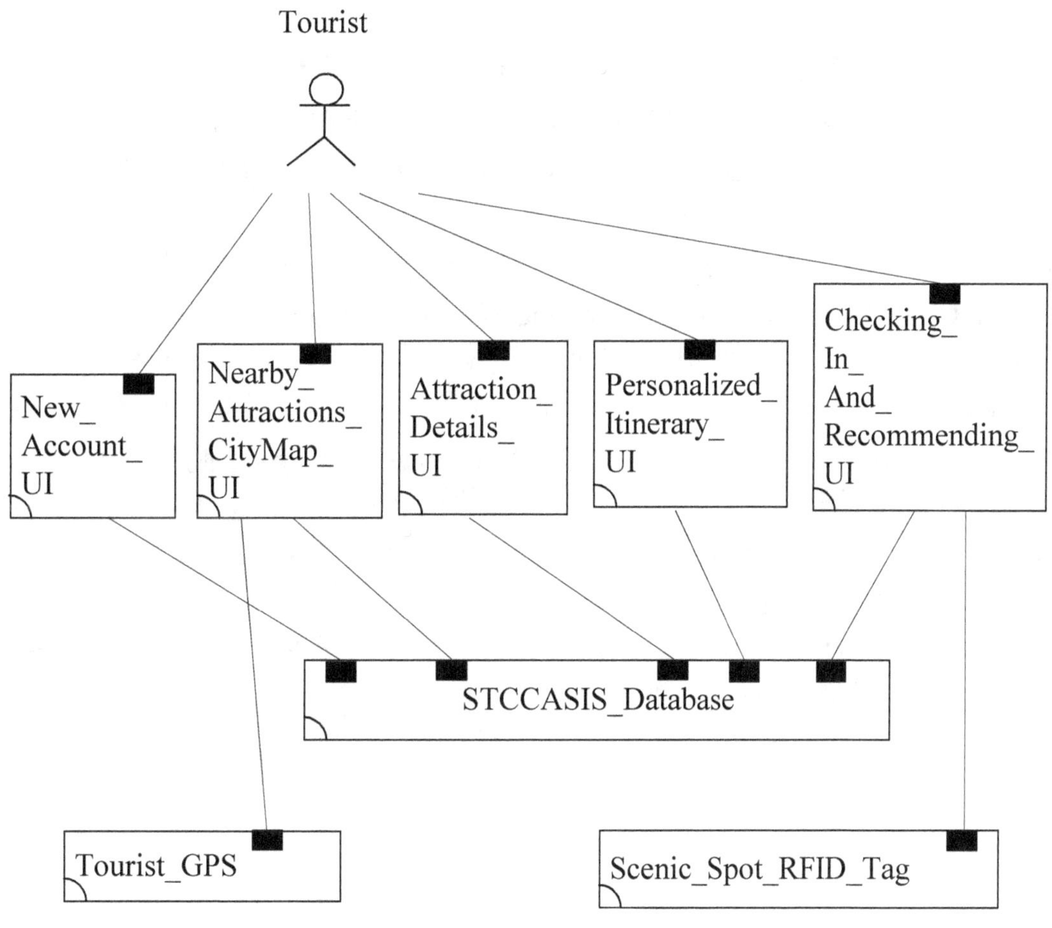

圖 21-16. 「智慧旅遊城市物聯網」的構件連結圖

在圖 21-16 中，外界環境「Tourist」和「New_Account_UI」、「Nearby_Attractions_CityMap_UI」、「Attraction_Details_UI」、「Personalized_Itinerary_UI」、「Checking_In_And_Recommending_UI」等構件有連結，「New_Account_UI」、「Nearby_Attractions_CityMap_UI」、「Attraction_Details_UI」、「Personalized_Itinerary_UI」、「Checking_In_And_Recommending_UI」等構件和「STCCASIS_Database」構件有連結，「Nearby_Attractions_CityMap_UI」構件和「Tourist_GPS」構件有連結，「Nearby_Attractions_CityMap_UI」構件和「Tourist_GPS」構件有連結。

有了構件連結圖以後，「智慧旅遊城市物聯網」的樣式會呈現出來，因而「智慧旅遊城市物聯網」的結構觀點會變得更清晰。

21-5 結構行為合一圖

在「智慧旅遊城市物聯網」裡，外界環境和它八個構件之間的互動，會產生「智慧旅遊城市物聯網」的系統行為。如圖 21-17 所示，外界環境「Tourist」和「New_Account_UI」、「STCCASIS_Database」等構件互動產生「Creating_New_Account」行為，外界環境「Tourist」和「Nearby_Attractions_CityMap_UI」、「STCCASIS_Database」、「Tourist_GPS」等構件互動產生「Showing_Nearby_Attractions_CityMap」行為，外界環境「Tourist」和「Attraction_Details_UI」、「STCCASIS_Database」等構件互動產生「Extracting_Attraction_Details」行為，外界環境「Tourist」和「Personalized_Itinerary_UI」、「STCCASIS_Database」等構件互動產生「Planning_Personalized_Itinerary」行為，外界環境「Tourist」和「Checking_In_And_Recommending_UI」、「STCCASIS_Database」、「Scenic_Spot_RFID_Tag」等構件互動產生「Scenic_Spot_Checking_In_And_Recommending」行為。 (結構行為合一圖是達到系統架構學的「結構行為合一」第五個金圖。)

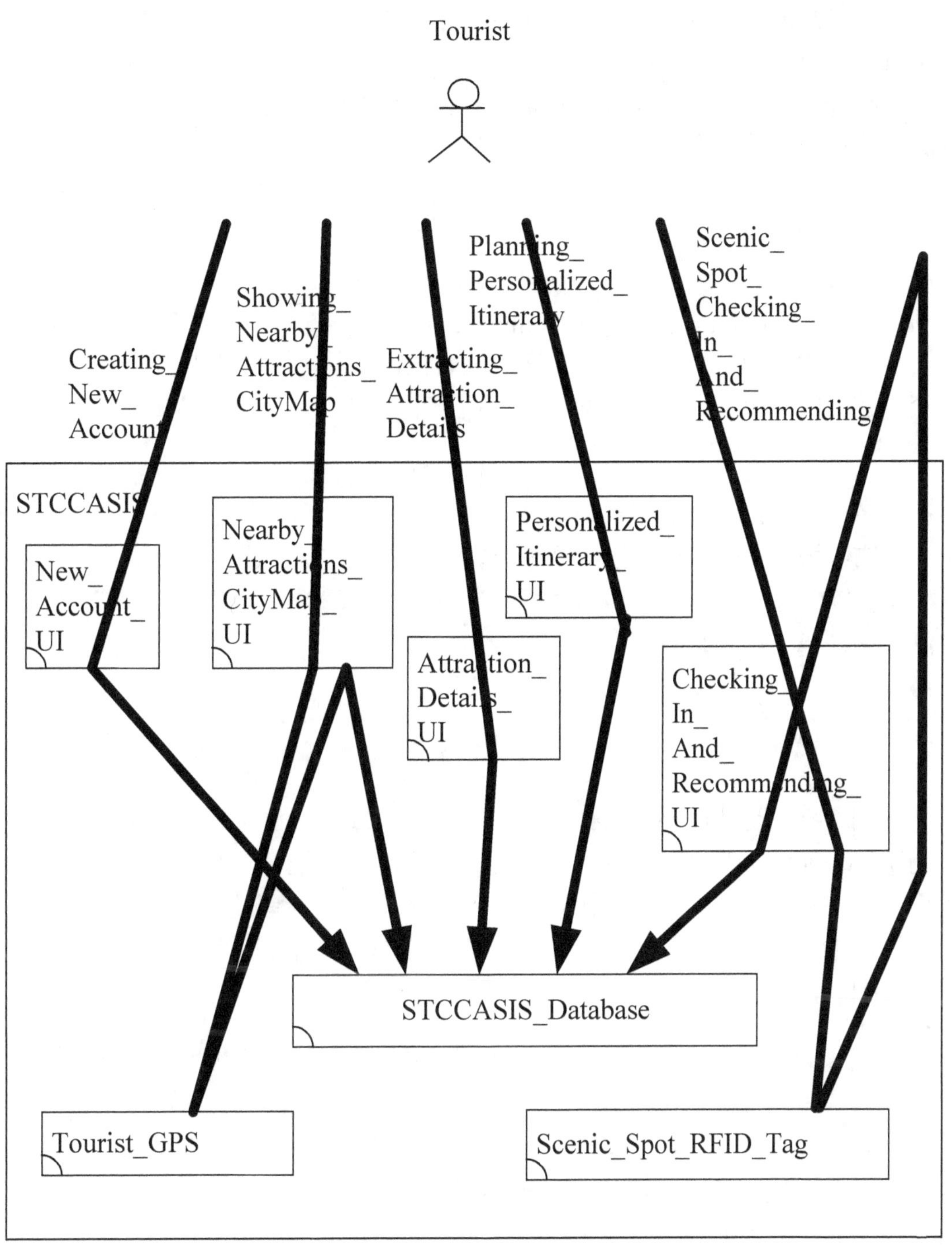

圖 21-17. 「智慧旅遊城市物聯網」的結構行為合一圖

一個系統的行為乃是其個別的行為總合起來。例如，「智慧旅遊城市物聯網」的整體系統行為包括「Creating_New_Account」、「Showing_Nearby_Attractions_CityMap」、「Extracting_Attraction_Details」、「Planning_Personalized_Itinerary」、

「Scenic_Spot_Checking_In_And_Recommending」等五個個別的行為。換句話說，「Creating_New_Account」、「Showing_Nearby_Attractions_CityMap」、「Extracting_Attraction_Details」、「Planning_Personalized_Itinerary」、「Scenic_Spot_Checking_In_And_Recommending」等五個個別的行為總合起來就等於「智慧旅遊城市物聯網」的整體系統行為。

「Creating_New_Account」行為、「Showing_Nearby_Attractions_CityMap」行為、「Extracting_Attraction_Details」行為、「Planning_Personalized_Itinerary」行為、「Scenic_Spot_Checking_In_And_Recommending」行為五者彼此之間是相互獨立，沒有任何牽連的。由於它們彼此之間沒有任何瓜葛，因而這五個行為可以同時交錯進行(Concurrently Execute)，互不干擾[Hoar85，Miln89，Miln99]。

採用系統架構學，最主要的目標就是只會有一個整合性全體的系統，而不會有各自分離的系統結構和系統行為。在圖 21-17 中，我們可以看到，「智慧旅遊城市物聯網」的系統結構和系統行為都一起存在其整合性全體的系統裡面。換句話說，在「智慧旅遊城市物聯網」整合性全體的系統裡，我們不但看到它的系統結構，也同時看到它的系統行為。

21-6 互動流程圖

一個系統的整體行為包括許多個別的行為。每一個個別的行為代表系統一個情境(Scenario)的執行路徑。每個執行路徑可以說就是一個互動流程圖。執行路徑可以說是將系統的內部細節互動串接起來。互動流程圖強調的是這些串接起來的互動之先後次序。(互動流程圖是達成系統架構學的「結構行為合一」第六個金圖。)

「智慧旅遊城市物聯網」的互動流程圖共有五個，我們會將它們分別繪製出來。圖 21-18 說明「Creating_New_Account」行為的互動流程圖。首先，外界環境「Tourist」和「New_Account_UI」構件發生「Input_New_Account」操作呼叫、並帶著「New_Account_Form」輸入參數的互動。最後，「New_Account_UI」構件和「STCCASIS_Database」構件發生「SQL_Insert_New_Account」操作呼叫、並帶著「New_Account_Query」輸入參數的互動。

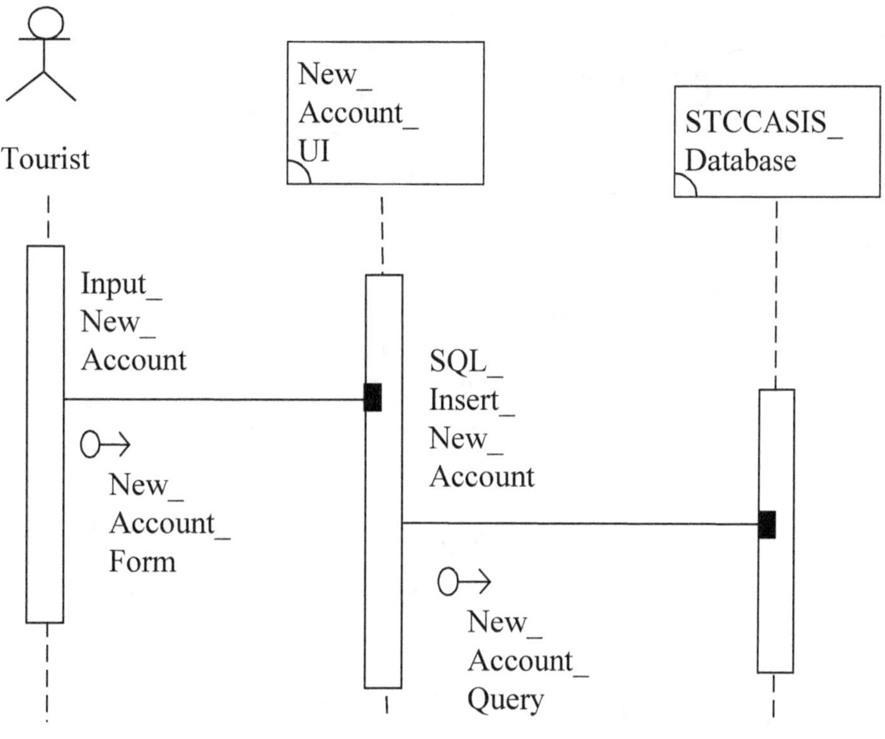

圖 21-18. 「Creating_New_Account」行為的互動流程圖

圖 21-19 說明「Showing_Nearby_Attractions_CityMap」行為的互動流程圖。首先，外界環境「Tourist」和「Nearby_Attractions_CityMap_UI」構件發生「Show_Nearby_Attractions_CityMap」操作呼叫的互動。接著，「Nearby_Attractions_CityMap_UI」構件和「Tourist_GPS」構件發生「Tourist_GPS_Positioning」操作呼叫、並帶著「Tourist_GPS_Coordinates」輸出參數的互動。再來，「Nearby_Attractions_CityMap_UI」構件和「STCCASIS_Database」構件發生「SQL_Select_Nearby_Attractions」操作呼叫、並帶著「Tourist_GPS_Coordinates」輸入參數以及「Nearby_Attractions_Query」輸出參數的互動。最後，外界環境「Tourist」和「Nearby_Attractions_CityMap_UI」構件發生「Show_Nearby_Attractions_CityMap」操作傳回、並帶著「Nearby_Attractions_CityMap」輸出參數的互動。

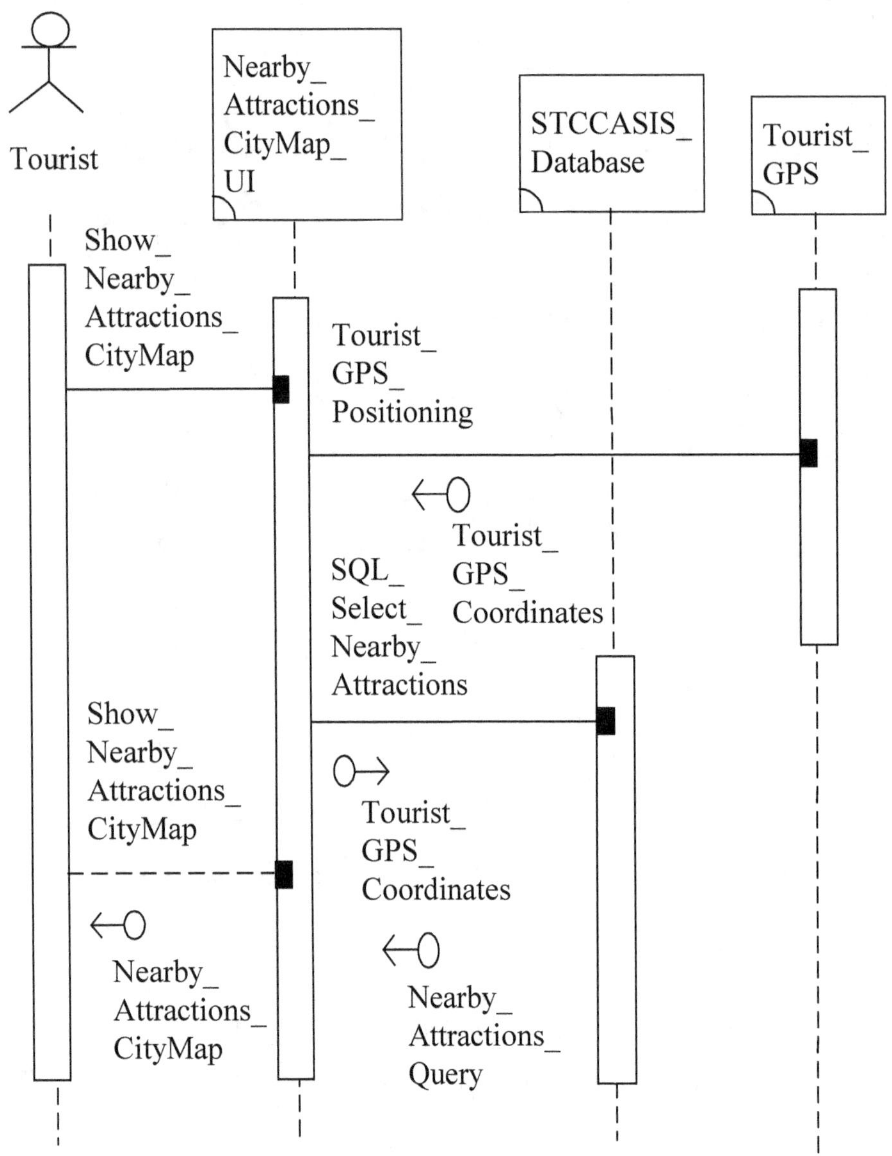

圖 21-19. 「Showing_Nearby_Attractions_CityMap」行為的互動流程圖

圖 21-20 說明「Extracting_Attraction_Details」行為的互動流程圖。首先，外界環境「Tourist」和「Attraction_Details_UI」構件發生「Show_Attraction_Details」操作呼叫、並帶著「Scenic_Spot」輸入參數的互動。接著，「Attraction_Details_UI」構件和「STCCASIS_Database」構件發生「SQL_Select_Attraction_Details」操作呼叫、並帶著「Scenic_Spot」輸入參數以及「Attraction_Details_Query」輸出參數的互動。最後，外界環境「Tourist」和「Attraction_Details_UI」構件發生「Show_Attraction_Details」操作傳回、並帶著「Attraction_Details_Display」輸出參數的互動。

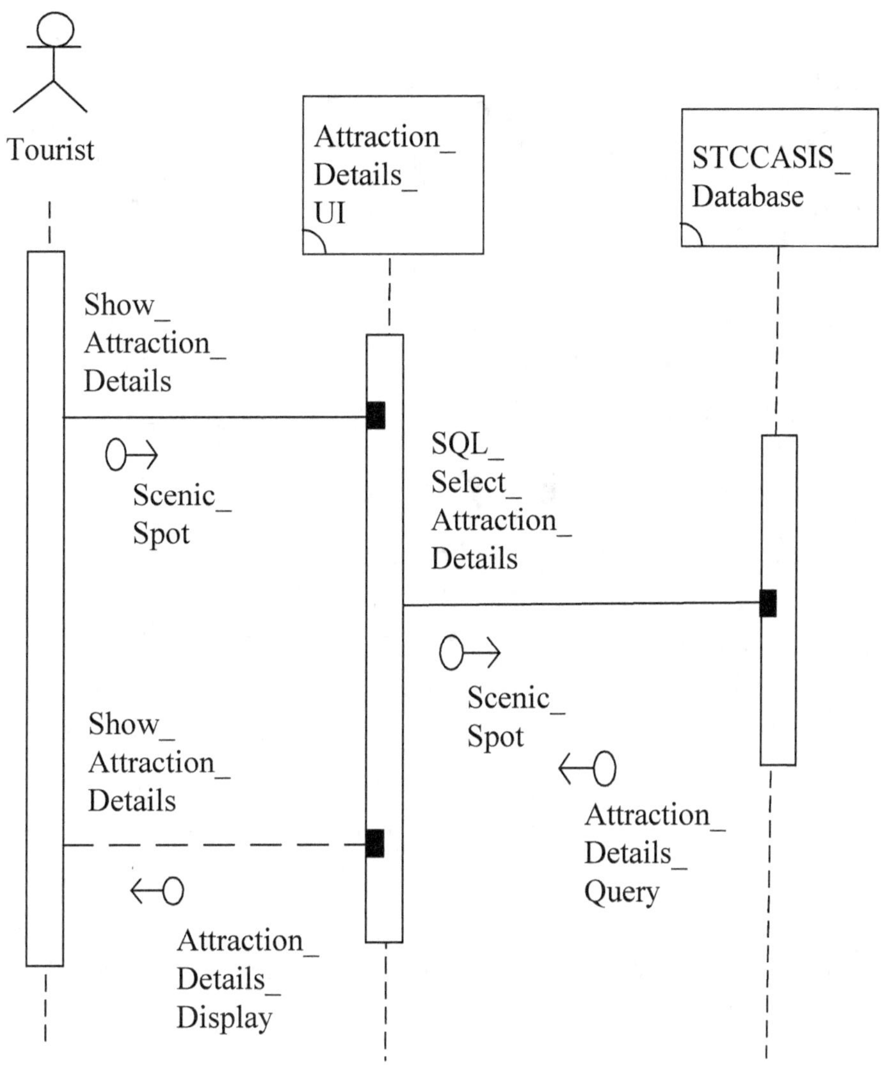

圖 21-20. 「Extracting_Attraction_Details」行為的互動流程圖

圖 21-21 說明「Planning_Personalized_Itinerary」行為的互動流程圖。首先，外界環境「Tourist」和「Personalized_Itinerary_UI」構件發生「Input_Personalized_Itinerary」操作呼叫、並帶著「Personalized_Itinerary_Form」輸入參數的互動。最後，「Personalized_Itinerary_UI」構件和「STCCASIS_Database」構件發生「SQL_Insert_Personalized_Itinerary」操作呼叫、並帶著「Personalized_Itinerary_Query」輸入參數的互動。

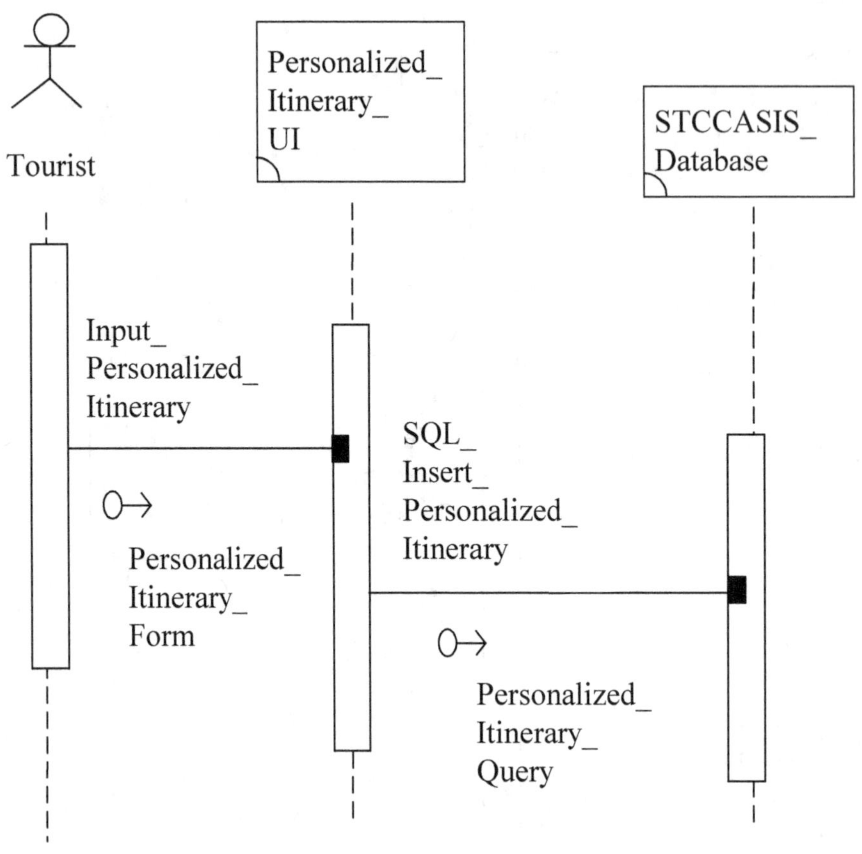

圖 21-21.　　「Planning_Personalized_Itinerary」行為的互動流程圖

圖 21-22 說明「Scenic_Spot_Checking_In_And_Recommending」行為的互動流程圖。首先，外界環境「Tourist」和「Checking_In_And_Recommending_UI」構件發生「Scenic_Spot_Check_In」操作呼叫的互動。接著，「Checking_In_And_Recommending_UI」構件和「Scenic_Spot_RFID_Tag」構件發生「Scenic_Spot_RFID_Positioning」操作呼叫、並帶著「Scenic_Spot」輸出參數的互動。再來，外界環境「Tourist」和「Checking_In_And_Recommending_UI」構件發生「Scenic_Spot_Recommend」操作呼叫、並帶著「Recommending_Form」輸入參數的互動。最後，Checking_In_And_Recommending_UI」構件和「STCCASIS_Database」構件發生「SQL_Insert_Checking_In_And_Recommending」操作呼叫、並帶著「Checking_In_And_Recommending_Query」輸入參數的互動。

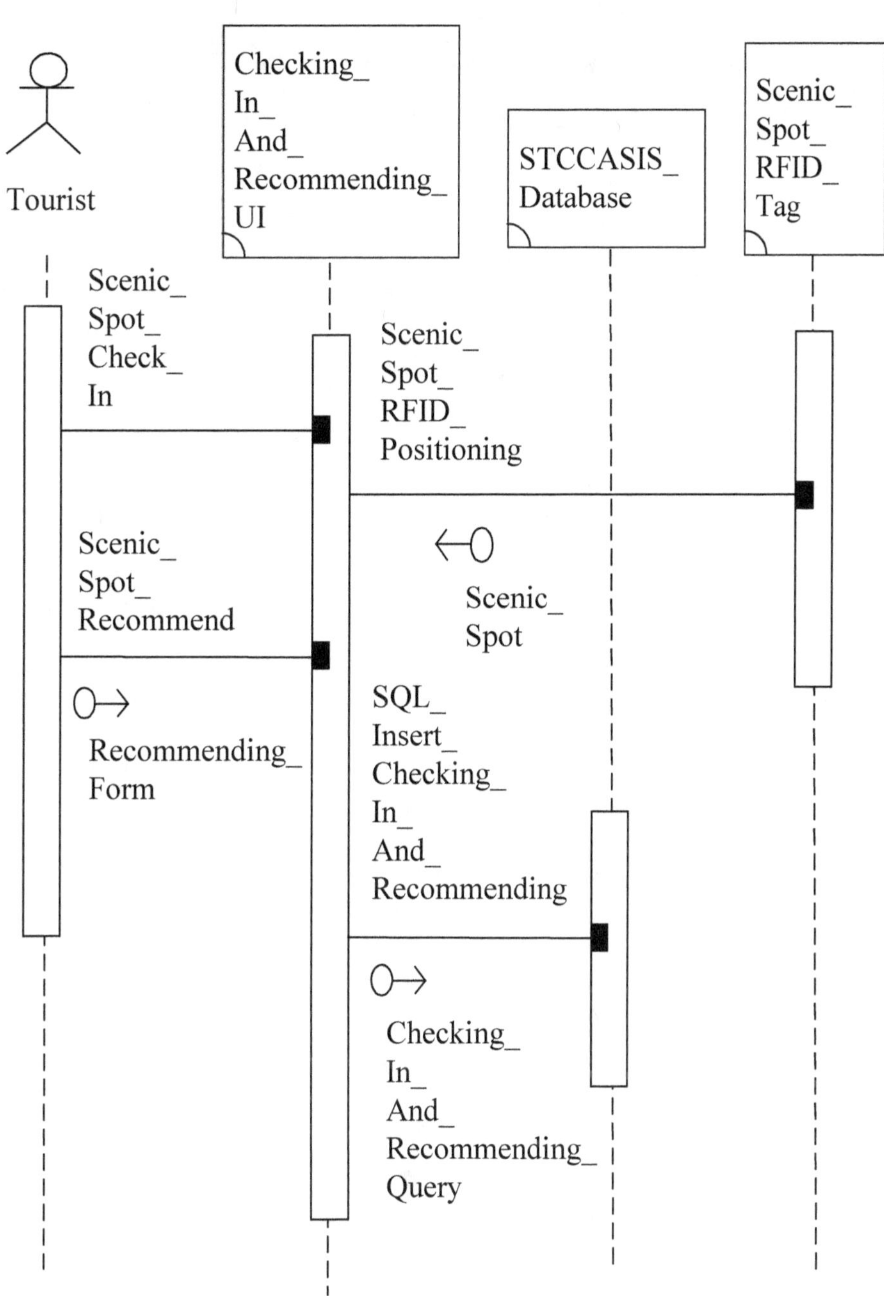

圖 21-22.　「Scenic_Spot_Checking_In_And_Recommending」行為的互動流程圖

附錄 A: SBC 觀點模型

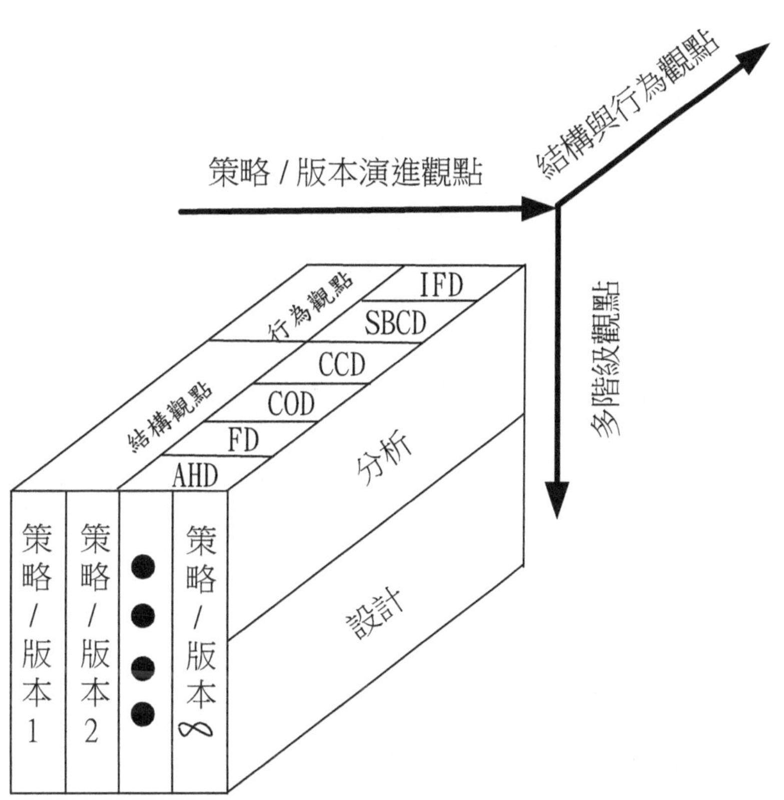

策略 / 版本演進觀點
結構與行為觀點
多階級觀點
行為觀點
結構觀點
IFD
SBCD
CCD
COD
FD
AHD
分析
設計
策略/版本1
策略/版本2
策略/版本∞

附錄 B: SBC 架構開發方法

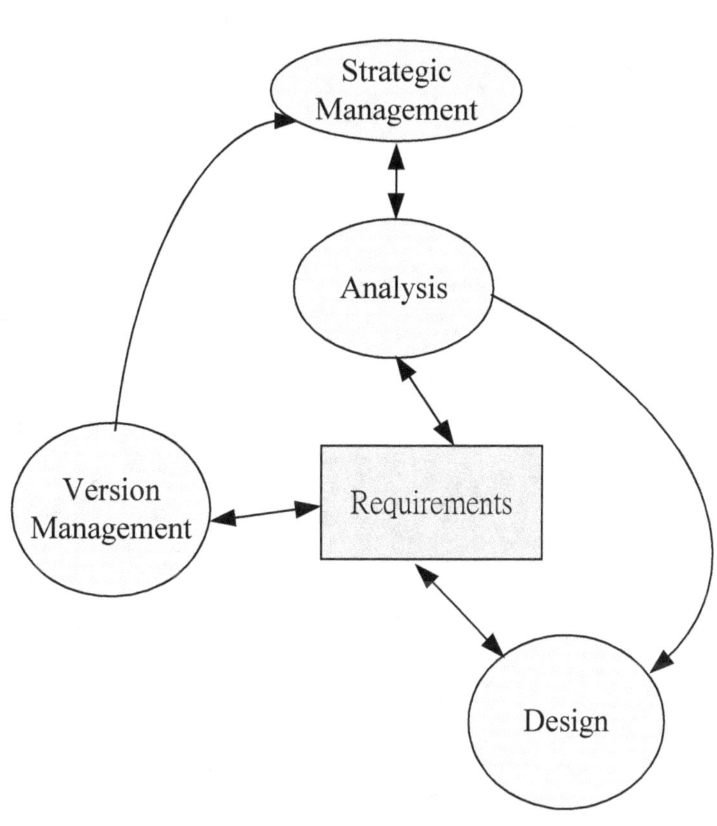

附錄 C1: SBC 進程代數

(1) Operation-Based Single-Queue SBC Process Algebra

(1) <System> ::= "**fix**(" <Process_Variable> "="<IFD> " ● " <Process_Variable>
{"+" <IFD> " ● " <Process_Variable>} ")"

(2) <IFD> ::= <Type_1_Interaction> {"● " <Type_1_Or_2_Interaction>}

(3) <Type_1_Or_2_Interaction> ::= <Type_1_Interaction>
| <Type_2_Interaction>

(2) Operation-Based Multi-Queue SBC Process Algebra

(1) <System> ::= <FixIFD> {“|| ” <FixIFD>}

(2) <FixIFD> ::= “**fix**(” <Process_Variable>“=”<IFD>
“•” <Process_Variable> “)”

(3) <IFD> ::= <Type_1_Interaction> {“• ” Type_1_Or_2_Interaction>}

(4) <Type_1_Or_2_Interaction> ::= <Type_1_Interaction>

| <Type_2_Interaction>

(3) Operation-Based Infinite-Queue SBC Process Algebra

(1) <System> ::= "! ("<IFD> " • " *STOP* ")" {"|| ! (" <IFD> " • " *STOP* ")"}

(2) <IFD> ::= <Type_1_Interaction> {"• " <Type_1_Or_2_Interaction>}

(3) <Type_1_Or_2_Interaction> ::= <Type_1_Interaction>

| <Type_2_Interaction>

附錄 C2: SBC 架構描述語言

(1) 架構階層圖

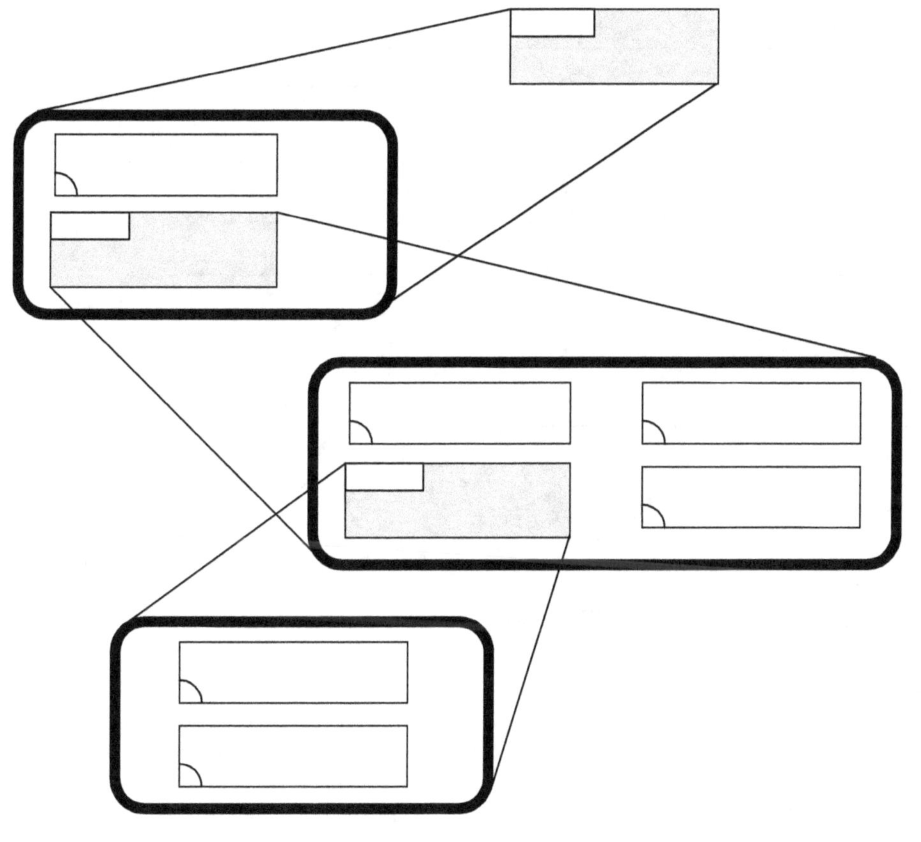

: Aggregated System

: Non-Aggregated System, Component

(2) 框架圖

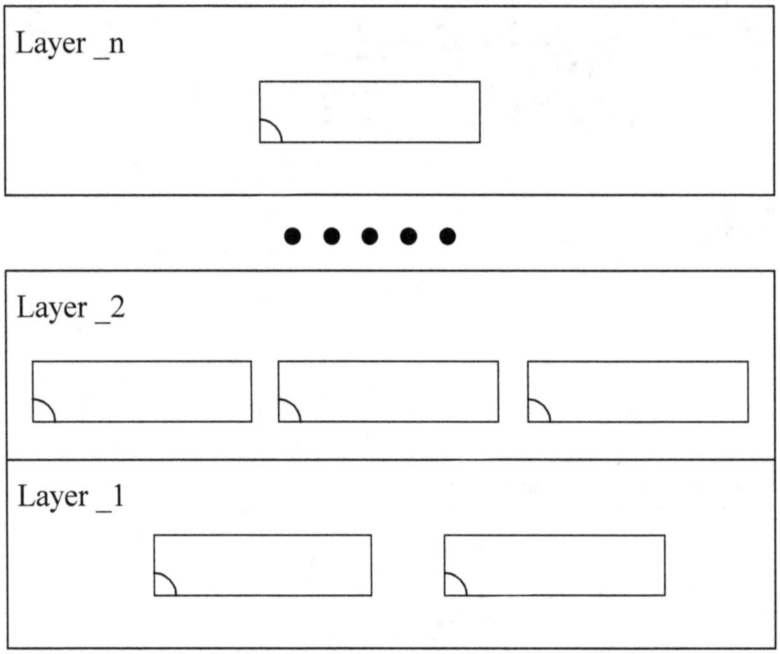

Layer _n

• • • • •

Layer _2

Layer _1

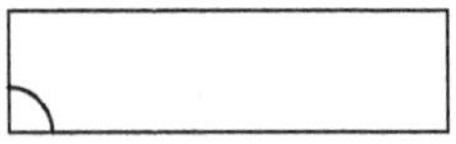

: Component

(3) 構件操作圖

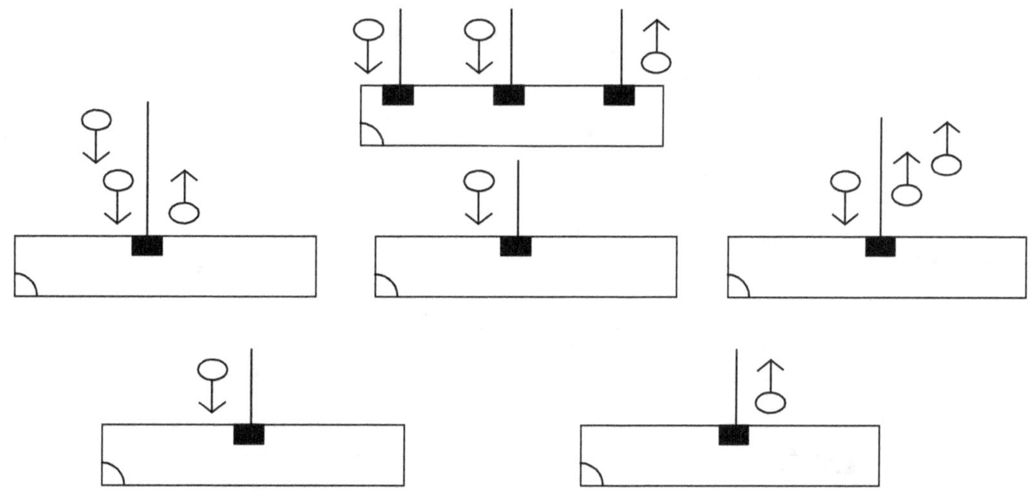

: Operation

: Input Data

: Output Data

: Component

(4) 構件連結圖

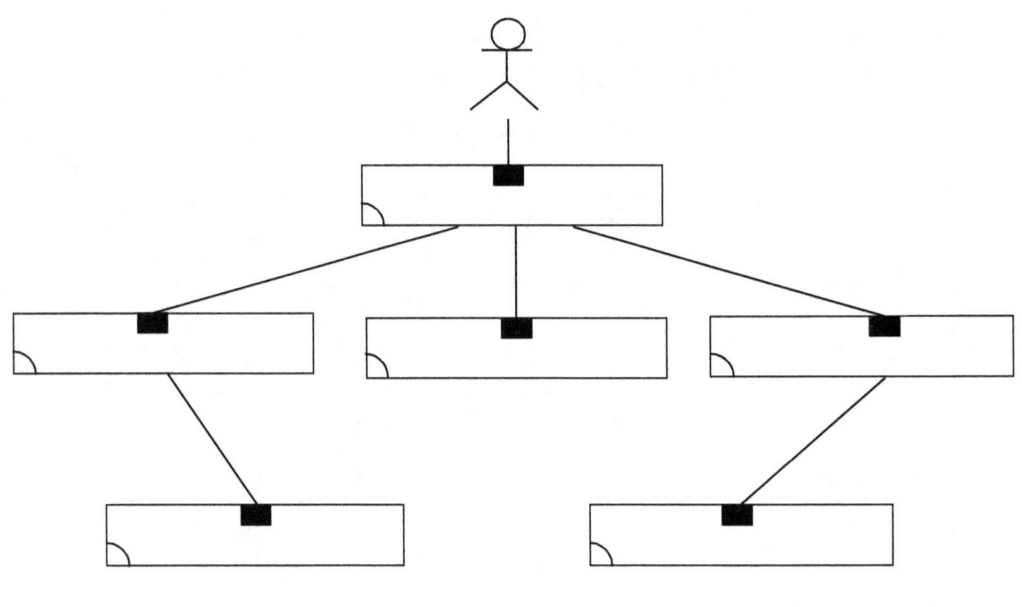

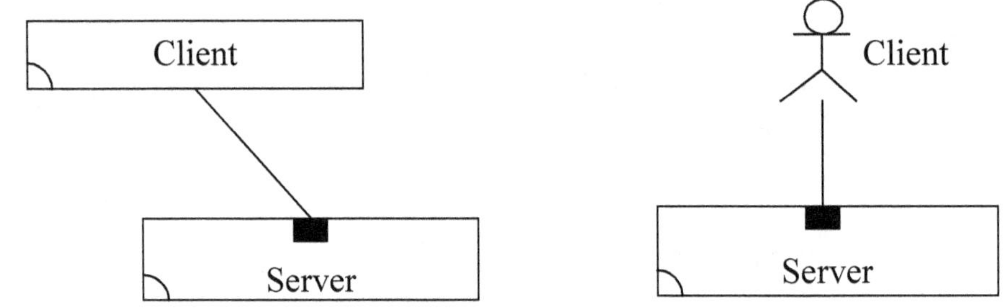

(5) 結構行為合一圖

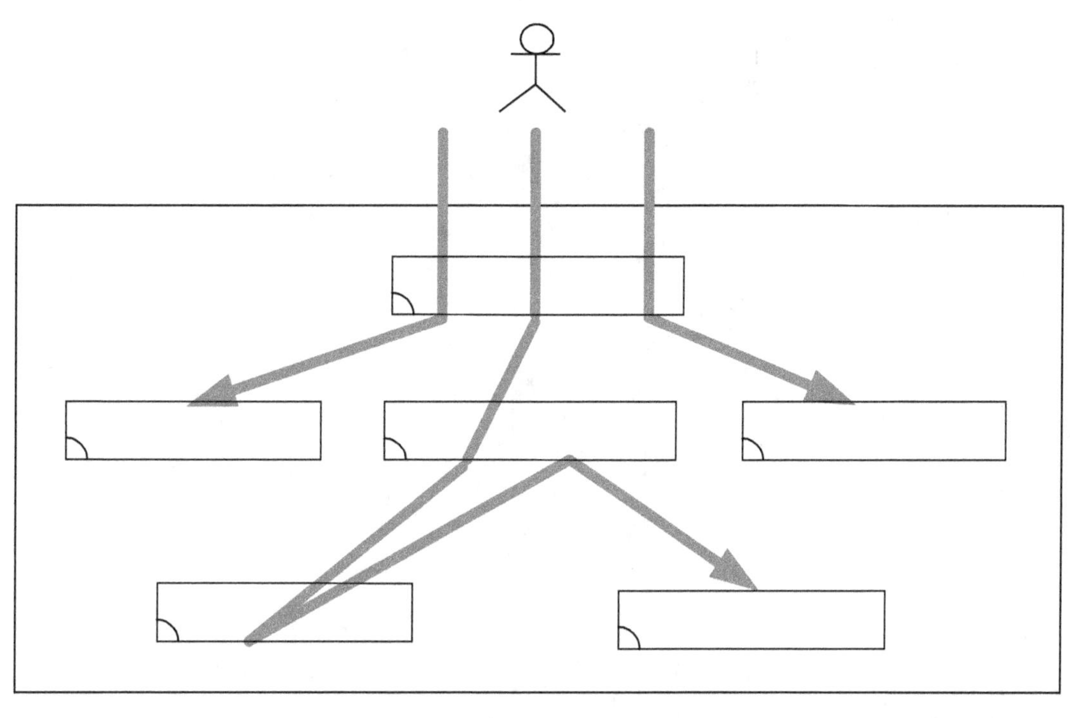

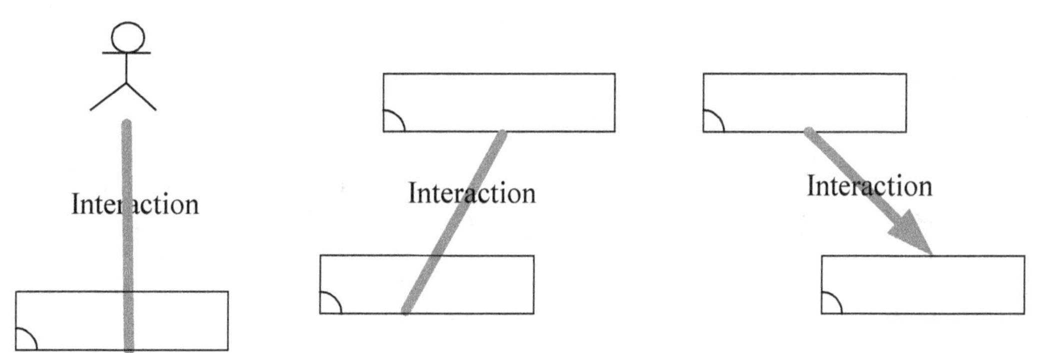

(6) 互動流程圖

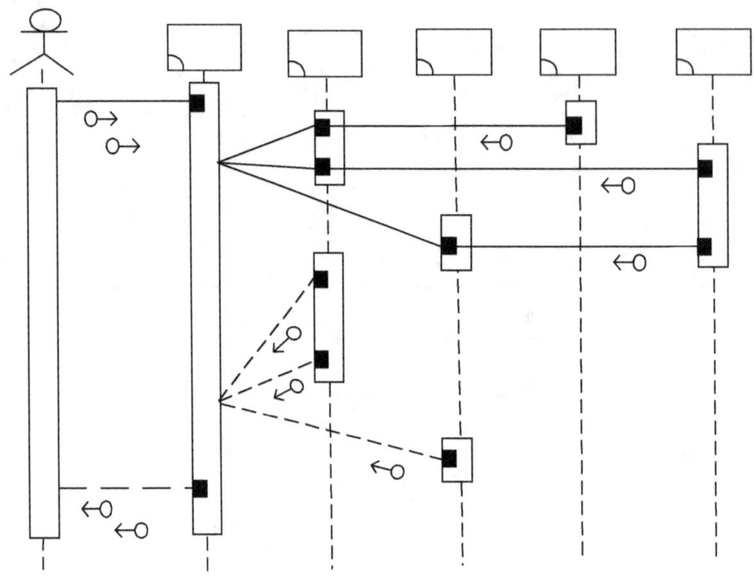

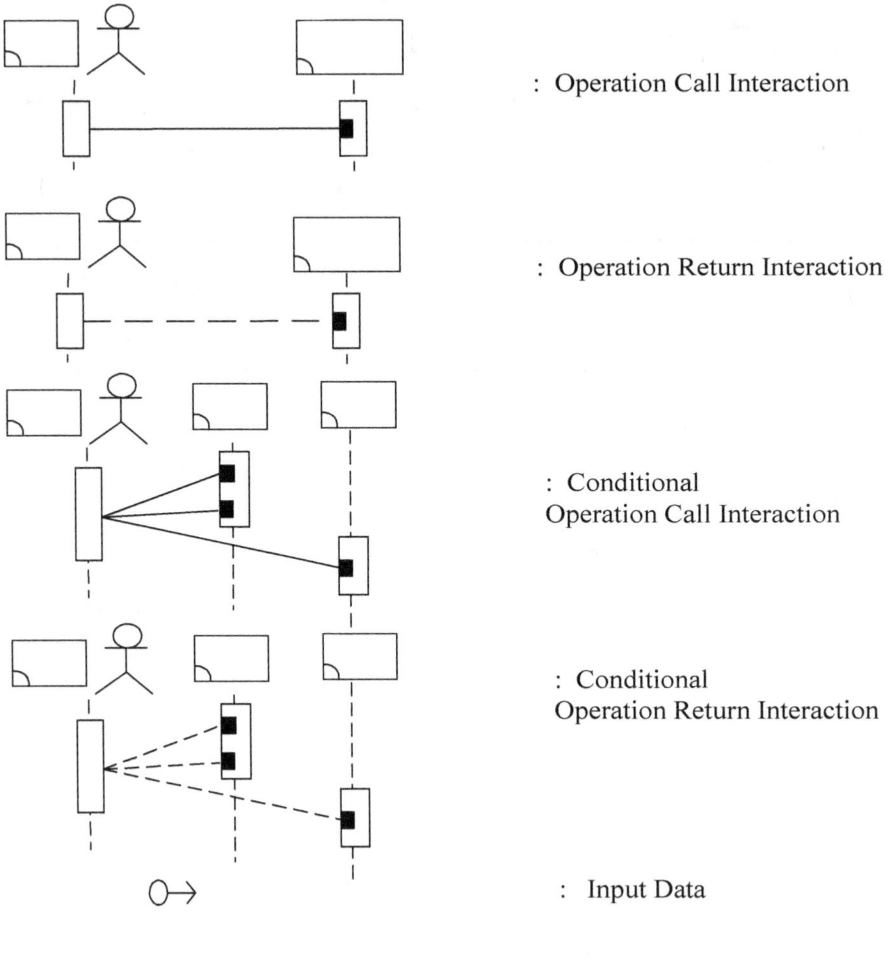
: Operation Call Interaction
: Operation Return Interaction
: Conditional
Operation Call Interaction
: Conditional
Operation Return Interaction
: Input Data
: Output Data

參考資料

[Acko68] Ackoff, R., "Toward a System of Systems Concepts," Modern Systems Research for the Behavioral Scientist: A Sourcebook, Aldine Publishing Company, 1968.

[Bare84] Barendregt, H. P., The Lambda Calculus: Its Syntax and Semantics, Elsevier Science Publishers, 1984.

[Beam90] Beam, W. R., Systems Engineering: Architecture and Design, McGraw-Hill, 1990.

[Bere09] Berenbach, B. et al., Software & Systems Requirements Engineering: In Practice, McGraw-Hill Osborne Media, 1st Edition, 2009.

[Bert69] Von Bertalanffy, L., General System Theory: Foundations, Development, Applications, George Braziller Inc., Revised Edition, 1969.

[Bert81] Von Bertalanffy, L. et al., Systems View of Man: Collected Essays, Westview Pr, 1981.

[Chao09] Chao, W. S. et al., System Analysis and Design: SBC Software Architecture in Practice, LAP Lambert Academic Publishing, 2009.

[Chao11] Chao, W. S., Software Architecture: SBC Architecture at Work, National Sun Yat-sen University Press, 2011.

[Chao12] Chao, W. S., Systems Architecture: SBC Architecture at Work, LAP Lambert Academic Publishing, 2012.

[Chao14] Chao, W. S., General Systems Theory 2.0: General Architectural Theory Using the SBC Architecture, CreateSpace Independent Publishing Platform, 2014.

[Chec99] Checkland, P., Systems Thinking, Systems Practice: Includes a 30-Year Retrospective, Wiley, 1st Edition, 1999.

[Date03] Date, C. J., An Introduction to Database Systems, 8th Edition, Addison Wesley, 2003.

[Elma10] Elmasri, R., Fundamentals of Database Systems, 6th Edition, Addison Wesley, 2010.

[Frie11] Friedenthal, S., et al., A Practical Guide to SysML, Second Edition: The Systems Modeling Language, Morgan Kaufmann, 2nd Edition, 2011.

[Gall03] Gall, J., The Systems Bible: The Beginner's Guide to Systems Large and Small, General Systemantics Pr/Liberty, 2003.

[Ghar11] Gharajedaghi, J., Systems Thinking: Managing Chaos and Complexity: A Platform for Designing Business Architecture, Morgan Kaufmann, 2011.

[Grad06] Grady, J. O., System Requirements Analysis, Academic Press, 1st Edition, 2006.

[Hend80] Henderson, P., Functional Programming: Application and Implementation, Prentice-Hall, 1980.

[Hoar85] Hoare, C. A. R., Communicating Sequential Processes, Prentice-Hall, 1985.

[Hoff10] Hoffer, J. A., et al., Modern Systems Analysis and Design, Prentice Hall, 6th Edition, 2010.

[Jorg12] Jorgensen, S. E., Introduction to Systems Ecology (Applied Ecology and Environmental Management), CRC Press, 2012.

[Kapo94] Kaposi, A., et al., Systems, Models and Measure, Springer-Verlag London Limited, 1994.

[Kass07] Kasser, J. E., A Framework for Understanding Systems Engineering, BookSurge Publishing, 2007.

[Kill09] Killoran, D. M., LSAT Logical Reasoning Bible: A Comprehensive System for Attacking the Logical Reasoning Section of the LSAT, PowerScore Publishing, 2009.

[Klip09] Klipp, E. et al., Systems Biology: A Textbook, Wiley-VCH, 1st Edition, 2009.

[Koss11] Kossiakoff, A. et al., Systems Engineering Principles and Practice, Wiley-Interscience, 2nd Edition, 2011.

[Lank09] Lankhorst, M., Enterprise Architecture at Work: Modelling, Communication and Analysis, Springer, 2nd Edition, 2009.

[Lasz96] Laszlo, E., The Systems View of the World: A Holistic Vision for Our Time, Hampton Pr, 2nd Edition, 1996.

[Luhm12] Luhmann, N., Introduction to Systems Theory, Polity, 1st Edition, 2012.

[Mann74] Manna, Z., Mathematical Theory of Computation, McGraw-Hill, 1974.

[Maie09] Maier, M. W., The Art of Systems Architecting, CRC Press, 3rd Edition, 2009.

[Mead08] Meadows, D. H., Thinking in Systems: A Primer, Chelsea Green Publishing, 2008.

[Miln89] Milner, R., Communication and Concurrency, Prentice-Hall, 1989.

[Miln99] Milner, R., Communicating and Mobile Systems: the π-Calculus, 1st Edition, Cambridge University Press, 1999.

[Mull11] Muller, G., Systems Architecting: A Business Perspective, CRC Press, 2011.

[Odum94] Odum, H. T., Ecological and General Systems: An Introduction to Systems Ecology, University Press of Colorado, Rev Sub Edition, 1994.

[Ogat03] Ogata, K., System Dynamics, 4th Edition, Prentice Hall, 4th Edition, 2003.

[Palm09] Palm, W. III, System Dynamics, McGraw-Hill Science/Engineering/Math, 2nd Edition, 2009.

[Pork78] Porkert, M., Theoretical Foundations of Chinese Medicine: Systems of

Correspondence, The MIT Press, 1978.

[Prat00] Pratt, T. W. et al., Programming Languages: Design and Implementation, 4th Edition, Prentice Hall 2000.

[Pres09] Pressman, R. S., Software Engineering: A Practitioner's Approach, 7th Edition, McGraw-Hill, 2009.

[Raff11] Raff, H. et al., Medical Physiology: A Systems Approach, McGraw-Hill Professional, 1st Edition, 2011.

[Roza11] Rozanski, N. et al., Software Systems Architecture: Working With Stakeholders Using Viewpoints and Perspectives, Addison-Wesley Professional, 2nd Edition, 2011.

[Salm98] Salmon, W. C., Causality and Explanation, Oxford University Press, 1998.

[Sang03] Sangiorgi, D. et al., The Pi-Calculus: A Theory of Mobile Processes, Cambridge University Press, 2003.

[Scho10] Scholl, C., Functional Decomposition with Applications to FPGA Synthesis, Springer, 2010.

[Seth96] Sethi, R., Programming Languages: Concepts and Constructs, 2nd Edition, Addison-Wesley, 1996.

[Shap00] Shapiro. S., Foundations without Foundationalism: A Case for Second-order Logic, Oxford University Press, 2000.

[Shel11] Shelly, G. B., et al., Systems Analysis and Design, Course Technology, 9th Edition, 2011.

[Sher09] Sherwood, L., Human Physiology: From Cells to Systems, Brooks Cole, 7th Edition, 2009.

[Somm06] Sommerville, I., Software Engineering, 8th Edition, Addison-Wesley, 2006.

[Voit12] Voit, E., A First Course in Systems Biology, Garland Science, 1st Edition,

2012.

[Warf06] Warfield, J. N., An Introduction to Systems Science, World Scientific Publishing Company, 2006.

[Weil00] Weil, A., Spontaneous Healing: How to Discover and Embrace Your Body's Natural Ability to Maintain and Heal Itself, Ballantine Books, 2000.

[Weil04] Weil, A., Health and Healing: The Philosophy of Integrative Medicine and Optimum Health, Mariner Books, Revised Edition, 2004.

[Wolp92] Wolpert, L., The Unnatural Nature of Science, Faber and Faber, London, pp. 34-55, 1992.